VERSTÄNDLICHE WISSENSCHAFT

ZWEITER BAND

DIE LEHRE VON DER VERERBUNG

VON

RICHARD GOLDSCHMIDT

Springer-Verlag Berlin Heidelberg GmbH

DIE LEHRE VON DER VERERBUNG

VON

PROFESSOR DR. RICHARD GOLDSCHMIDT

ZOOLOGISCHES INSTITUT DER UNIVERSITY OF CALIFORNIA
BERKELEY, CAL. (USA)

VIERTE VERBESSERTE UND VERMEHRTE AUFLAGE

MIT 48 ABBILDUNGEN

Springer-Verlag Berlin Heidelberg GmbH

HERAUSGEBER DER NATURWISSENSCHAFTLICHEN REIHE:
PROF. DR. KARL V. FRISCH, MÜNCHEN

ISBN 978-3-662-01261-1   ISBN 978-3-662-01260-4 (eBook)
DOI 10.1007/978-3-662-01260-4

BRÜHLSCHE UNIVERSITÄTSDRUCKEREI GIESSEN

Vorwort zur vierten Auflage.

Habent sua fata libelli! Auch Bücher haben ihre Schicksale! Dieses Büchlein wurde ursprünglich für eine japanische populärwissenschaftliche Encyclopädie 1925 in Tokyo geschrieben und von Professor Terao übersetzt. 1927 war es, in einer verbesserten Form, der Anlaß, dem Verlag Julius Springer die Gründung einer Serie allgemeinverständlicher Bücher vorzuschlagen, die ausschließlich von Fachgelehrten geschrieben und daher wissenschaftlich zuverlässig, trotzdem jedem intelligenten Leser verständlich sein sollten. So entstand die Sammlung „Verständliche Wissenschaft", die in ihren bisherigen 48 Bändchen kaum aus dem deutschen Geistesleben wegzudenken ist und als deren — anonymer — Herausgeber ich bis 1935 funktionierte. Die kleine Vererbungslehre, die als 2. Bändchen zuerst 1927 erschien, ging in wenigen Jahren durch 3 große Auflagen und war reif für eine weitere, als das beliebte Buch verboten wurde, ja nicht einmal in Verlagskatalogen mehr erwähnt werden durfte. Schon vorher war das Büchlein in mehrere Sprachen übersetzt worden, darunter auch in das Russische. So fand es auch in der USSR eine große Verbreitung und ich schmeichele mir, daß es etwas zu dem großen Erfolg beitrug, den die Vererbungslehre in diesem Land vor 1937 hatte. Ich fürchte, daß es heute für einen Russen lebensgefährlich wäre, es noch in seinem Besitz zu haben, nachdem die Vererbungswissenschaft offiziell vernichtet und durch den grotesken Unsinn eines verworrenen Mystikers unter dem Namen der neuen progressiven sowjetischen Biologie ersetzt wurde. Nun ist wenigstens das deutsche Volk wieder frei zu lesen was es wünscht und so hoffe ich, daß die fast 20 Jahre fällige vierte Auflage, weitgehend verbessert und teilweise neugeschrieben, wieder ihre belehrende Aufgabe erfüllen wird, um so mehr als es sich um ein Forschungsgebiet handelt, das viele Jahre hindurch von willigen, nur zu willigen Scheingelehrten prostituiert worden war.

Berkeley, Calif., August 1952.

V

Inhaltsverzeichnis.

Einleitung.

Man kann wohl behaupten, ohne in Gefahr zu kommen sich einer Übertreibung schuldig zu machen, daß es keinen Menschen gibt, der sich nicht schon einmal mit Fragen der Vererbung befaßt hat. Denn was ist es schließlich anders als der erste Anfang eines Studiums der Vererbung, wenn jemand ein Kind auf die Ähnlichkeit mit seinen Eltern prüft, wenn man bei einem Menschen Charaktere einer bestimmten Rasse sucht oder Eigenschaften näherer oder entfernterer Verwandter wiederfindet, wenn man sich wundert, daß in den Würfen einer Katze oder eines Hundes z. B. weiße und gescheckte Junge sich finden, wenn man vom Gärtner Samen einer ganz bestimmten Blumensorte verlangt. In all diesen Fällen setzt man voraus, sei es naiv-selbstverständlich oder sei es mit einem gewissen fragenden Erstaunen, daß Eigenschaften der Eltern oder weiterer Vorfahren auf die Nachkommenschaft vererbt oder übertragen werden. Wohl jeder Laie hat dabei auch das Gefühl, daß solche Erbübertragung nicht ganz regellos sein kann. Versucht er aber eine Regel zu finden, so bemerkt er bald eine scheinbar hoffnungslose Verwirrung. Einmal finden sich Eigenschaften der Eltern auf das genaueste bei ihren Kindern wieder, dann wieder schlagen Kinder ganz aus der Art ihrer Vorfahren, kurz, die wirklichen Verhältnisse spotten scheinbar einer einfachen Vorstellung. Und doch, wie schön wäre es, wenn man in das Durcheinander Ordnung bringen könnte, wenn man verstehen könnte, wann und unter welchen Umständen Eigenschaften auf die Nachkommen übertragen werden, wenn man wüßte, welche Eigenschaften erblich sind und welche mit dem Einzelindividuum zu Grabe getragen werden, wenn man wüßte, wie vielleicht die Übertragung krankhafter oder häßlicher Anlagen auf die Nachkommenschaft vermieden werden könnte.

Die scheinbar unüberwindlichen Schwierigkeiten, die der näheren Erkenntnis der Vererbungsvorgänge entgegenzustehen scheinen, haben auch der Wissenschaft manches Hindernis in den Weg gelegt. Sicher sind auch noch nicht alle beseitigt — welche Wissenschaft könnte das von sich sagen —, aber doch sind heute schon so große Wegstrecken in dies Neuland so sauber und sicher ausgebaut, daß niemand, der sich für die Geheimnisse seines eigenen Wesens interessiert, versäumen sollte, ein Stückchen Wegs mit uns zu wandern. Es werden vielleicht hier und da schwierige Wegstrecken kommen, die nur langsam überschritten werden können. Aber der Führer wird sich bemühen, den Marsch auch an schwierigen Übergängen so zu gestalten, daß auch der Wanderer, dem die steileren Pfade der Wissenschaft ungewohnt sind, ohne allzugroße Anstrengung sie überwindet. Ein kleines bißchen Mühe lohnt sich aber schon, denn tua res agitur, deine allereigensten Angelegenheiten stehen zur Verhandlung.

I. Erbliche und nichterbliche Eigenschaften.

Vorbemerkungen.

Vielleicht wird es gut sein, sich von Anfang an über einen wichtigen Punkt klar zu werden. Wenn von Vererbung die Rede ist, so denkt der Gärtner zunächst an seine Bäume, der Landwirt an sein Zuchtvieh und Saatgut, der Arzt an seine erblich Geisteskranken und der Jurist an die geborenen Verbrecher. Der Laie aber denkt fast immer nur an sein eigenes Geschlecht, an den Menschen mit allen seinen Vorzügen und Gebrechen. So wird er auch dieses Buch in erster Linie lesen, um menschliche Angelegenheiten besser verstehen zu können. Und das ist auch gut so, denn je mehr die Menschheit von diesen Dingen weiß, um so größer ist die Aussicht, daß sie auch einmal so zu handeln lernt, wie es jeder Züchter tut, der mit Kenntnis der Vererbungslehre seine Sorten zu verbessern sucht. Trotzdem wird aber in diesem Buch viel von anderen Lebewesen die Rede sein, von Mäusen und Ratten, von Blumen und Früchten, ja, von Würmern und Fliegen. Und das verhält sich so. Es gibt in der belebten Natur, im Tier- und Pflanzenreich Lebenserscheinungen, die nur einer bestimmten Tier- oder Pflanzenart zukommen. So hat z. B. der Mensch allein die wunderbar gebaute Hand, die ihm in Verbindung mit seiner Hirnentwicklung einzigartige Leistungen erlaubt. Wollen wir die Mechanik der Hand untersuchen, so müssen wir uns an den Menschen selbst halten. Oder, das Hirschgeweih ist eine besondere Bildung der Haut in einer kleinen Tiergruppe. Es ist unmöglich, die Gesetze seiner Bildung etwa an Mäusen oder auch nur an dem ganz anders gearteten Gehörn von Schafen zu studieren. Dann gibt es aber auch Lebenserscheinungen, die ganzen großen Gruppen von Lebewesen zukommen. So sind etwa viele Eigenschaften des menschlichen Blutes, besonders die, auf denen alle Impfungen und Heilserumbehandlungen fußen, in der Hauptsache bei allen Säugetieren die gleichen. Deshalb kann der Forscher ruhig seine Versuche an Ratten, Meerschweinchen, Kaninchen ausführen und kann die Resultate mit gutem Gewissen auf den Menschen übertragen. Endlich gibt es aber auch Naturvorgänge und Erscheinungen, die von so allgemeiner Natur sind, daß sie für die ganze belebte Natur, Tiere, Pflanzen und Menschen, die gleichen sind. So atmen etwa Menschen, Fische, Insekten und Pflanzen in ganz verschiedener Art, wenn man zusieht, wie sie die Atemluft dem Innern ihres Körpers zuführen. Sobald wir aber feststellen, was die Atmung physikalisch und chemisch ist, nämlich die Aufnahme von Sauerstoff und die Abgabe von Kohlensäure, dann haben wir eine Erscheinung vor uns, deren allgemeine Gesetzmäßigkeiten für alle Tiere und Pflanzen die gleichen sind. Sie können wir dann ebensogut an einem Insekt oder Wurm studieren und die gefundenen Gesetze gelten genau so gut für den Menschen wie für jedes andere Lebewesen.

Und gerade so verhält es sich mit der Vererbung. Denn ein jedes Lebewesen, vom winzigsten Bewohner des Wassertropfens an durch die ganze unendliche Reihe des Tier- und Pflanzenreichs hindurch hat die Fähigkeit durch Fortpflanzung wieder seinesgleichen zu erzeugen, oder mit anderen Worten, seine Eigenschaften auf seine Nachkommenschaft erblich zu übertragen. Die Untersuchung dieses Vorgangs der erblichen Übertragung bis in seine allerfeinsten Einzelheiten hinein hat aber immer wieder gezeigt, daß sie in ihrem Wesen stets gleich sind. Das soll natürlich nicht heißen, daß an diesem oder jenem Punkt nicht Besonderheiten gefunden werden können. Sobald es sich aber um Grunderscheinungen, um die allgemeinen Prinzipien handelt, gibt es keine Unterschiede. Daher werden wir, wie es tausendfach bewiesen ist, solche an irgendeiner Gruppe von Lebewesen gefundenen Gesetzmäßigkeiten als allgemeingültig betrachten dürfen. Wir werden uns nicht mehr wundern, daß die wichtigsten Gesetze der Vererbung, die so tief in das Leben eines jeden einzelnen Menschen eingreifen, zuerst an Erbsenpflanzen gefunden wurden, daß die wichtigste Einsicht in die allerfeinsten Vorgänge der Vererbung dem Studium einer kleinen Fliege entstammt, daß die genaueste Kenntnis der Befruchtung, ohne die ein Verständnis der Vererbung unmöglich ist, vor allem an Seeigeln und Spulwürmern gewonnen wurde, und daß gewisse Wanzen und Schmetterlinge dem Forscher mehr Erkenntnisse beschert haben, als viele andere höher eingeschätzte Lebewesen. Kurzum: wie der Mediziner seine Versuchskaninchen, Meerschweinchen, Ratten, Hunde hat, an denen alle Versuche zuerst ausgeführt sind, die für den Menschen lebenswichtige Fortschritte brachten, genau so verdankt der Vererbungsforscher seine wichtigsten Erkenntnisse seinen Pflanzen und Tieren aller möglichen Sorten. Und es ist ja ohne weiteres klar warum. Um die Vererbung studieren zu können, müssen wir geeignete Lebewesen nach unserem Willen zur Fortpflanzung bringen können. Damit die gefundenen Gesetzmäßigkeiten Beweiskraft haben, müssen sie an möglichst vielen Individuen gefunden sein; sodann wird es bald klar werden, daß das ganze Studium mehrerer Generationen zum Erfolg nötig ist. Das besagt ohne weiteres, daß unsere besten „Versuchskaninchen" solche sein werden, die man leicht nach Wunsch zur Fortpflanzung bringen kann, die man in großen Zahlen aufziehen kann, und die möglichst schnell heranwachsen und wieder fortpflanzungsfähig werden. Das sind aber weder Menschen noch Affen, weder Elefanten noch Pferde, sondern die vorher genannten Pflanzen und Tiere. Sorgfältiges Studium hat dann aber immer gezeigt, daß die dem Gefühl des Laien — mit Recht oder Unrecht — wichtiger erscheinenden Lebewesen, vor allem wir Menschen, keinen Anspruch auf eine Sonderstellung haben: die Vererbung der musikalischen Begabung z. B. beruht auf und erfolgt nach genau den gleichen großen Gesetzmäßigkeiten, wie die Vererbung eines Farbflecks oder einer Borste auf dem Rücken einer Fliege.

Was wird vererbt?

Wollen wir in die Geheimnisse der Vererbung eindringen, so müssen wir uns zunächst einmal ein wenig umschauen, was vererbt wird. Da bemerken wir zuerst die selbstverständliche Tatsache, daß jedes Lebewesen einer bestimmten Art angehört. Auch ohne uns in die von den Naturforschern viel erörterte Frage zu vertiefen, was eine Art sei, können wir aus unserem Instinkt und unserer Erfahrung heraus sagen, daß ein Pferd etwa oder ein Mensch eine bestimmte Art darstellt. Ein Mensch erzeugt immer nur Menschen, ein Pferd Pferde. Es werden also bei der Fortpflanzung einer Art von Lebewesen alle die Eigenschaften, die die betreffende Lebensform charakterisieren, auf die Nachkommen vererbt. Es wird gut sein, sich einmal darüber klar zu werden, was dies kleine Wörtchen „vererbt" in diesem Fall besagt. Ein Mensch z. B. besitzt ein Knochengerüst, zusammengesetzt aus hunderten einzelner Teile von charakteristischer Größe, Form, Lage. Ein Bruchstück eines dieser Knochen, in einer Wagenladung von Knochen anderer Tiere verborgen, würde von einem Anatomen mit Sicherheit herausgefischt werden. Ein Mensch hat Muskeln und Eingeweide, die bei aller Ähnlichkeit etwa mit denen von Affen in ungezählten Einzelheiten sich als nur dem Menschen zukommend erweisen. Ein Mensch hat Blut, das in bestimmten chemischen Eigentümlichkeiten so beschaffen ist, daß die kleinsten Spuren mit Sicherheit als Menschenblut festgestellt werden können. Wollte man alle die Arteigenschaften eines Menschen aufzählen, so gäbe das wohl ein ganzes Buch; alle aber werden sie immer in der gleichen Weise auf die Nachkommen übertragen, die ja sonst keine Menschen wären.

Sehen wir uns nun im Menschengeschlecht um, so bemerken wir, daß, obwohl alle Menschen zunächst Angehörige des Menschengeschlechts sind, es wieder Gruppen gibt, die unter sich verschieden sind und diese ihre abweichenden Eigenschaften ebenfalls auf ihre Nachkommen übertragen. Da gibt es etwa Neger mit schwarzer Haut, wulstigen Lippen, bestimmten anatomischen Eigenschaften des Körperbaues, Angehörige der gelben Rasse mit gelber Haut und Schlitzaugen usw. Es gibt also auch Eigenschaften, die keine Arteigenschaften sind, aber doch vererbt werden. Gehen wir nun weiter, so finden wir innerhalb dieser großen Gruppen wieder kleinere, abermals durch bestimmte Erbeigenschaften gekennzeichnet. Japaner und Chinesen oder ost- und westafrikanische Neger sind charakteristisch verschieden und das bedeutet, daß die Unterschiede stets vererbt werden. Selbst in solchen Gruppen gibt es aber wieder Unterschiede und wenn wir so weitergehen, kommen wir bis zur Familie herab: Erblichkeit von Gesichtszügen, Charaktereigenschaften, Krankheiten. Gerade diese kleinen Erbeigenschaften, die zusammen einen so wesentlichen Teil der Individualität des Einzelnen ausmachen, sind es, die uns im täglichen Leben entgegentreten und an die sich hauptsächlich unser Interesse knüpft, von denen wir bald hoffend, bald fürchtend uns fragen: werden sie auch wirklich auf die Nachkommen vererbt?

Erblichkeit und Nichterblichkeit.

Damit sind wir nun bei der ersten Vorfrage angelangt, die beantwortet werden muß, ehe man daran denken kann, den Schleier von den Geheimnissen der Vererbung lüften zu wollen, der Frage: was wird vererbt? Gibt es wirklich auch Eigenschaften,

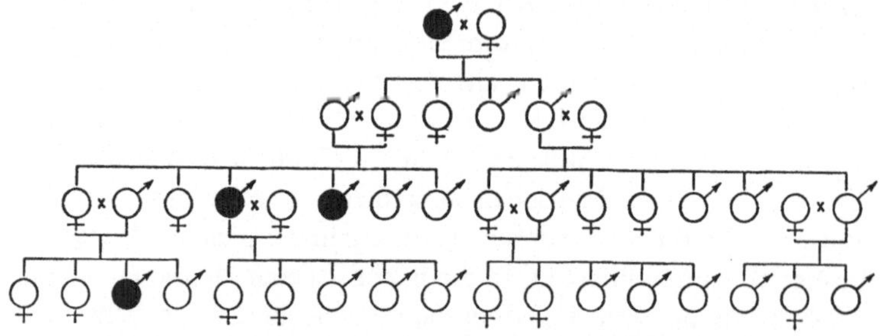

Abb. 1. Idealer Stammbaum der Bluterkrankheit.

die nur ihrem Träger angehören, mit ihm verschwinden, nicht auf die Nachkommenschaft vererbt werden? Wie verhalten sich erbliche und nichterbliche Eigenschaften zueinander?

Auf den ersten Blick erscheint eine solche Frage vielleicht müßig: man sieht es doch sofort, ob die Nachkommen die elterlichen Eigenschaften wieder besitzen oder nicht; im ersten Fall sind es erbliche, im zweiten sind es nichterbliche Eigenschaften.

6

Nun, sehen wir einmal zu, ob das vielleicht so einfach ist. In nebenstehender Abb. 1 ist ein etwas vereinfachter Stammbaumausschnitt einer Familie wiedergegeben, in der die berüchtigte Bluterkrankheit vorkommt. Individuen, die von dieser Krankheit befallen sind, bluten aus den leichtesten Wunden so stark, daß sie daran verbluten können. Es fehlt ihrem Blut etwas, das nötig ist, um die die Blutung stillende Gerinnung des Blutes herbeizuführen. Da dies der erste Stammbaum ist, der uns begegnet, so sei die einfache Art, solche Stammbäume anzufertigen, ein für allemal erklärt. Man benutzt für männliche Individuen das von alters her eingeführte Zeichen ♂, abgeleitet von dem Schild mit der Lanze des Kriegsgottes und für weibliche Individuen das Zeichen ♀, das den Spiegel der Aphrodite mit seinem Handgriff darstellen soll. (Später werden wir eine vereinfachte Form benutzen, bei der Männer mit einem Quadrat, Frauen mit einem Kreis gekennzeichnet werden.). In einfachen Stammbäumen wie dem vorliegenden, stellen weiße Kreise Individuen dar, die die betreffende Eigenschaft von der der Stammbaum handelt, nicht zeigen und schwarz ausgefüllte Kreise solche, die mit der betreffenden Eigenschaft behaftet sind. Eine jede horizontale Reihe bedeutet eine Generation; also wenn vier Reihen vorhanden sind, zeigt der Stammbaum die Verhältnisse von Urgroßeltern, Großeltern, Eltern und Kindern. Sämtliche Kinder eines Elternpaares sind miteinander durch waagerechte Striche verbunden, an denen senkrechte Zweige sitzen, sämtliche Kinder mit ihren Eltern durch einen senkrechten Strich am waagerechten Balken. Mann und Frau sind auch durch einen waagerechten Balken verbunden, an dem nach unten der senkrechte Strich abgeht, der zu den Kindern führt. Einheiratende Männer oder Frauen haben natürlich keinen Verbindungsstrich zur vorhergehenden Generation, sind aber mit ihrer Ehehälfte durch das Multiplikationszeichen verbunden. Betrachten wir nun einmal den nebenstehenden Stammbaum. In der ersten Generation (erste waagerechte Reihe) heiratet ein mit Bluterkrankheit behafteter Mann eine gesunde Frau. Der Ehe entstammen zwei Töchter und zwei Söhne, alle gesund; die Krankheit scheint also nicht erblicher Natur zu sein. Die eine Tochter (zweite Reihe links) heiratet einen normalen Mann. Der Ehe entspringen zwei Töchter und vier Söhne (dritte Reihe links): die beiden Töchter sind gesund, zwei Söhne sind auch gesund, aber die beiden anderen Söhne sind Bluter. So hat sich also die Krankheit doch unter Überspringung einer Generation vererbt. Der eine Sohn in der zweiten Generation (zweite Reihe rechts) hatte auch eine gesunde Frau geheiratet. Der Ehe entsprangen drei Söhne und drei Töchter (dritte Reihe rechts), alle normal; hier hatte sich also die Krankheit wieder nicht vererbt. Zwei dieser gesunden Geschwister der dritten Generation heirateten wieder und erzeugten zusammen in der vierten Generation (vierte Reihe rechts) acht Kinder, alle gesund. Andererseits heiraten von den Kindern der dritten Generation auf der linken Seite des Stammbaumes eine gesunde Tochter einen gesunden Mann und ein kranker Sohn eine gesunde Frau. Die gesunde Tochter erzeugt mit dem gesunden Mann vier Kinder (vierte Reihe links) und darunter ist ein blutender Knabe! Der kranke Sohn aber erzeugt mit seiner gesunden Frau fünf gesunde Kinder (vierte Reihe halblinks). Und nun fragen wir: ist die Bluterkrankheit erblich? Auf der linken Hälfte des Stammbaums scheint sie es zu sein, wenn auch mit allerlei Launen und Bocksprüngen, auf der rechten Hälfte scheint sie nicht zu sein. Nun, wir werden später auf diesen Fall zurückkommen und sehen, daß es sich um eine besondere Art erblicher Krankheit handelt, die uns dann leicht verständlich sein wird. Hier sollte sie uns nur dazu dienen zu zeigen, daß man nicht ohne weiteres sagen kann, ob eine Eigenschaft erblich ist, oder nicht und daß die Frage der Erblichkeit-Nichterblichkeit ein Problem ist, das zunächst einmal genau studiert werden muß.

Variation.

Um auf den richtigen Weg zu kommen, der uns schließlich zum Verständnis der verschiedenen Bedeutung erblicher und nichterblicher Eigenschaften führen soll, wollen wir ein anderes Beispiel betrachten. Ein Landwirt züchtet Bohnen für den Markt und wir wollen einmal annehmen, daß aus irgendwelchen Gründen bestimmte Größen der Einzelbohne verlangt würden. Diesem Bedürfnis zu genügen züchtet er drei Sorten, große, mittlere und kleine, d. h. also, Pflanzen, die in erblicher Weise, als reine Rassen die Eigenschaft besitzen, stets große, mittlere respektive kleine Samen zu erzeugen. Es ist ohne weiteres klar, daß er zu diesem Zweck seine drei Rassen ganz rein halten muß. Bei den Bohnen ist das nicht zu schwer, denn sie haben, wie so viele Pflanzen, Blüten, die gleichzeitig männlich und weiblich sind und sich selbst bestäuben, so daß, um den Ausdruck des Tierzüchters zu gebrauchen, kein fremdes Blut in die Rasse hineinkommt. So wird er denn stets von seinen drei Beeten kleine, mittlere und große Bohnen ernten. Wir lassen uns nun von den

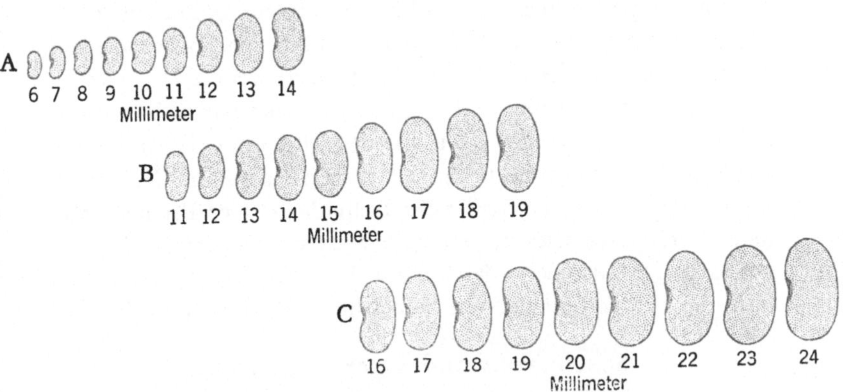

Abb. 2. Größenvariation von drei Bohnensorten.
A kleine Rasse   B mittlere Rasse   C große Rasse

drei Sorten Bohnen je 1000 Stück geben und messen genau ihre Länge. Da finden wir nun, daß innerhalb einer Sorte durchaus nicht eine Bohne genau so groß ist wie die andere. Wenn auch die meisten ungefähr die Größe haben, die für ihre Sorte charakteristisch ist, so sind doch bei jeder Sorte eine gewisse Anzahl dabei, die etwas größer und andere, die etwas kleiner als der Durchschnitt sind. Wenn etwa die charakteristische Größe für die kleine Sorte im Durchschnitt 10 mm ist, so finden wir unter unseren 1000 kleinen Bohnen auch manche von 6, 7, 8, 9 und von 11, 12, 13, 14 mm; wenn die Durchschnittsgröße der mittelgroßen Sorte 15 mm sei, so finden wir doch auch einzelne von 11, 12, 13, 14 und auch von 16, 17, 18, 19 mm; und wenn die Durchschnittsgröße der großen Sorte 20 mm sei, so finden wir doch unter den 1000 Bohnen auch solche von 16, 17, 18, 19 neben solchen von 21, 22, 23, 24 mm Größe. In Abb. 2 ist dieses

Ergebnis in einem Bild dargestellt. Es zeigt uns zunächst, daß innerhalb einer ganz reinen Sorte — wir hatten ja angenommen, daß es sich um eine solche handelt — doch nicht alle Individuen vollständig dem Ideal der Rasse entsprechen, sondern daß gewisse Verschiedenheiten vorkommen, oder, um den Fachausdruck zu gebrauchen, daß eine gewisse Variation herrscht. Wir sehen aber auch einen weiteren wichtigen Punkt: wenn der Züchter uns eine Bohne von 13 mm Größe zeigt, ohne zu verraten, aus welchem Sack er sie genommen hat, so können wir der Bohne nicht ansehen, ob sie ein kleines Exemplar der mittleren Sorte, oder ein großes Exemplar der kleinen Sorte ist. Und wenn er das gleiche mit einer 17 mm großen Bohne tut, so können wir nicht wissen, ob es sich um ein großes Exemplar der mittleren oder ein kleines Exemplar der großen Sorte handelt. Wir sehen also mit Erstaunen die wichtige Tatsache, daß zwei Individuen, hier Bohnen, von denen wir genau wissen, daß sie erblich verschieden sind, doch genau gleich aussehen: das äußere Aussehen besagt gar nichts über die Beschaffenheit vom Standpunkt der Vererbung!

Scheintypus und Vererbungstypus.

Und nun machen wir die Probe auf das Exempel. Wir pflanzen einige Bohnen von 13 mm, die uns der Züchter gab, ohne zu verraten, aus welchem Sack sie kamen, aus. Im nächsten Jahr trägt die eine Pflanze wieder Bohnen, die im Durchschnitt 10 mm groß sind, mit einer gewissen Schwankung einzelner Samen von 6 bis 14 mm. Wir wissen also genau, daß die ausgepflanzte Bohne von 13 mm der kleinen Rasse angehört hatte, obwohl sie selbst ziemlich groß war: ihre Nachkommenschaft ist im Durchschnitt wieder ebenso, wie es die Bohnen im Sack der kleinen Rasse waren. Sie hat die Eigenschaft der Rasse, nämlich Durchschnitt 10 mm, auf ihre Nachkommen vererbt und nicht ihre persönliche Eigenschaft, 13 mm groß zu sein. Die zweite Bohne von 13 mm, die wir ausgepflanzt hatten, gibt aber einer Pflanze den Ursprung, die Samen von im Durchschnitt 15 mm hervorbringt, mit einer gewissen Schwankung bei einzelnen Individuen von 11—19 mm. Das zeigt mit Sicherheit, daß diese Bohne von ebenfalls 13 mm aus dem Sack der mittelgroßen Rasse genommen war. Aber sie hatte nicht ihre persönliche geringere Größe, sondern die

Durchschnittsgröße der Sorte auf ihre Nachkommen weiter vererbt. Wir brauchen wohl das gleiche nicht auch für die große Sorte durchzuführen. Es ist überdies im Bild Abb. 3 dargestellt. Haben wir vorher erfahren, daß uns das Aussehen des Individuums nichts über seine erbliche Beschaffenheit lehrt, so haben wir jetzt

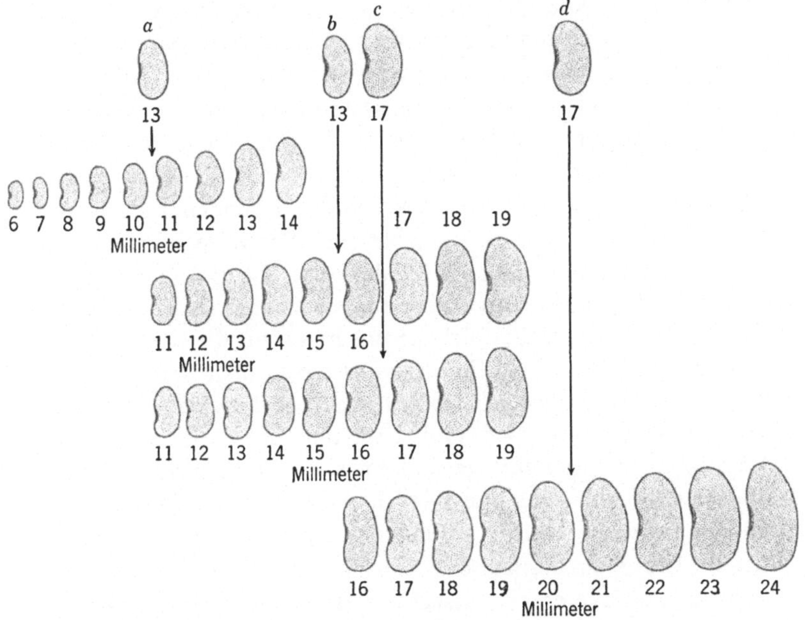

Abb. 3. Erblichkeitsversuch mit Bohnen bei Zucht von 13 und 17 mm großen Bohnen aus den Reihen in Abb. 2. In der obersten Reihe die ausgewählten Bohnen, darunter ihre Nachkommen.

gesehen, daß die Erbbeschaffenheit — also hier die Eigenschaft kleine Sorte oder mittlere oder große Sorte — in der Nachkommenschaft des betreffenden Individuums auf das klarste zum Ausdruck kommt, eine äußerst wichtige Erkenntnis, die uns immer wieder begegnen wird. Um von ihr später in einfacher Weise Gebrauch machen zu können, wollen wir die dafür gebräuchlichen Ausdrücke gleich einführen. Wir nennen den Typus, den das Individuum unserem Auge darbietet, den *Erscheinungstypus*. Also eine Bohne von 13 mm im letzten Beispiel hatte einen knapp mittelgroßen Erscheinungstypus. Der Rasse nach, der erblichen Beschaffenheit nach, konnte dieser knapp mittelgroße Erscheinungstypus sowohl zu einer kleinen wie einer mittleren Rasse gehören, worüber uns allein das Verhalten der Nachkommenschaft Auskunft geben konnte. Die Erbbeschaffenheit, die je nach dem Fall, mit dem Erscheinungstypus übereinstimmen kann oder nicht, nennen wir den *Erbtypus*. Im Beispiel also konnten sich hinter genau dem gleichen Erscheinungstypus zwei ganz verschiedene Erbtypen verstecken. Die Bedeutung dieser Erkenntnis wird uns ohne weiteres klar werden, wenn wir noch einmal einen Blick auf den vorher besprochenen Stammbaum der Bluterkrankheit werfen. Da war uns die rätselhafte Tatsache begegnet, daß von zwei völlig gesunden Frauen, die im Stammbaum Basen waren, aber auch Schwestern hätten sein dürfen, die eine nur gesunde Kinder hatte, die andere neben gesunden auch solche, die von der Bluterkrankheit befallen waren. Sollten wir nicht ein Beispiel vor uns haben für die eben gelernte Tatsache, daß der Erscheinungstypus nichts über den Erbtypus besagt? Sollte es vielleicht so sein, daß bei der einen Schwester zwar Erscheinungstypus und Erbtypus übereinstimmen, daß sie also nicht nur selbst gesund ist, sondern auch nur normale Blutbeschaffenheit auf ihre Kinder vererben kann; daß aber die andere Schwester selbst gesund ist und trotzdem den krankhaften Erbtypus besitzt, den sie auf ihre Nachkommenschaft deshalb weitervererbt? Tatsächlich ist es so und wir werden später auch genau alle Einzelheiten dieses besonderen Erbvorgangs mühelos verstehen können.

Und nun kehren wir nochmals zu unseren Bohnen zurück, um mit ihnen einen neuen lehrreichen Versuch anzustellen. Wir wollen diesmal nur die mittelgroße Rasse mit der Durchschnittsgröße von 15 mm benutzen, aber natürlich könnte der Versuch in entsprechender Weise auch mit der großen und der kleinen Rasse durchgeführt werden. Wir suchen uns eine große Zahl dieser Bohnen von genau 15 mm Länge aus und teilen sie in eine Anzahl Portionen. Dann richten wir uns eine Anzahl von Beeten her, die wir ganz verschiedenartig behandeln. Das eine enthalte beste Gartenerde und sei sehr gut gedüngt; das andere sei weniger gut in bezug auf Erde und Düngung; ein

drittes biete direkt schlechte Wachstumsbedingungen, ein anderes
sei sehr sonnig, wieder ein anderes schattig. Kurzum, wir bieten
den Bohnenpflanzen, die wir auf diese Beete aussäen, ganz verschiedene Lebensbedingungen in bezug auf Nahrung, Licht,
Wasserversorgung usw. Wenn wir dann von diesen verschiedenen Beeten geerntet haben, machen wir uns wieder die Mühe,
für jedes Beet die Bohnen zu messen, von denen wir ja wissen,

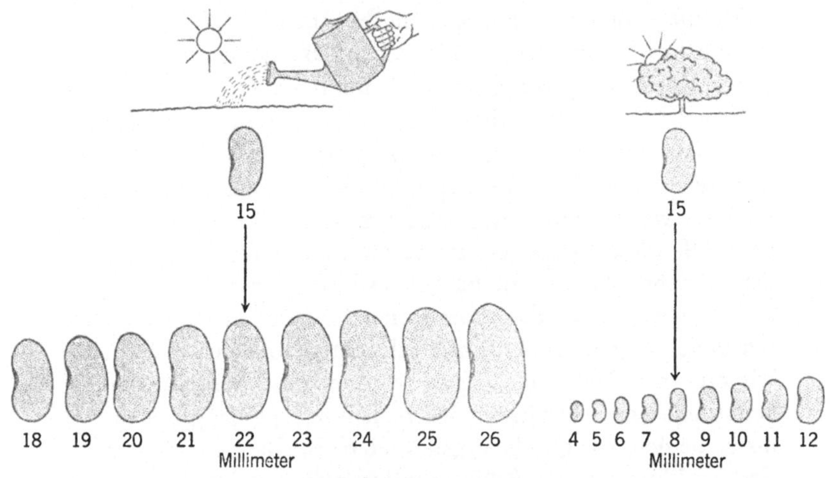

Abb. 4. Wirkung guter und schlechter Bedingungen auf die Variation.
(Erklärung im Text.)

daß sie den Erbtypus haben sollen, 15 mm im Durchschnitt groß
zu werden. Lassen wir nun, um nicht zu weitschweifig zu werden,
die meisten Beete weg und betrachten nur die Ergebnisse auf
dem Beet mit den besten Lebensbedingungen und die auf dem
kümmerlichsten Beet. In Abb. 4 haben wir des besseren Ver-
ständnisses halber diese Ergebnisse wieder bildlich dargestellt.
Links sind die Bohnen dargestellt, die wir in das beste Beet
pflanzten, das im Bild durch Sonne und Begießung angedeutet
ist; rechts sind die Schwesterbohnen in das schlechteste Beet eingepflanzt, das durch den schattenwerfenden Baum angedeutet
ist. Darunter sind dann die Bohnen dargestellt, die von diesen
beiden Beeten geerntet wurden. Da sehen wir denn (wohl nicht
mit besonderem Erstaunen, denn äußerst wichtige Erkenntnisse

erscheinen oft selbstverständlich und werden erst bedeutungsvoll, wenn sie richtig ausgewertet werden), daß die Bohnen auf
den beiden Beeten nicht nur verschieden groß sind, sondern daß
auf dem guten Beet die mittlere Größe der Bohne 22 mm beträgt,
also noch mehr als die Größe der großen Rasse; dabei wissen wir
doch genau, daß wir die erblich mittelgroße Rasse vom Durchschnitt 15 mm eingepflanzt haben! Auf dem ganz schlechten Beet
aber sehen wir, daß die mittlere Größe nur 8 mm ist, und daß
selbst die größten Exemplare mit 12 mm noch weit unter der
für die Rasse normalen Größe stehen! Betrachten wir uns nun
dieses Ergebnis genauer, so muß uns doch sofort ein Zweifel
kommen, ob unsere frühere Behauptung richtig war, daß der
Erbtypus dieser Rasse eine Bohnengröße von 15 mm darstellt.
Wir sehen, daß diese Behauptung durch einen Zusatz einge-
schränkt werden muß: Wir müssen sagen, daß die erbliche Bohnengröße dieser Rasse 15 mm beträgt, wenn die Pflanzen unter
den gewöhnlichen, mittleren Lebensbedingungen eines Gemüse-
gartens gezogen werden. Die Bohnen werden aber unter besseren Bedingungen größer, unter schlechteren kleiner. Hier haben
wir nun mit einem Schlag aus dem einfachen Versuch drei Erkenntnisse von entscheidender Bedeutung geschöpft, Erkenntnisse, die sich, wie gleich zugefügt sei, tausendfach bewährt haben.
Erstens hörten wir, daß hinter völlig gleichem Erscheinungstyp
ganz verschiedene Erbtypen sich verbergen können. Zweitens
haben wir erfahren, daß bei völlig gleicher erblicher Beschaffenheit der Erscheinungstypus ganz verschieden sein kann, und daß
diese Verschiedenheit bedingt wird durch die äußeren Verhältnisse,
unter denen das Lebewesen aufgewachsen ist, also Nahrung,
Luft, Licht usw. Und daraus folgt die dritte wichtige Erkenntnis,
nämlich die, daß wir niemals sagen können, dies und jenes ist der
Erbtypus, sondern daß wir stets sagen müssen, dies und jenes
ist der Erbtypus unter diesen und jenen äußeren Bedingungen.
Der Erbtypus der Bohnen war 15 mm Größe, unter mittleren
Aufzuchtbedingungen. Vom Standpunkt des Erscheinungstypus
aus müßte man dann sagen: *Der Erscheinungstypus ist das Ergebnis der
Wirkung des Erbtypus einerseits und der äußeren Umstände andererseits.*
Die prinzipielle Bedeutung dieser Erkenntnis wird uns ohne
weiteres klar werden, wenn wir sie auf ein Beispiel aus der

menschlichen Gesellschaft anwenden. Es ist bekannt, daß es beim
Menschen allerlei schlechte Erbanlagen gibt, z. B. eine Anlage zu
verbrecherischem Handeln. Es ist aber auch ebenso bekannt,
daß die äußeren Lebensumstände oft Menschen zu antisozialen
Handlungen veranlassen, die das gleiche Individuum wohl unter
günstigeren Umständen nicht begehen würde. Wenn wir uns nun
darüber ein Urteil bilden wollten, in welcher Weise die menschliche Gesellschaft am besten verbrecherische Individuen unschäd-
lich machen sollte, so treffen wir sogleich auf diesen Unterschied
zwischen dem geborenen Verbrecher und dem Verbrecher durch
Erziehung. Der geborene Verbrecher, der Verbrecher, der im
Gefolge einer schlechten Erbanlage handelt, ist in der Regel
unverbesserlich, da er seiner Erbanlage ebenso folgen muß, wie
etwa das geborene musikalische Genie nicht durch Mangel an
Ausbildung unmusikalisch werden kann. Man hat die gleiche
Tatsache, auf einem anderen Gebiet, auch so ausgedrückt, daß
Raffael auch ein großer Maler gewesen sei, wenn er ohne Hände
geboren wäre. Es läßt sich zwar vorstellen, daß es gelänge, einen
Menschen mit verbrecherischer Anlage so aufzuziehen, daß er es
lernt, seine bösen Lüste zu beherrschen. Die bekannten Beispiele
lassen allerdings vermuten, daß dies selten, wenn überhaupt jemals gelingen wird. Unter keinen Umständen aber kann man,
wie es uns die Bohnen lehrten, seine Erbanlage ändern: er über-
trägt mit hoffnungsloser Sicherheit seine krankhafte Erbanlage
auf seine Nachkommen. Umgekehrt mag es vielleicht nicht gelingen, einen Menschen, der durch schlechte Umgebung auf die
schiefe Bahn geraten ist, obwohl er seiner Erbanlage nach gut ist,
wieder in ein richtiges Geleise zu bringen. Trotzdem aber besteht die tröstliche Tatsache, daß seine Nachkommen nichts von
seiner schlimmen Eigenschaft erben: das Böse ist nicht seine
Natur, sondern nur ein Mantel, den ihm ein widriges Schicksal
umgehängt hat. Dies kleine Beispiel, dem später noch viele folgen
werden, zeigt ohne weiteres die große Bedeutung der aus dem
Bohnenversuch stammenden Erkenntnis.

Selektion.

Nun müssen unsere Bohnen zu einem weiteren Versuch her-
halten, der sich bereits aus dem letzten Beispiel ergibt. Wie Abb. 4

zeigte, hatten die Bohnen der 15 mm Rasse unter den glänzenden Aufzuchtbedingungen des Versuchs, also mit guter Düngung, Bewässerung, Beleuchtung, Samen bis zu 26 mm Größe hervorgebracht. Daraus könnten wir nun die Hoffnung schöpfen, eine dauernd viel größere Rasse, als die, von der wir ausgingen, züchten zu können. Der Gedanke liegt nahe, daß wir die größten Bohnen des Versuchs zur Erzielung der nächsten Ernte aussäen: sollten wir dann vielleicht noch größere erhalten? Dann könnten wir ja diese wieder aussäen und immer noch größere erhalten und immer so weiter! Leider ist dies nur eine Milchmädchenrechnung, wie wir sofort sehen werden, wenn wir den nächsten Versuch anstellen. Wir säen also die größten 26 mm großen Bohnen des letzten Versuchs wieder aus, und zwar verteilen wir sie auf zwei Beete. Dem einen Beet geben wir die normalen Düngungsverhältnisse, unter denen wir ursprünglich unsere 15 mm Rasse zogen. Das andere Beet aber behandeln wir wieder in der besonders sorgfältigen Weise des letzten Versuchs. Was ist nun das Ergebnis der nächsten Ernte? Auf dem ersten Beet sind nun die Bohnen wieder genau so, wie sie ursprünglich waren, d. h. im Durchschnitt 15 mm groß. Man merkt ihnen nicht das geringste davon an, daß sie aus besonders großen Samen gezogen sind; es hat sich von der Wirkung der besonders guten Bedingungen auf die Eltern nicht das geringste auf die Nachkommen vererbt, unsere Hoffnung ist betrogen. Auf dem zweiten Beet aber sind nun unsere Bohnen wieder im Durchschnitt genau so groß wie ihre Eltern, also 22 mm mit einer Schwankung von 18 bis 26 mm. Wir hätten vielleicht glauben können, daß sich unter den ebenso guten Bedingungen aus den größten Bohnen nun doch mindestens ebenso große entwickeln würden. Durchaus nicht: der Durchschnitt ist den Eltern gleich geblieben. Nun, vielleicht geht das nicht das erstemal: so wollen wir den Versuch zehn Jahre lang immer wiederholen. Leider ergebnislos; nach zehn Jahren sind die Nachkommen der immer wieder ausgewählten größten Bohnen im gutgedüngten Beet 18 bis 26 mm groß, genau wie beim ersten Versuch. Und würden wir das gleiche mit dem ersten Beet in mittleren Bedingungen (natürlich auch mit einem dritten in schlechten Bedingungen) ausführen, das Ergebnis wäre immer das gleiche: Die Wirkung der äußeren

Bedingungen trifft nur das Einzelindividuum, der Erbcharakter wird nicht im geringsten berührt, die Wirkung der Außenwelt wird als solche nicht vererbt. Aber vielleicht fehlt da noch ein

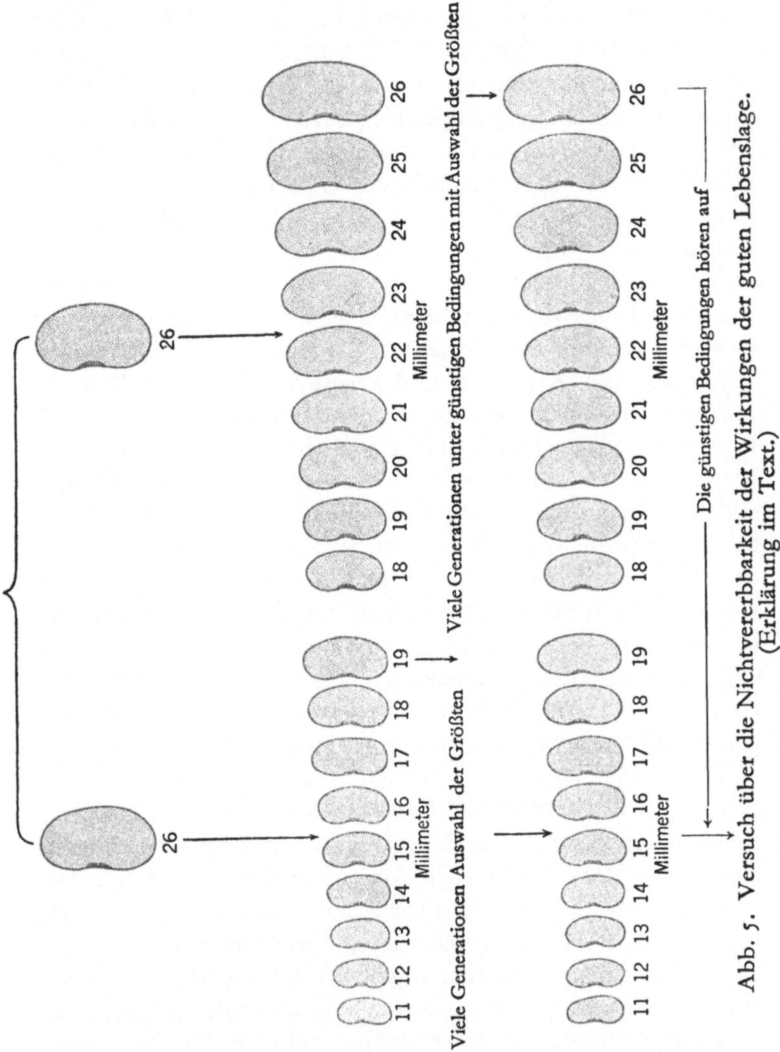

Abb. 5. Versuch über die Nichtvererbbarkeit der Wirkungen der guten Lebenslage. (Erklärung im Text.)

Versuch, den wir deshalb noch ausführen wollen. Wenn wir zehn oder zwanzig Jahre lang immer die größten Bohnen, die unter den besten Bedingungen gewachsen waren, aussuchten und

wieder aussäten, und, wenn wir dann endlich wieder einmal eine
Aussaat unter mittleren Bedingungen machen, sollte da nicht
doch vielleicht eine Wirkung bemerkbar werden und wir jetzt
doch größere Bohnen als ursprünglich erhalten? Leider trifft
auch das nicht zu: führen wir den Versuch aus, so erhalten wir
nunmehr wieder Bohnen von mittlerer Größe 15 mm. Es hat
sofort ein vollständiger Rückschlag auf die Ausgangsform stattgefunden, trotzdem zehn oder zwanzig Jahre in besten Bedingungen mit ständiger Auswahl der Größten gezüchtet worden
war. Auch dieser Versuch sei in einer Abbildung (Abb. 5) ver-
anschaulicht.

Dies Ergebnis erschreckt uns zunächst. Widerspricht es doch
nicht nur liebgewordenen Ideen, sondern auch allem, was wir
so von Züchtung gehört haben. Da ist doch ein allgemeiner
Grundsatz, den jeder Tier- und Pflanzenzüchter als richtig bezeichnen wird, daß man durch immerwährende Auswahl und
Fortpflanzung der besten Stücke seine Rassen verbessert, hoch-
züchtet. Jeder Züchter würde sicher den auslachen, der ihm
erklärte, daß so etwas nicht ginge. Wer hat nun recht? Zweifellos
haben wir recht, aber der Züchter hat auch nicht unrecht. Und
das kommt daher, daß er eigentlich von etwas ganz anderem
redet. Wir wollen nun versuchen, uns dieses Mißverständnis
klarzumachen, denn es handelt sich dabei um eine Frage, die für
das wissenschaftliche Verständnis der Vererbung nicht weniger
bedeutungsvoll ist, wie für die Praxis des Züchters und die sinn-
gemäße Anwendung der Vererbungsgesetze auf den Menschen.

Weiteres über Variation und Zufall.

Um in das Verständnis dieser Fragen eindringen zu können,
müssen wir nochmals auf den Ausgangspunkt unserer Bohnen-
versuche zurückkommen und wiederholen bei dieser Gelegenheit
nochmals, daß wir die Untersuchung ebensogut mit irgendwelchen anderen Eigenschaften irgendwelcher anderer Lebewesen
durchführen könnten. Wir hatten gesehen, daß die Bohnen einer
ganz reinen Rasse zwar unter gleichen Lebensbedingungen stets
eine bestimmte mittlere Größe hatten, die somit erblich war,
also z. B. hatte die mittelgroße Rasse die mittlere Größe 15 mm.
Aber wie uns die Einzelheiten von Abb. 2 anzeigten, war dies

nur eine mittlere Größe: die einzelnen Bohnen waren manchmal etwas größer, manchmal etwas kleiner und nur im Mittel der ganzen Ernte dieser Rasse war 15 mm die charakteristische Größe. Wir haben uns nun bisher gar nicht weiter darum bekümmert, wie häufig in einem solchen Gemenge von Bohnen gleicher Rasse und Ernte die mittelgroßen, die etwas kleineren und größeren sind. Das wollen wir jetzt nachholen, indem wir eine recht große Ernte dieser Rasse vornehmen, jede einzelne Bohne messen und sie dann je nach ihrer Größe auf neun Säcke verteilen, in die Bohnen von resp. 11, 12, 13, 14, 15, 16, 17, 18, 19 mm Größe kommen. Dann stellen wir diese Säcke in der Reihenfolge der Bohnengröße auf und nun sehen wir, was uns Abb. 6 zeigt. (Es ist klar, daß unser Vorgehen nicht exakt ist, da sich kleinere Bohnen enger zusammenpacken als größere. Die richtige Methode wäre, alles zu wägen anstatt zu messen. Der Fehler wurde im Interesse der einfachen bildlichen Darstellung begangen.) Der größte Sack, also der, der die meisten Bohnen enthält, findet sich bei der Bohnengröße 15 mm, also der mittleren Größe. Von da aus werden die Säcke nach beiden Seiten immer kleiner und an den beiden Enden der Reihe stehen Säcke mit nur ganz wenigen Bohnen. Das heißt also mit anderen Worten, daß wir am meisten Bohnen mittlerer Größe finden, am wenigsten ganz kleine sowohl wie ganz große und dazwischen alle Übergänge in regelmäßigem Ansteigen. In Abb. 6 stehen auf den Säcken die Prozentzahlen der ganzen Ernte, die sich in jedem Sack finden und wir sehen, daß es eine Zahlenreihe ist, die niedrig beginnt, dann bis zu einer größten Zahl ansteigt und dann wieder abnimmt, nämlich: 3, 8, 10, 16, 28, 14, 11, 8, 2 %. Wir sehen aber auch, daß rechts und links von der Mitte die Zahlen ungefähr gleich sind, daß also die Zahlenreihe rechts und links etwa symmetrisch ist. Wenn wir die mittleren Bohnen von 15 mm als die normalen oder mittelwertigen bezeichnen, dann können wir die größeren die Plusabweicher und die kleineren die Minusabweicher nennen und können, wenn wir das ganze Bild eine Variationsreihe heißen, in etwas gelehrterer Ausdrucksweise als bisher sagen: in der erhaltenen Variationsreihe gruppieren sich die Minusabweicher und Plusabweicher symmetrisch um die Mittelwertsindividuen in nach den Extremen der Reihe abnehmender Zahl. Nun wollen wir eine noch etwas wissenschaftlichere Darstellungsform einführen. Wir verbinden in unserer Abb. 6 die Köpfe der Säcke durch eine geschwungene Linie; eine solche Linie nennen wir bekanntlich eine Kurve und diese hier ist somit die Häufigkeitskurve für die Variation der Länge einer Ernte von Bohnen mittelgroßer Rasse mit einer mittleren Größe von ungefähr 15 mm und einer Variationsbreite von 11—19 mm.

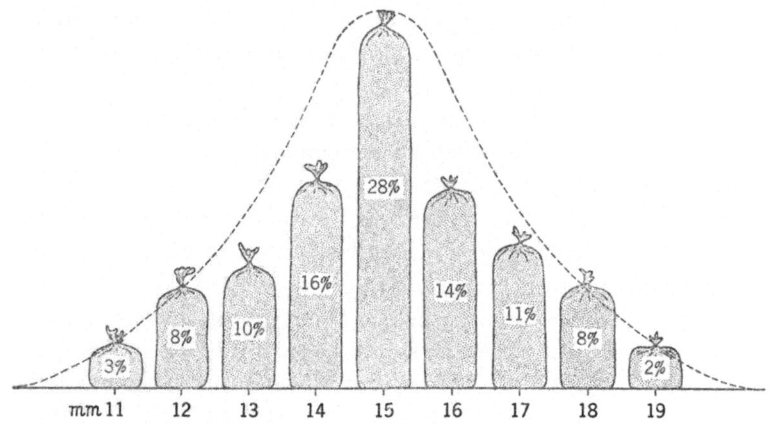

Abb. 6. Verteilung der Bohnen verschiedener Größe auf die verschiedenen Klassen.

Es ist nun erstaunlich, daß diese Kurve um so gleichmäßiger und symmetrischer ausfällt, je größer die Zahl der Einzelindividuen ist, die wir untersuchen. Und es ist ferner bemerkenswert, daß in einer außerordentlichen Zahl von Fällen, in denen man Eigenschaften von Lebewesen messend und zählend untersucht hat, man immer wieder die gleiche Art von Variationskurve erhält. Wir heben dabei immer noch einmal hervor, daß wir ausschließlich von einer ganz reinen Rasse reden, die hier bei unseren Bohnen immer nur durch Selbstbestäubung vermehrt und so rein gehalten wird. Nun wollen wir zuerst wissen, was die eigenartige symmetrische Kurvenform bedeutet. Das können wir uns spielend klar machen, und zwar wörtlich genommen, durch allerlei Lotteriespiele. Wir wollen nur eine Methode benutzen, nämlich das in Abb. 7 abgebildete Tivoli genannte Spielzeug. Anstatt aber wie beim Spiel mit einer oder wenigen Kugeln zu spielen, benutzen wir einen Haufen Schrotkörner, die wir oben einfüllen; dann heben wir den Kasten oben auf und lassen so

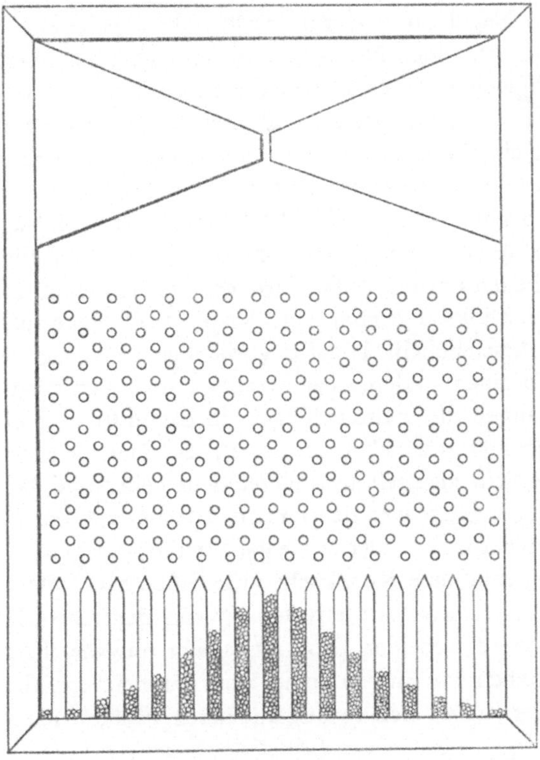

Abb. 7. Zufallsapparat.

die Schrotkörner durch den Spalt hinablaufen. Die Fläche des Kastens ist gleichmäßig mit Nägeln bedeckt, an die die herablaufenden Kügelchen anstoßen, ebenso wie sie auch miteinander karambolieren. Unten am Kasten sind aber eine Reihe von Fächern abgeteilt, in denen die Kugeln sich sammeln. Sind nun alle Schrotkörner hinabgelaufen, so sehen wir mit Erstaunen, daß sie in den Fächern genau die gleiche Figur bilden, wie wir sie von den

Bohnensäcken schon kennen. In der Mitte sind die meisten Kugeln, an den äußersten Enden rechts und links die wenigsten und dazwischen alle Übergänge, treppenartig von links und rechts zur Mitte ansteigend. Bei diesem Spiel ist es nun klar, wie die Anordnung zustande kommt: es ist die gesetzmäßige Wirkung des Zufalls. Die einzelne herablaufende Kugel stößt vielleicht an einen Nagel an und wird nach links abgelenkt; bald stößt sie wieder an einen Nagel an und wird vielleicht diesmal nach rechts abgelenkt. Dann karamboliert sie mit einer anderen Kugel und erhält vielleicht einen Stoß nach links; bald darauf erteilt ihr vielleicht ein neuer Stoß einen Schwung nach rechts. Ähnlich geht es nun jeder einzelnen Kugel. Wenn nun alle Kugeln gleich groß und auch sonst völlig gleich sind, wenn die Nägel genau gleichmäßig verteilt sind und auch das Brett gleichmäßig glatt ist, so entscheidet nur der Zufall darüber, ob eine Kugel einmal nach rechts oder links abgelenkt wird. Dann aber ist eine außerordentliche Wahrscheinlichkeit dafür vorhanden, daß jeder Stoß nach links von einem anderen nach rechts aufgehoben wird und deshalb gelangen die meisten Kugeln in das mittlere Fach. Schon etwas weniger wahrscheinlich ist es, daß viel mehr Stöße nach der einen Seite als nach der anderen Seite gehen und daher finden sich weniger Kugeln in den links und rechts von der Mitte gelegenen Fächern. Um aber in die ganz seitlich gelegenen Fächer zu gelangen, muß eine Kugel sehr viele Stöße nacheinander immer nach der gleichen Seite erhalten. Wenn der reine Zufall über diese Stöße entscheidet, dann ist es sehr unwahrscheinlich, daß solche Reihen von Stößen immer nach der gleichen Seite erfolgen und daher finden sich in den äußersten Fächern die wenigsten Kugeln.

Was lehrt uns nun das Spiel? Auch die Bohnen, die nach ihrer Erbanlage unter normalen mittleren Bedingungen 15 mm groß werden sollten, stoßen im Lauf ihrer Ausbildung an die Nägel der wechselnden Lebensbedingungen an. Da wird eine Ecke des Feldes durch eine Wolke verdunkelt, eine andere erhält ein bißchen mehr Wasser und was alles sonst die kleinen Zufälligkeiten des Lebens sein mögen. Und auch diese gleichen sich im Durchschnitt aus und nur in den seltensten Fällen häufen sich alle besonders günstigen oder ungünstigen Zufälle, so, daß besonders große oder besonders kleine Bohnen gebildet werden. So sehen wir, daß nicht nur die Tatsache der mehr oder minder kleinen Abweichungen vom Durchschnitt, die Variation, in der Einwirkung der äußeren Umstände auf das Lebewesen seine Erklärung findet, sondern daß auch die besondere Form der Variationskurve, die wir schon kennen lernten, so ihre Erklärung findet.

Gemischte und reine Linien.

Um nun auf die Frage zu kommen, von der wir ausgingen, ob der Züchter mit seiner Behauptung recht hat, daß er durch fortgesetzte Auswahl der Besten seine Rassen verbessern könne, führen wir das folgende aus: Ebenso wie wir die Bohnen der mittleren Rasse durchgemessen hatten, messen wir nun auch die der kleinen und großen Rasse und stellen dabei fest, daß wir ein ganz entsprechendes Ergebnis erhalten, nämlich die charakteristische Variationskurve, die natürlich bei den kleinen Bohnen ihren Gipfel (der größte Sack!) bei 10 mm hat und bei den großen Bohnen bei 20 mm. Nachdem wir uns davon überzeugt haben, nehmen wir alle Säcke aller Rassen und gießen sie zusammen, so daß wir jetzt ein buntes *Gemisch der Bohnen der drei Rassen haben*. Nun messen wir auch diese wieder alle und verteilen sie nach ihrer Größe auf Säcke und stellen die Säcke in der bekannten Weise nach der Reihenfolge der Größe der darin enthaltenen Bohnen auf. Und siehe da, wir bekommen wieder die gleiche Variationskurve, obwohl wir jetzt genau wissen, daß wir drei Rassen miteinander gemischt haben. (Diese Behauptung würde sich als nicht richtig erweisen, wenn wir mit den angegebenen Zahlen nachrechnen. Diese Zahlen wurden der Deutlichkeit halber extremer gewählt, als es der Wirklichkeit entspricht. Mit den richtigen Zahlen wirklicher Versuche stimmt es aber.) Das zeigt uns, daß wir einem solchen Rassengemenge gar nicht ansehen können, ob es ein Gemenge ist oder nur eine einzige Rasse. Würden wir nun aus diesem Gemenge uns die größten Bohnen aussuchen und fortpflanzen, so erhielten wir im nächsten Jahr, da die größten Bohnen bei diesem Versuch ja alle von der großen Rasse stammten, die wir mit den anderen gemischt hatten, nur große Bohnen. Wir haben dabei natürlich nichts anderes getan, als aus einem Gemenge von drei Rassen wieder die größte herausgesucht. Ist nun

diese große Rasse jetzt wieder isoliert und wir suchen ein Jahr
später nun hier wieder die größten Bohnen aus und säen sie, so
haben wir plötzlich keinen Erfolg mehr: wir erhalten wieder die
typische Variationsreihe der großen Rasse. Denn, wie wir schon
wissen, hat die Auswahl innerhalb einer reinen Rasse keinen Erfolg. Wir hatten also aus dem Gemisch nur ausgewählt, was wir
hineingetan hatten; und das war das Ende der Auswahl.

In diesem Fall nun wissen wir genau, daß wir unseren ersten
Erfolg der Tatsache verdanken, daß wir aus einem Gemenge von
erblich verschiedenen Rassen uns die größte Rasse aussuchten,
sie aus dem Gemenge wieder isolierten. Wenn nun aber der Züchter etwa mit einem Feld von Bohnen seine Arbeit beginnt, dessen
erbliche Beschaffenheit ihm zunächst noch unbekannt ist, und
dann die größten Bohnen auswählt und tatsächlich im nächsten
Jahr im Durchschnitt größere auf einem Felde stehen hat, so
wird er sagen, er hat eine erfolgreiche Auswahl durchgeführt.
Eine genauere Untersuchung würde aber zeigen, daß tatsächlich
von Hause aus sein Feld schon aus einem Rassengemenge bestand,
aus dem er dann nur eine bestimmte Rasse ausgesucht hat. Von
jetzt an hat aber keine Auswahl mehr Erfolg.

Vielleicht ist es am Platz, hier noch ein Wort zuzufügen. Wir
sprachen stets von reinen Rassen. Dies deckt sich nicht ganz mit
dem üblichen Begriff der Rasse. Wir würden etwa einen Pudel
oder eine Dogge als Hunderasse bezeichnen. Aber innerhalb
dieser Rassen gibt es nun wieder feinere erbliche Unterschiede,
z. B. erblich sehr große und weniger große Doggen. Der Laie
wird dann vielleicht sagen, daß der Züchter X. einen besonders
guten Stamm von Doggen hat, die immer sehr groß werden. Im
vorhergehenden nannten wir einen solchen Stamm auch eine
Rasse, um einen bekannten Begriff zu benutzen. Besser hätten
wir von Stämmen, Linien, Familien gesprochen. Je feiner aber
die erblichen Merkmale werden, die man unterscheiden lernt,
um so schwieriger wird es, immer neue Begriffe für die Bezeich-
nung erblich reiner Gruppen zu finden. Wir werden später, wenn
wir die Lehre von den Bastarden studieren, diese Schwierigkeit
überwinden lernen.

Das führt uns nun zu einem weiteren Punkt. Wir sprachen
bisher von Bohnen, die ja in der Regel Selbstbefruchter sind und

daher, wenn sie rein sind, auch rein bleiben. Ein einmaliger Griff in ein Gemenge und Züchten von einem einzigen ausgewählten Individuum muß daher genügen, um eine reine „Linie" zu isolieren. Anders aber bei nicht selbstbefruchtenden Pflanzen und den Tieren. Wenn sich hier eine Menge von Individuen finden, die sich bunt durcheinander fortpflanzen, so haben wir nicht mehr ein Gemenge von reinen Individuen, sondern fast lauter gemischte, bastardierte Individuen, die in sich eine ganze Reihe von Eigenschaften verschiedener Stämme vereinigen. Es wird dann nicht leicht sein ein Pärchen herauszufinden, das in all diesen Eigenschaften erblich vollständig gleich ist. Infolgedessen genügt nicht eine Auswahl, um einen reinen Stamm zu isolieren, sondern es muß mehrere Generationen hindurch immer wieder Auswahl getroffen werden, immer wieder neue Eigenschaften rein isoliert werden, bis schließlich der gewünschte reine Stamm da ist. Vielleicht erläutert dies ein Beispiel. Der beliebte deutsche Schäferhund ist eine sogenannte Rasse. Trotzdem ist fast jeder Hund vom anderen verschieden, in Schwanz, Ohren, Kopfform, Haar, Beinen usw. Tatsächlich sind innerhalb der Rasse eine Menge von Stämmen durcheinander gekreuzt und daher sind auch — weshalb, werden wir später verstehen lernen — die Jungen des gleichen Wurfs oft verschieden. Durch sorgfältige Auswahl in mehreren Generationen könnte man sicher eine Reihe von verschiedenen Stämmen isolieren, die sich in bestimmten gewünschten Charakteren unterscheiden und schließlich rein erhalten werden. Aber niemals könnten wir durch Auswahl etwas zustande bringen, was nicht schon vorhanden war, also etwa Schäferhunde mit Pudelhaar: Isolierung von Vorhandenem durch Züchtung, aber keine wirkliche Neuzüchtung auf dem Weg der Auswahl.

Das führt uns nun zu dem Menschen zurück. Vielleicht führen wir zunächst einmal das folgende Gedankenexperiment aus: In Afrika gibt es eine Reihe von Negerstämmen, die sich für den Laien äußerlich nicht allzusehr unterscheiden, außer durch ihre Statur. Da gibt es etwa neben Stämmen mittlerer Größe die riesenlangen Dinkas und die winzig kleinen Pygmäen. Hätten wir ein Gemenge solcher Neger beisammen und suchten uns ·twa die kleinsten aus, so könnten wir sicher sein, lauter

Pygmäen gewählt zu haben, die nur kleine Nachkommen wieder erzeugen. Stellen wir uns nun vor, diese drei Stämme und noch mehrere andere, die sich auch durch eine bestimmte, aber andere mittlere Körpergröße auszeichnen, lebten auf dem gleichen Areal und heirateten bunt durcheinander, so hätten wir bald eine Bevölkerung, die sich dem Betrachter wohl als eine einheitliche Negerbevölkerung darstellte, in der aber alle möglichen Körpergrößen von ganz kleinen bis ganz großen Menschen vertreten sind. Machte man eine statistische Aufnahme ihrer Maße, so erhielte man genau eine solche Variationskurve, wie wir sie von den Bohnen sahen. Betrachten wir nun einzelne Familien der Bevölkerung, so können wir solche Familien finden, in denen große Eltern große Kinder haben, solche, in denen große Eltern große und kleine Kinder haben und viele andere solcher Möglichkeiten. Wir haben eben eine Bastardbevölkerung, in der verschiedene Erbtypen gemischt sind, die sich nun in der mannigfachsten Art miteinander kombinieren und scheiden, nach Gesetzen, die wir bald kennenlernen werden. Wollen wir nun aus einer solchen Bevölkerung eine recht große Rasse ziehen, so können wir durch immer wieder erfolgende Auswahl der Größten in mehreren Generationen schließlich das reine Dinkablut in bezug auf Körpergröße wieder isolieren. Über diese Größe kommen wir aber nicht hinaus, hier ist das Ende der Auswahl gegeben. Was in der Bevölkerung nicht drin war, können wir auch nicht aus ihr herausholen.

Zusammenfassung.

Nun wird es vielleicht ganz gut sein, noch einmal kurz auf das zurückzublicken, was wir bisher gelernt haben: Wir haben erfahren, daß die äußeren, die sichtbaren Eigenschaften eines Lebewesens uns nichts über seine Erbbeschaffenheit aussagen. Die gleiche sichtbare Eigenschaft kann z. B. durch ganz verschiedene erbliche Anlagen bedingt sein: ein mittelgroßes Individuum kann ein erblich mittelgroßes, ein erblich großes, das unter ungünstigen Umständen aufwuchs, oder ein erblich kleines, das unter günstigen Umständen aufwuchs, sein. Was es wirklich ist, kann man erst durch die Untersuchung seiner Nachkommenschaft erkennen. Der Erscheinungstypus ist also das Produkt aus erblicher Anlage und äußeren Umständen. Die Verschiebung von

Eigenschaften, die bei gleicher erblicher Anlage (also innerhalb
einer reinen Rasse oder Linie) durch die Wirkung der Außenwelt
hervorgebracht werden kann, wird nicht auf die Nachkommenschaft vererbt. Sie verschwindet mit den Außenbedingungen, die
sie verursacht. Deshalb kann man auch die erbliche Beschaffenheit einer reinen Linie durch Auswahl und Fortpflanzung abweichender Individuen nicht verschieben. Wenn scheinbar ein
solcher Erfolg aber erzielt wird, so beruht dies darauf, daß der
Ausgangspunkt keine reine Linie war, sondern ein Gemenge erblich verschiedener Typen, ein Gemenge, das trotzdem vielleicht
ohne Erbuntersuchung nicht als ein Gemenge zu erkennen war,
einheitlich erschien. Aus dem Gemenge können dann durch
Auswahl (einmalige Auswahl eines Individuums bei Selbst-
befruchtern, mehrmalige in mehreren Generationen bei Wechsel-
befruchtern) wieder die darin enthaltenen erblichen Typen isoliert werden. Ist dies geschehen, dann ist es mit der Möglichkeit
einer Verschiebung oder Veränderung des Typus durch folgerich-
tige Auswahl vorbei. Die große Bedeutung dieser Erkenntnisse
wird uns noch öfters klar werden.

Erworbene Eigenschaften werden nicht vererbt.

Um den Gedankengang nicht zu unterbrechen, sind wir bisher
in gerader Linie, ohne uns lange bei Einzelheiten aufzuhalten,
fortgeschritten. Nun wollen wir aber noch etwas bei einzelnen
Punkten verweilen, die von größerem allgemeinen Interesse sind.
Da ist wohl der eine oder andere Leser schon stutzig geworden,
als davon die Rede war, daß die günstige Wirkung guter Düngung
nicht auf die Nachkommenschaft vererbt wird. Sollte dies wirklich allgemeingültig sein? Sollte wirklich das, was einem Lebewesen im Laufe seines Lebens widerfährt, soll all das, was ihm
von der Umgebung als Stempel aufgedrückt wird, nicht auf seine
Nachkommen vererbt werden? Hier treffen wir zum erstenmal
auf eine Erkenntnis, die völlig dem widerspricht, was wir so im
allgemeinen glauben. Wenn etwa Menschen in den besten, ver-
edelnd auf das gesamte Dasein wirkenden Umständen gelebt
haben, vielleicht sogar Generationen lang, so soll dies ebenso ohne
Wirkung auf ihre Nachkommen sein, wie wenn sie in Elend und
Verkommenheit gelebt haben?

Lassen wir nun zunächst einmal den Menschen beiseite und betrachten die Frage im allgemeinen. Denn hier haben wir einen der wenigen Fälle vor uns, in dem zwar die Gesetze aller Lebewesen auch für den Menschen gültig sind, aber trotzdem noch für den Menschen eine Besonderheit hinzukommt, die gesondert erörtert werden muß. Beginnen wir mit einem etwas groben Beispiel. Den meisten Menschen ist wohl schon die folgende Erzählung begegnet: Einer Katze wurde einmal der Schwanz abgeklemmt und im nächsten Jahr warf sie Junge ohne Schwänze. Ja, der Erzähler hat sogar selbst die Tierchen gesehen. Nun, in den meisten Fällen kann man solche Geschichten in das Reich der Fabel verweisen. In den wenigen Fällen, in denen aber etwas daran ist, ist es so: Es gibt eine Katzenrasse, die in Europa auf der Insel Man häufig ist — daher auch Manx-Katze genannt — und die man im fernen Osten besonders häufig sieht, die typischerweise als erblichen Charakter einen Stummelschwanz besitzt. Wenn es nun einmal der Zufall will, daß eine Katze, der der Schwanz abgequetscht wurde, von einem solchen Manx-Kater Junge hat (und die Väter junger Katzen sind ja gewöhnlich unbekannt), dann haben wir den berühmten Fall. An und für sich ist es ja schon recht unwahrscheinlich, daß Verletzungen und Verstümmelungen vererbt werden sollen; wenn wir später die Lehre von der Befruchtung näher kennenlernen, werden wir besser verstehen, warum es unwahrscheinlich ist. Trotzdem haben sich Gelehrte der hoffnungslosen Mühe unterzogen, Ratten viele Generationen lang die Schwänze zu amputieren, ohne daß dies auf die Nachkommen irgendeine Wirkung ausgeübt hätte. Schließlich werden bestimmten Hunderassen ja seit Jahrhunderten Schwänze und Ohren kupiert, ohne daß deshalb die Rasse kurzohrig oder schwanzlos wurde. Wenn daher auch vom Menschen solche Geschichten erzählt werden, daß die Kinder eines Soldaten eine Narbe da zeigen, wo des Vaters Wunde sich findet, so kann man ruhig behaupten, daß entweder ein Schwindel vorliegt oder irgendeine grobe Entstellung, etwa, daß ein zufälliges Muttermal als Narbe angesprochen wird und was dergleichen Möglichkeiten mehr sind.

Nun gibt es allerdings andere Möglichkeiten, die von vornherein nicht so unwahrscheinlich klingen. Diese oder jene

Pflanze ändert, wenn sie in ein anderes Klima versetzt wird, ihren Wuchs, ihre Blütezeit usw. Wird sie oder ihre Nachkommen nun wieder in die ursprüngliche Umgebung versetzt, sollen dann wirklich sofort alle die Veränderungen wieder verschwinden und nichts davon sich dauernd der Form aufgeprägt haben, besonders wenn die neuen Bedingungen Generationen lang gewirkt haben? Man kann mit größter Sicherheit sagen, daß dies nicht der Fall ist, wenn die Versuche so angestellt sind, daß gewisse Fehlerquellen, die wir gleich kennenlernen werden, vermieden werden. Mit günstigen Objekten, die sich sehr schnell fortpflanzen, so daß man leicht hunderte von Generationen ziehen kann — also mehr als die ganze Menschheitsgeschichte — hat man derartige Versuche in großem Maßstab ausgeführt, ohne je einen Erfolg zu haben. Auch hier werden oft Fälle angeführt werden, die sich auf den Menschen beziehen, z. B. heißt es, daß ein bestimmter Völkerstamm, der unter anderen Völkern lebt, allmählich auch dessen körperliche Eigenschaften annimmt. Man kann zwar diese Tatsache nicht leugnen. Aber ihre Erklärung ist eine andere: es beruht darauf, daß trotz aller eventuellen Abschließungen doch dauernd eine legitime wie illegitime Vermischung der beiden Stämme vor sich geht.

Wir sagten nun, daß eine scheinbare „Vererbung erworbener Eigenschaften", wie man die Erscheinung, von der wir reden, auch nennt, vorgetäuscht werden kann, wenn gewisse Fehlerquellen nicht außer acht gelassen werden. Wir denken dabei an folgenden Fall: Erinnern wir uns an den Stammbaum der Bluterkrankheit. Da sehen wir, daß es möglich ist, daß eine Erbeigenschaft von Individuen weitervererbt wird, die selbst die betreffende Eigenschaft gar nicht sichtbar besaßen. Später werden wir die einfache Erklärung für solche Fälle kennenlernen. Da ist nun der Fall sehr gut denkbar, daß das Wiederauftauchen einer solchen unsichtbaren Erbeigenschaft zusammenfällt mit einem anderen Ereignis und ein gar nicht bestehender Zusammenhang vorgetäuscht wird. Stellen wir uns einmal den folgenden Fall vor: Ein Bluter heiratet und stirbt bald darauf an einer Verblutung. Nach seinem Tode wird eine Tochter geboren, die, wie wir wissen, gesund ist, aber trotzdem die Anlage zur Krankheit auf die Hälfte ihrer Söhne weitervererbt. Diese Tochter, wenn sie herangewachsen ist, hat vielleicht nie gehört, daß ihr Vater ein Bluter war, ist auch nicht über weitere Familienglieder unterrichtet und daher jederzeit bereit zu versichern, daß so etwas wie Bluter in ihrer Familie nicht vorkommen. Diese Tochter heiratet wieder und dann erleidet sie einen Unfall, sagen wir einen Autounfall, bei dem sie an einer schweren Wunde fast verblutet. Später gebärt sie einen Sohn, der ein Bluter ist und sofort sagen alle Tanten und Basen: aha, die schwere Blutung bei jenem Unfall hat sich auf den Jungen vererbt. Das Beispiel erscheint vielleicht manchem Leser etwas dick aufgetragen und trotzdem entspricht es genau der Art, wie solche „sicheren" Fälle von Vererbung erworbener Eigenschaften in die Welt gelangen. Wir haben also allen Grund mißtrauisch zu sein und sorgfältig mit allen Vorsichtsmaßregeln angestellten Versuchen mehr zu trauen als solchen Erzählungen.

Damit soll nun nicht gesagt sein, daß nicht auch von wissenschaftlicher Seite diese Grundsätze manchmal vernachlässigt werden. So sind etwa Versuche der folgenden Art berichtet worden: Wenn man schwarzgelb gefleckte Feuersalamander von Jugend auf auf gelbem Untergrund hält, so werden ihre gelben Flecken unverhältnismäßig groß und schließlich erscheinen die Tiere gelb und schwarz längsgestreift. Deren normal erzogenen Jungen sollen dann ebenfalls gestreift sein. Wenn wir einmal annehmen, daß die Tatsache selbst richtig ist, was noch keineswegs feststeht, so fehlt immer noch eine wichtige Kontrolle. Es sind nämlich die Ausgangstiere des Versuchs nicht einer genauen Untersuchung ihres Erbverhaltens unterworfen worden; da es auch in der Natur gelbgestreifte Salamanderrassen gibt, so könnte ja vielleicht von dieser Eigenschaft etwas unsichtbar in den Versuchstieren gewesen sein. Also auch solchen Angaben gegenüber müssen wir skeptisch sein, es sei denn, daß alle Fehlerquellen ausgeschlossen sind.

Noch eine dritte Art von Beweisen sollte erwähnt werden, die gelegentlich zur Verteidigung der Möglichkeit einer Vererbung erworbener Eigenschaften angeführt wird. Das sogenannte Warzenschwein hat die Gewohnheit, auf seinen Vorderfußgelenken zu rutschen und an dieser Stelle hat die Haut eine warzige, schwielige Verdickung. Nun besitzen die Embryonen dieses Tieres bereits im Mutterleib diese Schwiele, also lange bevor sie etwa durch Rutschen ausgebildet wird. Nun wissen wir aber aus eigener Erfahrung — Rudern, Gartenarbeit —, daß viel geriebene Hautstellen Schwielen bilden. Und so sagt man nun: Die Vorfahren der jetzigen Warzenschweine haben sich an das Rutschen gewöhnt und dadurch bildete sich die Schwiele aus, die dann auf die Nachkommen vererbt wurde. Ganz schön, aber wer hat dies gesehen? Kann jemand beweisen, daß nicht aus irgendeinem Grund zuerst die Schwiele da war und dann die Tiere sich an das Rutschen gewöhnten? Es ist klar, daß derartige Beweisführungen nur den bescheidensten Ansprüchen genügen können, besonders dann, wenn alle eigens angestellten, sorgfältig durchgeführten Versuche nie ein solches Ergebnis zeitigen.

Tatsächlich gibt es bis jetzt keine einzige Tatsache, die für eine derartige Vererbung einer erworbenen Eigenschaft spräche. Wir werden später, wenn wir das Wesen der Vererbung kennenlernen, sehen, daß alle unsere Kenntnisse des Vererbungsvorganges gegen eine solche Möglichkeit sprechen.

Tradition.

Hier befinden wir uns nun an einem der wenigen Punkte, an denen wir, wie schon gesagt, Anlaß geben, dem Menschen eine Sonderstellung einzuräumen. Alle anderen Lebewesen können ihre Erbschaft nur auf körperlichem Weg auf ihre Nachkommenschaft übertragen, und die Unmöglichkeit der Vererbung erworbener Eigenschaften schließt es ein für allemal aus, daß irgend etwas von dem, was auf das einzelne Individuum einwirkte, seinen Nachkommen zugute kommt. Aber was die Natur dem Körper versagte, konnte sie nicht dem Geist versagen. Durch die im Vergleich zur übrigen Lebewelt außerordentlichen Fähigkeiten des menschlichen Hirns ist es nur dem Menschen möglich geworden, Ersatz für das Fehlen einer Vererbung erworbener Eigenschaften zu schaffen. In der Sprache, Schrift, Druckerkunst schuf sich der Mensch das nötige Werkzeug. Wenn es wirklich ein Pferd gäbe, wie den berühmten klugen Hans, das höhere Mathematik und vieles andere erlernte, so müßten trotzdem seine Nachkommen wieder von vorne anfangen und hätten nicht den geringsten Vorteil von dem, was die Eltern erlernten. Der Mensch ist in der glücklichen Lage, alle seine Erfahrungen

aufzuzeichnen und der nächsten Generation mit in die Wiege
zu legen, die ihrerseits den Schatz vermehrt und weiter überliefert.
So sammelt sich allmählich, ohne daß sich das Erbgut im geringsten verändert, ein ungeheurer Schatz von Erfahrungen an, der
eine außerordentliche Kulturentwicklung ermöglicht, eine wahr-
hafte Übertragung von Erworbenem, aber nicht auf dem Weg
körperlicher Vererbung im biologischen Sinne, sondern auf dem
Weg der geistigen Wiedergabe, in wörtlicher Übersetzung:
der Tradition. Wenn also einerseits der Biologe dem Menschen
die deprimierende Mitteilung machen muß, daß nichts von dem,
was er denkt und strebt auch seinen Nachkommen als Erbgut
noch mitgegeben wird und sie so von Anfang an auf eine höhere
Stufe stellt, so kann er ihn damit trösten, daß durch die direkte
und indirekte Mitteilung an andere keine Leistung, die der Ver-
edelung der Menschheit dient, verlorengeht: nicht vererbt und
trotzdem fortgeerbt.

II. Die Geschlechtszellen und die Befruchtung.

Die Zelltheorie.

Man kann wohl annehmen, daß es heute jedermann bekannt
ist, daß der Körper aller Lebewesen aus Zellen zusammengesetzt
ist, die, je nach ihrer Aufgabe, zwar allerlei Verschiedenheiten
zeigen, aber sich alle darin gleichen, daß sie eben Zellen sind.
Also die Haut besteht aus Hautzellen, die so beschaffen und angeordnet sind, daß sie zusammen eine feste schützende Hülle
bilden; die Drüsen bestehen aus Drüsenzellen, die die Fähigkeit
haben, Säfte auszuscheiden; die Muskeln aus Muskelzellen, die
als stark in die Länge gestreckte Bildungen die Fähigkeit angenommen haben, sich zusammenzuziehen und wieder zu strecken;
die Nerven bestehen aus Nervenzellen, Sinnesorgane aus Sinnes-
zellen usw. Wie verschieden nun auch in Form und Aussehen
und Aufgabe alle diese Zellen sein mögen, in einem Punkt sind
sie alle gleich, daß sie aus den zwei Hauptbestandteilen jeder
Zelle, dem weichen, schleimigen Zelleib oder Protoplasma
und dem darinliegenden bläschenförmigen Zellkern bestehen.
Verfolgt man nun all die verschiedenen Zellarten, die einen
fertigen Körper zusammensetzen, rückwärts, also durch die ganze

Entwicklung des Lebewesens rückwärts bis zum Ei, aus dem es entstand, so findet man, daß, je weiter wir in der Entwicklung zurückgehen, um so ähnlicher alle Zellen einander werden. Und schließlich kommen wir zu Entwicklungsstadien, in denen alle Zellen im wesentlichen einander gleich sind, nämlich kugelige oder würfelförmige Protoplasmaklümpchen mit einem Kern im Zentrum. Zählen wir nun die Zellen auf einem so frühen Stadium, so finden wir sehr viel weniger als später im fertigen Lebewesen; und verfolgen wir nun wieder in der natürlichen Reihenfolge die Umwandlungen, die von diesem Entwicklungsstadium zum fertigen Wesen führen, so sehen wir, daß sie aus zweierlei Vorgängen bestehen, nämlich einer immer wieder erfolgenden Vermehrung der Zellen, dadurch, daß sich jede einzelne in zwei teilt, und darauf einer inneren Umwandlung der einzelnen Zelle aus ihrer einfachen Kugelform zu Form und Bau der verschiedenen Zellarten.

Kehren wir nun wieder zu dem Stadium zurück, in dem alle Zellen etwa gleich waren, und gehen nun weiter rückwärts, so kommen wir zu immer weniger sichtlich gleichartigen Zellen; schließlich sind es nur 64, dann 32, dann 16, 8, 4, 2 und endlich eine einzige. Diese einzige ist das Ei, die Eizelle, durch deren immer und immer wieder erfolgende Zweiteilung schließlich der ganze Körper mit seinen, bei höheren Tieren, Milliarden von Zellen gebildet wird. Es ist nun klar, daß beim Ausgangspunkt der Entwicklung, also in der Eizelle, alle die zukünftigen Fähigkeiten und Eigenschaften des Lebewesens als Möglichkeit gegeben sein müssen. Bei einem Tier, das sich im Mutterleib entwickelt, könnte man vielleicht daran denken, daß ihm einiges oder alles erst während der Entwicklung von der Mutter her aufgeprägt wird. Aber das ist sicher nicht der Fall; entwickeln sich doch die meisten Tiere aus Eizellen ganz unabhängig vom mütterlichen Körper im Freien, im Wasser hauptsächlich. Sobald also hier die Eizelle den mütterlichen Körper verläßt — das Ei abgelegt wird —, muß in der Eizelle die Fähigkeit zur Erzeugung des künftigen Wesens vollständig vorhanden sein. Bilden doch etwa je ein Ei eines Fisches, eines Krebses und eines Wurmes, die nebeneinander im gleichen Wasser aufgezogen werden, doch immer nur ihresgleichen und nicht nur einen Fisch, Krebs, Wurm, sondern eine ganz bestimmte Fisch-, Krebs-, Wurmart, mit all den typischen Eigenschaften der Art oder Rasse. Da dies aber nichts anderes ist als die Vererbung, so ist es klar, daß der Ausgangspunkt der Vererbung, der winzige Behälter, der alle Geheimnisse der Vererbung birgt, die Eizelle ist. Bevor wir aber mehr von ihr hören, müssen wir zuerst etwas Wichtiges über die Art der Vermehrung der Zelle durch Zweiteilung erfahren.

Zellteilung und Chromosomen.

Wenn die Zelle sich in zwei teilt — und das Folgende gilt nun in ganz gleicher Weise für jede Zelle irgendeines Tieres, einer Pflanze, eines Menschen — , so tritt plötzlich der bläschenförmige Zellkern in den Vordergrund des Interesses. Denn er führt dabei die merkwürdigsten Manöver aus, die ohne weiteres auf seine besondere Wichtigkeit schließen lassen. Im Zustand der Ruhe ist dieser Zellkern ein mit Flüssigkeit gefülltes Bläschen, das wir etwa einem gefüllten Gummiball vergleichen können. Die Flüssigkeit wird von einem zarten Gerüstwerk durchzogen und in den Maschen dieses Gerüsts sind viele feine Körnchen eingestreut, die aus einem Stoff von ganz bestimmten Eigenschaften bestehen. Um derartige feinste mikroskopische Gebilde zu studieren — ein solcher Zellkern ist in der Regel nur einige wenige tausendstel Millimeter groß —, bedienen wir uns nun eines Kunstgriffs. Diese kleinen Gebilde sind nämlich in frischem Zustand ziemlich durchsichtig und zeigen uns daher im Mikroskop wenig von ihren Feinheiten. Wir töten sie deshalb mit chemischen Mitteln so ab, daß ihr natürlicher Zustand möglichst getreu erhalten bleibt, und durchtränken sie dann mit Farben, da die gefärbten Teilchen sich im Mikroskop besser abheben. Es gibt nun bestimmte Farben, die nur an ganz bestimmten Teilen der Zelle anhaften und darunter auch solche, die alles andere in der Zelle ungefärbt lassen und nur die genannten feinen Körnchen im Zellkern grell färben. Nach dem griechischen Wort Chromos für Farbe nennt man deshalb den Stoff dieser färbbaren Körnchen Chromatin. Dieses Chromatin ist es nun, das bei der Zellteilung unser ganzes Interesse gefangen nimmt. Sobald sich nämlich die Zelle zur Teilung anschickt, beginnen die Chromatinkörnchen im Kern an einer Anzahl von Knotenpunkten des Kerngerüsts zusammenzulaufen und sich zunächst zu unregelmäßigen Haufen zu vereinigen. In diesen verschmelzen dann die einzelnen Körnchen, so daß wir eine Anzahl von gefärbten Brocken erhalten, die allmählich eine regelmäßige Form annehmen. Am häufigsten ist die Form von langen Stäbchen oder hufeisenförmig gebogenen Schleifen, aber auch kurze Stäbchen oder auch Kugeln kommen in manchen Zellarten vor. Diese Stäbchen, von denen wir in diesem Buch noch sehr viel reden müssen und in deren winzigem Körper, wie wir sehen werden, der Schlüssel zu vielen Erscheinungen der Vererbung verborgen liegt, werden nach den griechischen Worten Chromos = Farbe und Soma = Körper *Chromosomen* genannt. Wenn wir nun diese Chromosomen im Kern genau studieren, so fällt sofort eine wichtige Tatsache auf: die Zahl dieser Chromosomen ist stets in allen Zellen einer bestimmten Pflanzen- oder Tierart die gleiche. In allen Zellen eines Menschen bilden sich vor der Teilung genau 48 Chromosomen aus, in allen Zellen gewisser Schmetterlinge genau 62, in allen Zellen einer Lilie 24. Die Zahl der Chromosomen ist also für jede Tier- oder Pflanzenart eine typische und charakteristische Eigenschaft, genau wie jede andere Eigenschaft eines Lebewesens. Dabei muß man aber nicht glauben, daß höhere Wesen vielleicht mehr Chromosomen hätten als niedrige. Irgendeine derartige Beziehung besteht nicht. So gibt es viele ganz verschiedene Pflanzen- und Tierarten, die die Zahl 24 zeigen, ebenso in anderen Fällen 4 oder 16. Irgendeine bestimmte Regel besteht da nicht, es sei denn die, daß einfache Zahlen wie 4, 8, 12, 14, 16, 22, 24, 36, 48 besonders bevorzugt sind. Die niederste bekannte Zahl von 2 findet sich bei einem Spulwurm und die höchste (200 und mehr) bei Farnen und Krebsen. Immer aber ist die Zahl eine gerade Zahl und immer ist sie die gleiche für alle Individuen einer Art und alle Zellen eines Individuums. Diese wichtige Tatsache wird uns auch noch viel beschäftigen.

Kehren wir nun wieder zur Zellteilung zurück, deren einzelne Phasen in Abb. 8 abgebildet sind. Sobald die Chromosomen fertig ausgebildet sind, löst sich der übrige Kern völlig auf und seine Substanz verschmilzt ununterscheidbar mit dem Zelleib. Zu gleicher Zeit wie der Kern hat nun aber auch der Zelleib mit seiner Vorbereitung zur Teilung begonnen. In der Nähe des

Kerns wurde ein feines Körperchen sichtbar, das sich bald in zwei teilt, und um jedes dieser Körperchen, die wir die Zentralkörperchen nennen wollen, ordnet sich die Substanz des Zelleibs, das Protoplasma, strahlenförmig an wie die Strahlen einer Sonne.

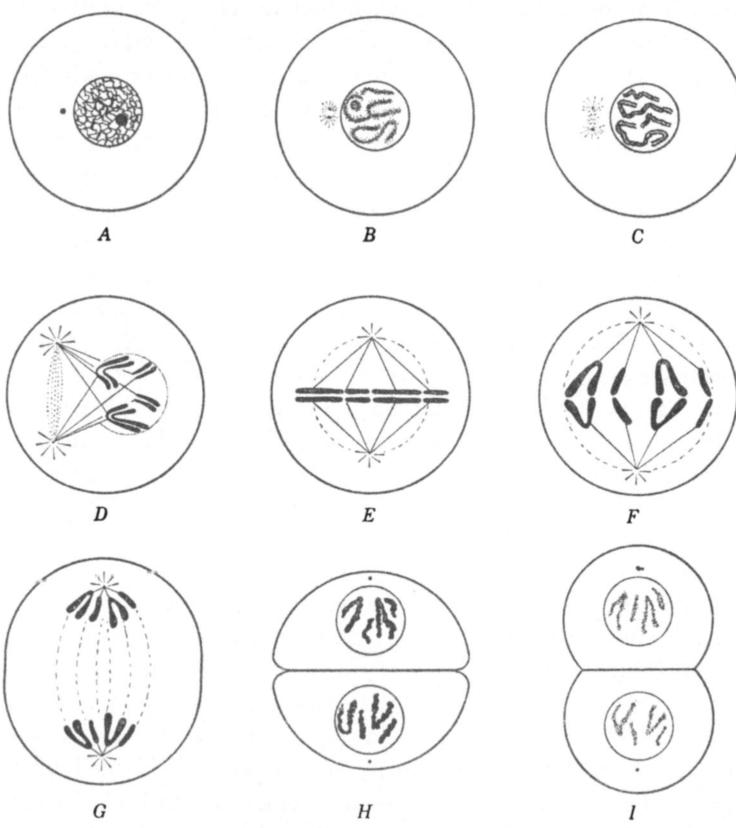

Abb. 8. Teilung der Zelle. A—C-Bildung der Chromosomen im Kern und Längsspaltung. D, E Einstellung der Chromosomen in die Teilungsfigur. F, G Verteilung der Tochterchromosomen. H, I Zellteilung und Tochterkerne.

Nun rücken die beiden Körnchen mit ihren Sonnen von geheimnisvoller Kraft auseinandergetrieben voneinander weg und machen nicht eher halt, bis sie an zwei entgegengesetzten Enden der Zelle, zwei Polen angelangt sind. Die sonnenstrahlenförmige

Anordnung des Zelleibs um jedes Körnchen wächst nun so, daß die Strahlen die ganze Zelle durchziehen und um die Zeit, da die Chromosomen frei in den Zelleib zu liegen kommen, ist die ganze Zelle von den Strahlen durchzogen; die beiden Sonnen vereinigen sich dabei dort, wo sie zusammenstoßen, und so bildet sich zwischen den beiden Zentralkörpern eine fädige Brücke aus, die, weil sie oft die Form einer Spindel hat, die Zellteilungsspindel genannt wird, an deren beiden Enden, den Spindelpolen, die Zentralkörperchen gelagert sind.

Und nun kommen wir wieder zu den Chromosomen. Sobald die Spindel fertig ist, ordnen sie sich genau in der Ebene des Äquators der kugeligen Zelle in einem regelmäßigen Kranz an. Wenn man also von einem Pol der Zelle nach dem Äquator schaut, so erblickt man sämtliche Chromosomen in einer Ebene regelmäßig aufgestellt. Eine genauere Betrachtung würde zeigen, daß ein jedes Chromosom schon der Länge nach in zwei genau gleiche Hälften gespalten ist und daß an jede Hälfte eine Spindelfaser angeheftet ist. Wir sagen, das Chromosom habe sich in zwei Längshälften gespalten. Wenn wir auch nicht genau wissen, was letzten Endes vorgegangen ist, so kommen wir der Wahrscheinlichkeit doch näher, wenn wir sagen: Jedes Chromosom hat sich sein Ebenbild — wie in einer Gußform — erschaffen. Doch wir wollen der Einfachheit halber weiterhin von Spalthälften sprechen. Nunmehr ziehen sich die an jedem Chromosom angehefteten Spindelfasern wie gespannte Gummischnüre zusammen und ziehen damit je eine Spalthälfte eines jeden Chromosoms nach dem einen oder anderen Pol der Zelle. Wenn wir also jetzt die Pole betrachten, so liegen nahe jedem durch die Zentralkörper bezeichneten Pol je eine Gruppe von Chromosomen, Tochterchromosomen, die durch Spaltung aus den Mutterchromosomen hervorgegangen waren. Natürlich ist die Zahl der Tochterchromosomen die gleiche wie die Zahl der Mutterchromosomen, in dem willkürlich gewählten Beispiel Abb. 8 sind es vier.

Sobald nun die Tochterchromosomen an den Polen angelangt sind, beginnt rund um den Äquator der Zelle eine tiefe Furche einzuschneiden, die sich immer tiefer in den Zelleib eingräbt und schließlich ihn völlig in zwei Halbkugeln zerschneidet. Aus einer

Zelle sind zwei geworden. Im Innern einer jeden aber beginnt ein rückläufiger Prozeß, genau die Umkehrung von dem bisherigen. Der Zentralkörper verschwindet wieder, die strahlig-sonnige Anordnung der Zelleibssubstanz macht wieder der gewöhnlichen Anordnung der ruhenden Zelle Platz. Um die Chromosomen sammelt sich eine helle Flüssigkeit an, die sich bald nach außen als Kernbläschen (der Tochterkern) deutlich abgrenzt, und im Innern des Bläschens tritt wieder das feinmaschige, zarte Gerüst auf. Nun zerfallen auch die Chromosomen scheinbar wieder in Chromatinkörnchen, die sich über die Maschen des Gerüsts verteilen und so ist alles wieder im Zustand von dem wir ausgingen, nur daß an Stelle einer Zelle zwei da sind. Nun brauchen wir uns nur zu denken, daß jede Zelle durch Nahrungsaufnahme wieder zur Größe der ursprünglichen Mutterzelle heranwächst und daß auch im Kern die Chromatinkörnchen wieder zu ihrer ursprünglichen Masse heranwachsen, um zu dem Punkt zu gelangen, an dem beide Zellen für eine neue Teilung bereit sind.

Überlegen wir uns nun die genannten Tatsachen, so springt sofort ein Punkt in die Augen: die außerordentliche Bedeutung des Stoffes, den wir als Chromatin bezeichneten. Denn als Ganzes betrachtet ist dieser so verwickelte Zellteilungsvorgang doch nichts anderes als eine höchst raffinierte Einrichtung, um die Chromatinsubstanz des Kerns so genau wie möglich in zwei Teile zu teilen. Stellen wir uns etwa einen Sack vor, der mit Kugeln verschiedener Größe und aus verschiedenem Material, also Holzkugeln, Metallkugeln, Elfenbeinkugeln angefüllt ist. Sein Inhalt soll nun genau in zwei Teile geteilt werden. Da gibt es sicher keine genauere Methode als eine jede Kugel genau in der Mitte durchzuschneiden und je eine Hälfte auf jede Seite zu legen. Wir könnten uns dann die Arbeit noch erleichtern, wenn es möglich ist, eine Anzahl Kugeln hintereinander zu einer Kette aufzureihen und dann mit einem genauen scharfen Schnitt die ganze Perlenkette der Länge nach durchzuspalten. Vergleichen wir nun die einzelnen Chromatinkörnchen mit den Kugeln und die Chromosomen mit der Perlenkette, so erscheint es sofort höchst wahrscheinlich, 1. daß Chromatinkörnchen und Chromosomen etwas äußerst Wichtiges in der Zelle darstellen, das ganz genau immer wieder jeder Zelle zugeteilt werden muß, 2. daß die einzelnen

Chromatinkörnchen irgendwie verschieden sein müssen und daß
deshalb dafür gesorgt werden muß, daß jede neue Zelle von jedem
einzelnen die Hälfte mitbekommt, 3. daß die einzelnen Körnchen im Chromosom wie eine Perlschnur aneinandergereiht sind,
so daß bei der Spaltung des Chromosoms auch jedes Körnchen
gespalten wird. Schon allein diese Überlegung hat vor langer Zeit
bereits dazu geführt, den Schluß zu ziehen, daß Chromatinkörnchen und Chromosomen etwas mit der Vererbung zu tun haben,
da man sich nur einen Stoff vorstellen konnte, dem eine solche
Wichtigkeit zukommt, nämlich ein Stoff, dessen Gegenwart für
die Übertragung der Erbeigenschaften nötig ist. Es hat aber unendlich mühsamer Arbeit mehrerer Jahrzehnte bedurft, bis es
so weit war, daß man die Richtigkeit eines solchen Schlusses als
bewiesen ansehen konnte. Halten wir uns also zunächst an die
weiteren Tatsachen.

Die Geschlechtszellen.

Wir gingen im Anfang dieses Abschnitts von dem Ei, richtiger
der Eizelle aus, aus der sich das Lebewesen, sei es ein Tier, Pflanze,
Mensch entwickelt. Nun müssen wir es uns aber ins Gedächtnis
rufen, daß — von gewissen Ausnahmen abgesehen, um die wir
uns jetzt nicht zu kümmern brauchen — zur Erzeugung eines
Lebewesens Vater und Mutter nötig sind. Die Mutter liefert die
Eizelle, des Vaters Beitrag ist aber die Samenzelle, die die Eizelle
befruchtet. Was soll dies nun genauer heißen? Zunächst noch
ein Wort über die Eizelle. Eine Zelle ist doch im allgemeinen
ein mikroskopisch kleines Ding, während man bei einem Ei
gewöhnlich an ein Hühnerei, wenn nicht gar Straußenei denkt.
Das ist nun nur eine scheinbare Schwierigkeit, denn tatsächlich
sind die Eizellen aller Pflanzen und sehr vieler Tiere, auch des
Menschen, mikroskopisch kleine Zellen. Bei manchen Tieren
aber, z. B. den Eidechsen, Schlangen, Vögeln füllen sich die Lei-
ber dieser Zellen mit Nahrungsstoffen für das künftige Lebewesen
und blähen sich dabei ungeheuer auf, während aber der wichtige
Zellkern genau so mikroskopisch klein bleibt wie vorher. Wenn
dann diese aufgeblähte Zelle — beim Hühnerei ist das der Ei-
dotter — noch von außen mit weiterem Nährstoff, dem Eiweiß,
und dazu mit einer festen Schale eingehüllt wird, dann haben wir

ein Ei wie das Hühnerei. Trotzdem ist es in der Hauptsache eben
eine Zelle.

Wenn wir nun beim Huhn bleiben und seine männlichen Geschlechtszellen, die Samenzellen zum Vergleich heranziehen,
so müssen wir sagen, daß äußerlich sich kaum etwas Verschieden-
artigeres denken läßt, als das Ei und diese Samenzelle. Denn diese
ist ein winziges, unendlich zartes Fädchen, das etwa wie eine aus-
gestreckte Peitsche aussieht und durch Schlagen mit dem Peit-
schenfaden sich schwimmend fortbewegt. Trotzdem ist dies auch
eine Zelle, genau wie die Eizelle, wie wir sofort erkennen werden,
wenn wir uns die Entstehung eines Samenfadens in der männlichen Geschlechtsdrüse, dem Hoden, betrachten.

Jugendliche Samenzellen im Hoden und jugendliche Eizellen
im Eierstock sind kaum voneinander zu unterscheiden. Tatsächlich ist es auch in gewissen Experimenten gelungen, jugendliche
Eizellen zu veranlassen, sich in Samenfäden umzuwandeln und

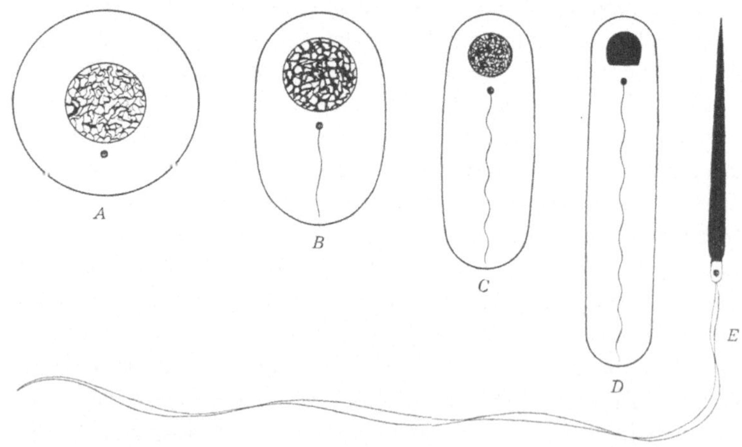

Abb. 9. Umwandlung der männlichen Keimzelle in den Samenfaden.

ebenso auch, jugendliche Samenzellen zu zwingen, sich in Eier umzuwandeln. Während nun normalerweise die jugendlichen Eizellen
zu Eiern heranwachsen, indem der Zelleib sich mit Nährstoffen,
dem Dotter, füllt und so das Ei für seine zukünftige Aufgabe vorbereitet, die Leibessubstanz eines neuen Lebewesens aufzubauen,

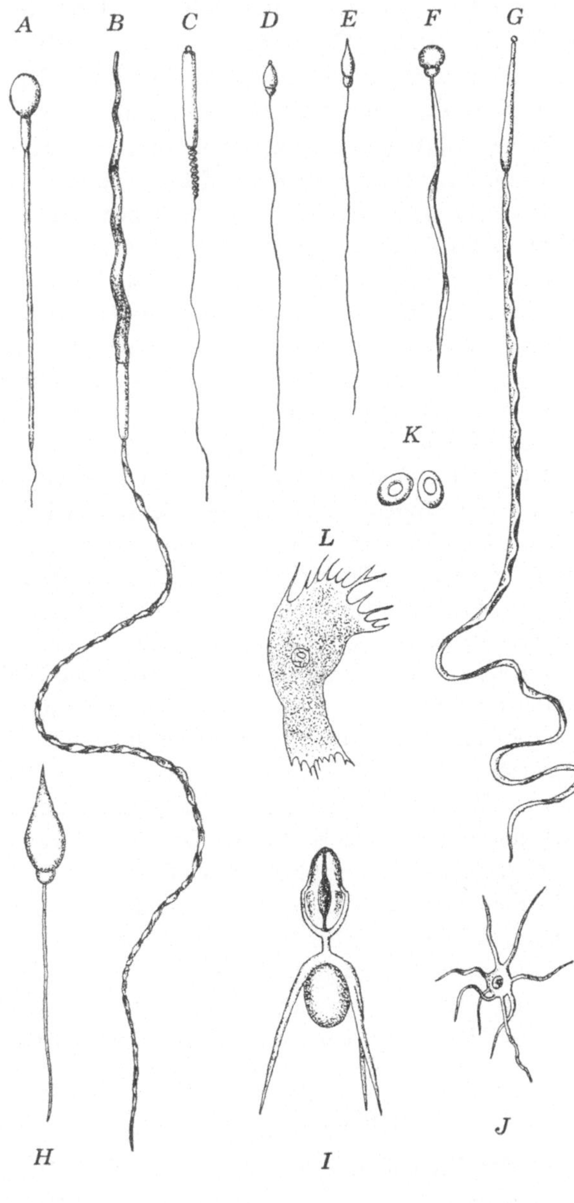

Abb. 10. Verschiedene Formen von Samenfäden. A Mensch. B Rochen. C Möwe. D Schnecke. E Qualle. F Hecht. G Käfer. H Lungenfisch. I Krebs. J Fadenwurm. K u. L kleine Krebschen.

macht auch die junge Samenzelle Umwandlungen durch, die ein
entsprechendes Ziel haben. Die Aufgabe der Samenzelle ist es
nämlich, das Ei aufzusuchen und in es zum Zweck der Befruchtung einzudringen. Da nun das Ei bei den meisten Tieren und
Pflanzen unbeweglich ist, ja sogar vielfach im Innern des Körpers
verborgen auf die Befruchtung wartet, so bedarf die Samenzelle,
um ihre Aufgabe erfüllen zu können, eines hohen Maßes von
Beweglichkeit. Dies wird bei den meisten Tieren durch einen
Umwandlungsvorgang folgender Art erreicht (s. Abb. 9): Der
Kern der Samenzelle wird dichter und dichter, so daß schließlich
gar nichts mehr von seinem feineren Aufbau zu sehen ist. Gleichzeitig wächst aus dem neben dem Kern liegenden Zentralkörper,
den wir schon von der Zellteilung her kennen, ein feines Fädchen aus der Zelle heraus. Nun streckt sich die ganze Zelle immer
mehr in die Länge, so daß man bald einen den Kern enthaltenden
Kopfteil und einen langen fadenförmigen Schwanzteil unterscheiden kann. Nun beginnt auch der Kern sich zu strecken
und zu einem, je nach der Tierart verschieden gestalteten Stab
zu werden, den wir jetzt den Kopf des Samenfadens nennen.
Der Zelleib aber verlängert sich mehr und mehr, so daß er am
Kopf den Kern nur noch mit einer kaum sichtbar zarten Schicht
umhüllt; hinter dem Kopf aber bildet er um den erwähnten zarten Faden herum eine feine Hülle. So haben wir denn schließlich
den langen peitschenförmigen Faden, dessen Kopf, der Peitschen-
stiel, fast nur aus Zellkern besteht und dessen Schwanz, die Peit-
schenschnur, ein dünnes Zelleibfäserchen ist, durchzogen von
einem unendlich zarten festeren Faden. Und nun erhält der
Schwanz die Fähigkeit, wellenförmig schlagende Bewegungen
auszuführen, die ihn innerhalb des Wassers oder auf der weichen
Schleimhaut der inneren Begattungsorgane befähigen, zum Ei
hinzuschwimmen. In Abb. 10 sind ein paar Formen solcher
Samenfäden abgebildet, die alle auf die gleiche Weise entstanden
sind.

Befruchtung.

Wenn dann der Samenfaden, die Samenzelle, ihre Aufgabe
erfüllt, das Ei zu befruchten, dann wird sehr bald wieder seine
wirkliche Natur klar. Von den vielen Samenzellen — sie werden

im Tierreich immer gleich zu Millionen erzeugt — die auf ein Ei
treffen, bohrt sich eine einzige in das Ei ein. Sobald dies geschehen ist, verhindert das Ei auf wunderbare Weise den Eintritt
eines anderen Samenfadens. Vom Samenfaden aber dringt nur
der Kopf, also der Zellkern, in das Ei ein, der Schwanz muß
draußen bleiben und geht zugrunde (s. Abb. 11). Und nun wandert dieser Samenzellkern von einer unerklärlichen Anziehungs-
kraft getrieben auf den Kern der Eizelle zu. Während er aber

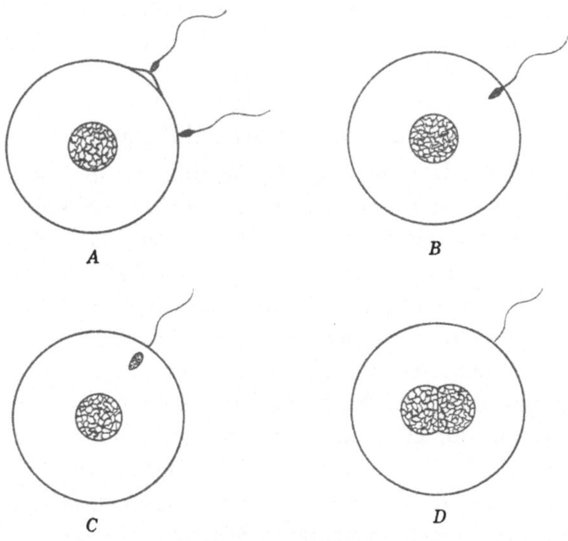

Abb. 11. Vier Stufen der Befruchtung des Eies.

diesen Weg zurücklegt, nimmt er aus dem Leib der Eizelle Flüssigkeit auf und bläht sich dabei auf, wobei allmählich wieder seine
Zellkernnatur sichtbar wird. Wenn er dann aber beim Eikern
angelangt ist, so hat er sich bereits wieder zu einem richtigen
charakteristischen Zellkern umgewandelt, der in nichts von dem
Eikern zu unterscheiden ist. Damit ist die Befruchtung vollzogen;
im befruchteten Ei liegen dicht beisammen zwei gleiche Kerne,
der ursprüngliche Kern der Eizelle und der eingedrungene Kern
der Samenzelle. Das Ei ist jetzt bereit, mit der Entwicklung zu
beginnen. Doch so weit sind wir nun noch lange nicht.

Kehren wir nun wieder zu den Chromosomen zurück, deren wunderbares Erscheinen und Verteilung durch Längsspaltung bei jeder Zellteilung unsere Aufmerksamkeit früher gefesselt hatte. Wir hatten da gelernt, daß für jedes Lebewesen die Zahl der Chromosomen in jeder Zelle seines Körpers oder, richtiger gesagt, in jedem Zellkern, immer die gleiche ist, also z. B. 48 beim Menschen. Wenn dieser Satz wirklich zu Recht besteht, dann muß er auch für die Eizellen und Samenzellen gelten. Untersucht man ganz junge Ei- und Samenzellen, also lange vor ihrer Umwandlung in Ei und Samenfaden, so findet man tatsächlich die Erwartung bestätigt. Kann dies nun auch für die fertigen Geschlechtszellen im Moment der Befruchtung zutreffen?

Die Chromosomenreduktion.

Wir sahen soeben, daß das befruchtete Ei je einen ganzen Kern der Eizelle und der Samenzelle enthielt und können noch zufügen, wie wir gleich näher sehen werden, daß beide Kerne ihre Chromosomen zu der bald folgenden Teilung der Eizelle beitragen. Wenn nun jeder dieser Kerne seine volle Chromosomenzahl, also beim Menschen 48, noch enthielte, so besäße das Ei nach der Befruchtung 96 und alle weiteren aus der Teilung der Eizelle hervorgehenden Körperzellen des neuen Wesens hätten nun 96 Chromosomen. Tatsächlich haben sie aber nur 48, also müssen wohl im Augenblick der Befruchtung Eizellkern und Samenzellkern — falls sie wirklich genau gleich sind — nur noch die Hälfte ihrer eigentlich richtigen Zahl, der *Normalzahl*, wie wir von jetzt an sagen wollen, besitzen, also beim Menschen 24.

Wie dem ist, können wir nun leicht feststellen, wenn wir die Befruchtung über das letzte Bild der Abb. 11 hinaus weiterverfolgen. Wir nehmen dabei an, daß wir die Befruchtung eines Tieres studieren, dessen Chromosomennormalzahl nur vier beträgt. Verfolgen wir nun den Befruchtungsvorgang weiter über den Augenblick hinaus, in dem die Kerne der Eizelle und Samenzelle nebeneinanderliegen, so finden wir, daß nunmehr in jedem der beiden Kerne in der uns von der Schilderung der Zellteilung her bekannten Weise Chromosomen ausgebildet werden. Und wieviel Chromosomen sind es? Genau zwei im Eikern und zwei im Samenkern. Die Normalzahl war in diesem Fall vier gewesen, also jede ursprüngliche Ei- und Samenzelle hatte vier Chromosomen besessen und nun bei der Befruchtung zeigt sich plötzlich, daß Ei- und Samenzellkern nur zwei Chromosomen enthalten. Was ist da besonderes vorgegangen, wie wurde die Zahl der Chromosomen von vier auf zwei herabgesetzt? Bevor wir dieser für das Verständnis der Vererbung außerordentlich wichtigen Erscheinung näher treten, wollen wir aber noch den Befruchtungsvorgang zu Ende verfolgen.

Wenn sich in den beiden Kernen des befruchteten Eis je die beiden Chromosomen ausgebildet haben, lösen sich, genau wie bei jeder Zellteilung, die Kerne auf, während sich gleichzeitig die uns wohlbekannte Strahlenfigur der Zellteilung im Zelleib ausbildet. Im Äquator der Figur liegen nun vier Chromosomen beisammen, von denen alsbald jedes sich der Länge nach spaltet. Wie bei jeder anderen Zellteilung rücken dann die Chromosomenspalthälften zu den beiden Spindelpolen und die Zelle teilt sich durch. So sind zwei Zellen mit je vier Chromosomen entstanden, die sich nun immer wieder in gleicher Weise teilen und so den Körper des neuen Tieres aufbauen.

Kehren wir aber nun noch einmal zu der Zellteilungsfigur zurück, die sich im Äquator der befruchteten Eizelle gebildet hatte. Von den vier hier vorhandenen Chromosomen stammen je zwei aus dem Eizellkern, sind mütterlicher Herkunft, und zwei stammen aus dem Samenzellkern, sind väterlicher Herkunft. Im Bild Abb. 12 sind die ersteren weiß, die letzteren schwarz gezeichnet. Wenn alle vier sich nun teilen und die Spalthälften auf die beiden Tochterzellen verteilt werden, bekommen natürlich, wie das Bild zeigt, beide Tochterzellen je zwei mütterliche Chromosomen (weiß) und je zwei väterliche (schwarz) mit. Und da jede weitere Zellteilung genau ebenso verläuft, so erhält jede einzelne Zelle des sich entwickelnden Körpers zwei vom Vater stammende und zwei von der Mutter stammende Chromosomen. Wenn wir uns jetzt daran erinnern, daß im befruchteten Ei der ganze Zelleib von der Eizelle geliefert wird — der Zelleib der Samenzelle, ihr Schwanz war ja bei der Befruchtung nicht mit ins Ei gedrungen — so springt uns sofort in die Augen, daß das einzige, was Vater und Mutter ganz genau gleich zum sich entwickelnden kindlichen Organismus bei der Befruchtung beitragen, die Chromosomen sind.

Das allein deutet schon auf die große Wichtigkeit der Chromosomen hin. Es wird uns noch eindringlicher vor Augen treten, wenn wir eine neue Tatsache kennenlernen. Wir haben bisher stets angenommen, daß alle Chromosomen einer Zelle gleich aussehen. Das ist auch oft der Fall, glücklicherweise aber — nämlich zum Glück für den Forscher, der die Rätsel des Lebens entwirrt —

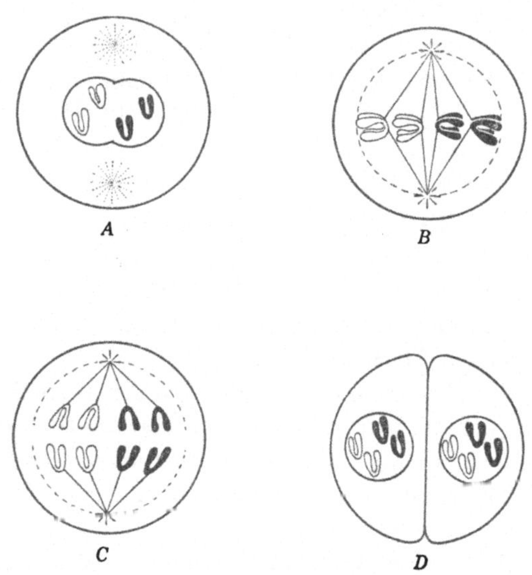

Abb. 12. Verhalten der väterlichen und mütterlichen Chromosomen bei der Befruchtung. Weiße Chromosomen vom Eikern stammend, schwarze vom Samenkern.

ist dies nicht immer der Fall. In vielen Fällen, zu denen übrigens auch der Mensch gehört, gibt es typische Unterschiede in Größe und Form der einzelnen Chromosomen, also es gibt vielleicht große, mittlere und kleine, hufeisenförmige, stabförmige und kugelige in der gleichen Zelle. Und merkwürdig! Genau wie die Zahl der Chromosomen in allen Zellen eines bestimmten Lebewesens immer die gleiche ist, ebenso sind auch die verschiedenen Formen, wenn sie überhaupt vorhanden sind, in allen Zellen wieder genau gleich.

Betrachten wir nun einmal die Befruchtung bei einem Tier, das ungleiche Chromosomen in seinen Zellen besitzt, und nehmen

46

diesmal ein Beispiel mit einer Normalzahl von acht Chromosomen. Im befruchteten Ei hat dann Eikern wie Samenkern je vier Chromosomen in seinem Innern. Wir nehmen nun an, daß diese vier Chromosomen verschiedene Größe und Form haben. Vergleichen wir aber den Eizellkern mit dem — im befruchteten Ei danebenliegenden — Samenzellkern, so sehen wir mit Erstaunen,

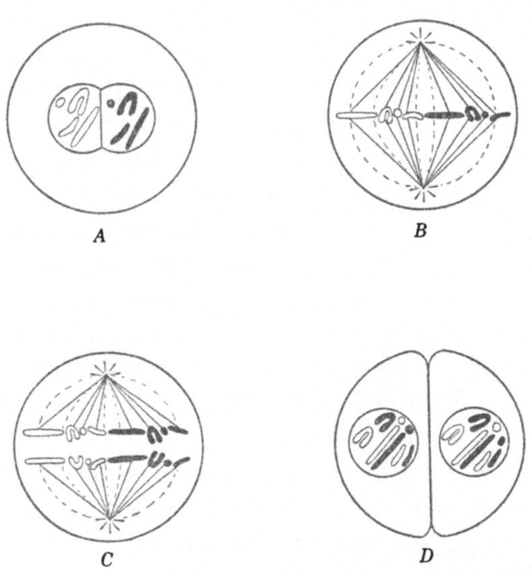

Abb. 13. Väterliche und mütterliche Chromosomen bei der Befruchtung und ersten Teilung des befruchteten Eies unter der Annahme von 4 Paaren unterscheidbarer Chromosomen.

daß die vier Chromosomen in beiden genau die gleichen Verschiedenheiten zeigen, daß die Chromosomen von Ei- und Samenkern auch in Form und Größe einander auf das genaueste entsprechen (Abb. 13). Verfolgen wir nun diese Chromosomen weiter, so müssen sie uns natürlich das gleiche zeigen, was wir vorher schon kennenlernten, also Verteilung auf die beiden Tochterzellen, und wir sehen dabei wieder, daß jede Tochterzelle die Hälfte ihrer Chromosomen vom Vater, und die andere Hälfte von der Mutter erhält. Nun sehen wir noch etwas Weiteres: Da die einzelnen Chromosomen untereinander verschieden sind, nämlich vier verschiedene Sorten, und da Ei- wie Samenkern genau das gleiche Sortiment von vier Chromosomen besitzen, so sind nach der Befruchtung in jeder Zelle von jeder Chromosomensorte zwei Stück vorhanden, eines von der Mutter stammend und eines vom Vater stammend. Tatsächlich: untersuchen wir die Zellen irgendeines Lebewesens, dessen Chromosomen sich sichtbar unterscheiden lassen, so finden wir immer je zwei Chromosomen jeder Sorte, von denen wir nun genau wissen, daß das betreffende Lebewesen immer eins von der Mutter und eines vom Vater bei der Befruchtung erhielt. Was aber bei der Befruchtung in der ersten Zelle des Körpers, der befruchteten Eizelle an Chromosomen vorhanden ist, muß sich genau so in allen weiteren Zellen finden, die aus der Teilung der Eizelle hervorgehen, da die Chromosomen bei jeder Teilung längsgespalten werden und somit immer wieder gleiche Chromosomen in die neuen Zellen kommen. Um es also nochmals kurz zusammenzufassen: Die Hälfte der Chromosomen in den Zellen von aus befruchteten Eiern entwickelten Lebewesen stammt von der Mutter, die andere Hälfte vom Vater, und zwar tragen beide von jeder Sorte Chromosomen je eines bei, so daß nun alle Chromosomen in zusammengehörige Paare eingeteilt werden können.

Nun sind wir so weit, daß wir wieder zu der merkwürdigen Erscheinung zurückkehren können, daß in den Kernen befruchtungsfähiger Ei- und Samenzellen die Chromosomenzahl auf die Hälfte herabgesetzt ist, obwohl sie in jungen Ei- und Samenzellen noch unverändert ist. Dies ist nun eine Tatsache von größter Wichtigkeit, deren völlige Aufklärung viel mühevolle Forscherarbeit in Anspruch genommen hat. Jetzt aber erscheint das alles höchst einfach, und wer die vorhergehenden Abschnitte sorgfältig gelesen hat, kann vielleicht sogar prophezeien, wie der Vorgang verlaufen muß. Es ist also tatsächlich in die Lebensgeschichte einer jeden Eizelle und einer jeden Samenzelle ein Abschnitt eingeschaltet, den sie unbedingt durchlaufen müssen, um befruchtungsfähig zu werden, ein Abschnitt, den man die Reifungszeit nennt. Die einzige Aufgabe dieser Reifungszeit ist es, die Chromosomenzahl in kunstgerechter Weise auf die Hälfte herabzusetzen; und da dies mit Hilfe zweier merkwürdiger Zellteilungen geschieht, so sprechen wir im folgenden immer von den Reifeteilungen.

Die Reifeteilungen sind also zwei Zellteilungen besonderer Art, die jede Geschlechtszelle — Ei- wie Samenzelle — durchmacht, bevor sie befruchtungsfähig wird, und in diesen Reifeteilungen geht die Halbierung der Chromosomenzahl vor sich. Wenn eine Zelle sich zweimal teilt, so entstehen daraus vier Zellen, und dies ist also bei Ei- und Samenzellen der Fall. Ein kleiner — äußerlich großer, aber sachlich kleiner — Unterschied besteht nun zwischen Ei- und Samenzellen. Wir haben schon gehört, daß die Eizelle sich gewöhnlich reichlich mit Dotter belädt, der als erste Nahrung für das aus dem Ei entstehende Lebewesen dient. Wollte nun die Eizelle sich gleichmäßig in vier Zellen teilen, nachdem sie all den Dotter aufgesammelt hat, so entstünden vier Zellen, von denen jede nur noch ein Viertel der Dottermasse enthielte. Da dies sichtlich nicht wünschenswert ist, so wird ein Ausweg derart gefunden, daß die Teilung in ganz ungleich große Zellen erfolgt. Die Zellteilungsfigur mit ihren Strahlungen liegt meist an der Oberfläche der Eizelle, und wenn die Teilung erfolgt, ist eine der beiden Tochterzellen fast die ganze Eizelle, die andere aber ist ein winziges Zellchen. Darauf teilt sich die große Eizelle, wie Abb. 14 zeigt, noch einmal in genau der gleichen Weise, und gleichzeitig teilt sich das kleine Zellchen auch in zwei. So entstehen vier Zellen, von denen aber drei winzig klein sind, während die vierte noch nahezu die ganze Masse des Zelleibs des Eis enthält. Die drei kleinen Zellen gehen dann zugrunde, und das durch diese beiden Teilungen gereifte Ei ist befruchtungsfähig. Etwas anders steht es nun mit den Samenzellen, die ja keinen Dotter aufsammeln, sondern stets winzig klein bleiben. Bei ihnen verlaufen dann die beiden Reifeteilungen wie gewöhnliche Zellteilungen, d. h. es entstehen vier gleich große Zellen, die auch alle gleich lebensfähig sind, und von denen jede einzelne sich in der uns schon bekannten Art in einen Samenfaden umwandelt.

Dies scheint nun ein wesentlicher Unterschied zwischen Ei- und Samenzellen zu sein. Tatsächlich ist er aber vom Standpunkt der Vererbungslehre aus ganz unwesentlich, wie sofort klar wird, wenn man die Hauptsache bei diesen Reifeteilungen, nämlich das Verhalten der Chromosomen studiert. Dabei zeigt es sich nämlich, daß in Eireifung und Samenreifung genau das gleiche sich ereignet, daß also die verschiedenartige Größe der Zellen gar keine Bedeutung hat. Als einziger Unterschied bleibt vielmehr nur der ganz unwesentliche, daß immer drei von vier aus

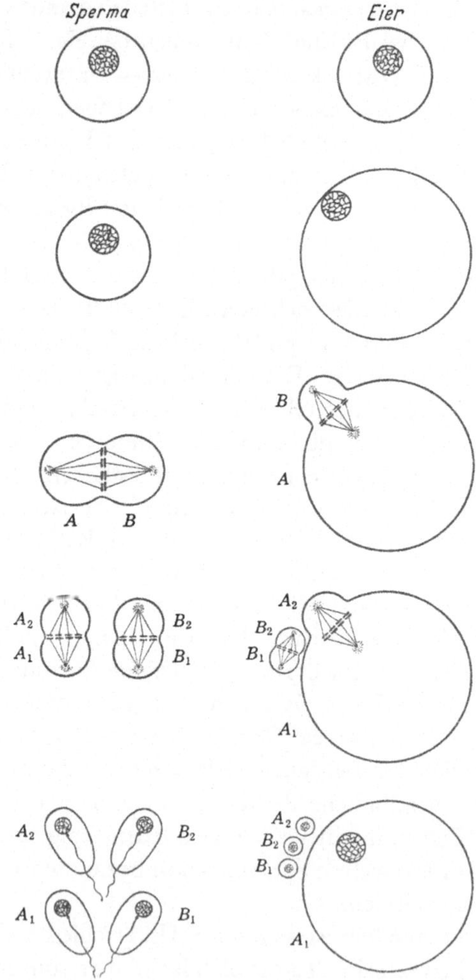

Abb. 14. Schematischer Vergleich der Ei- und Samenreifung. 1. Reihe: Junge Samen- und Eizelle. Links Samen, rechts Ei. 2. und 3. Reihe: Erste Reifeteilung. 4. Reihe: Zweite Reifeteilung. Das erste Polkörperchen B teilt sich auch in 2: B_1 und B_2. 5. Reihe: Die vier reifen Samenzellen und die Eizelle mit 3 Polkörperchen.

einer jungen Eizelle hervorgegangenen reifen Eiern klein und
verkümmert sind und zugrunde gehen, während alle vier aus
einer jungen Samenzelle entstandenen reifen Samenzellen zu gleich
brauchbaren, befruchtungsfähigen Samenfäden werden. So können wir, wenn wir von Chromosomen reden, die Vorgänge einfach für die Geschlechtszellen beschreiben, und die Beschrei-
bung gilt dann genau so gut für die Eizellen wie die Samenzellen. Schließlich können wir ja auch gar nichts anderes erwarten, nachdem wir bereits gelernt haben, daß bei der Befruchtung die Chromosomen im Eikern und im Samenkern
völlig einander entsprechen.

Erinnern wir uns nun an den in Abb. 13 abgebildeten Fall
eines Lebewesens mit einer Normalzahl von acht Chromosomen.
Wir sahen in dem damaligen Beispiel, daß unter diesen acht
Chromosomen vier verschiedene Sorten nach Größe und Form
unterschieden werden konnten; wir sahen ferner, daß von jeder
dieser Sorten zwei genau gleiche im Kern vorhanden waren, und
wir sahen schließlich, daß das daher kam, daß bei der Befruchtung
Eikern wie Samenkern je ein Chromosom jeder Sorte in die Tochterzelle, das befruchtete Ei, mitgebracht hatte. Was wir nun in
Abb. 13 d für die ersten zwei Zellen, aus denen sich im Beginn
der Entwicklung der Körper aufbaut, gesehen haben, gilt natürlich für jede weitere Zelle, die durch Teilung aus diesen zwei
Zellen hervorgehen, also für alle Zellen des Körpers und damit
auch für die jungen Geschlechtszellen, die zur Erzeugung der
nächsten Generation gebildet werden. Somit können wir die
Chromosomen in den jungen Geschlechtszellen genau so darstellen wie in Abb. 13 d, nämlich acht Chromosomen, bestehend
aus vier verschiedenen, aber paarweise gleichen Paaren, wie nochmals Abb. 15 a zeigt.

Wenn nun die Geschlechtszellen sich zur Reifeteilung vorbereiten, so machen die Chromosomen ganz eigentümliche und
verwickelte Umwandlungen durch, wie man sie außer hier niemals im Zellenleben findet. Und der Erfolg dieser Manöver,
die die Chromosomen im Kern ausführen (deren verwirrende
Einzelheiten wir dem Fachwissenschaftler vorbehalten wollen)
ist, daß immer zwei gleichartige Chromosomen, also je ein natür-
liches Chromosomenpärchen, sich zusammenfinden und der

Länge nach zusammenlegen. Da wir von der Befruchtung her
aber wissen, daß von diesen Chromosomenpärchen immer ein
Partner von den Chromosomen der Eizelle, also von der Mutter
stammt, der andere Partner aber von den Chromosomen der

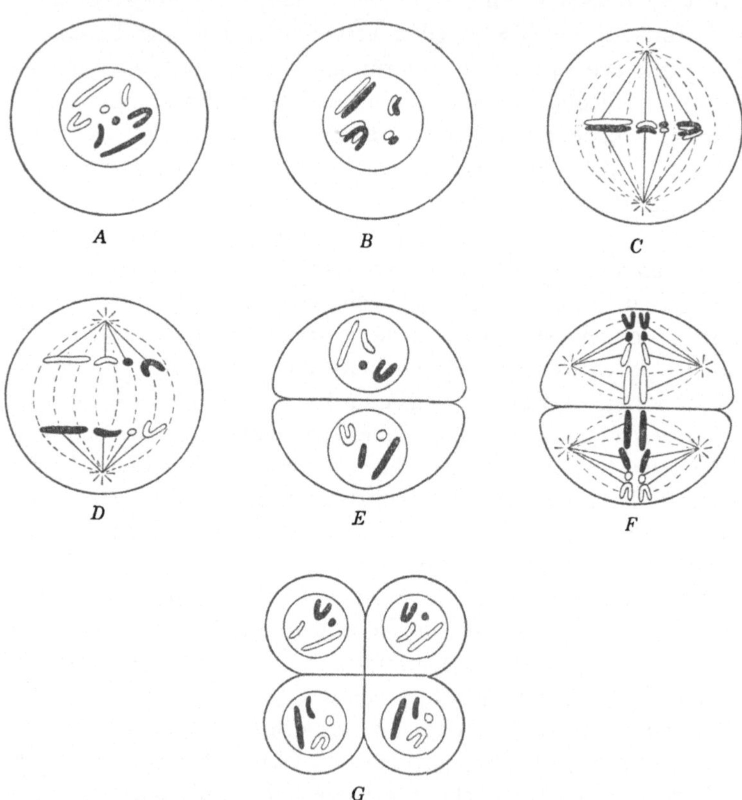

Abb. 15. A Die Chromosomenpaare im Kern. B Die paarweise Vereinigung; C und D die Reifeteilung; E Die zwei gereiften Zellen mit
halber Chromosomenzahl; F und G: die zweite Reifeteilung.

befruchtenden Samenzelle, also vom Vater her stammt, so sehen
wir also jetzt, daß vor der Reifeteilung sich je ein mütterliches
und väterliches Chromosom — der Herkunft nach — miteinander paaren. In den früheren Abbildungen hatten wir die
Eizellchromosomen weiß, die Samenzellchromosomen schwarz
gezeichnet. Zwischen Abb. 13 und Abb. 15 liegt natürlich die

ganze Entwicklung eines Lebewesens und die Entstehung seiner
Geschlechtszellen: aber die Chromosomen sind ja immer die
gleichen. Hier könnte der Leser nun stutzig werden und sagen:
Die Chromosomen sehen schon in jeder Zelle gleich aus. Aber
sind sie wirklich die gleichen? Wir hörten doch bevor, daß die
Chromosomen im Kern nach jeder Teilung in Körnchen zerfallen und verschwinden. Wir müssen jetzt diese frühere Vorstellung ein wenig verbessern. Unter dem Mikroskop sieht es
wirklich so aus wie beschrieben. Aber man kann zeigen, daß in
Wirklichkeit das Chromosom als Einheit auch im Ruhekern erhalten bleibt. Aber da die färbbaren Körnchen von ihm abfallen, kann das nicht ohne weiteres gesehen werden. Aber der
Zellforscher hat Mittel an der Hand, das Erhaltenbleiben der
Chromosomen zu beweisen, ja sogar sie aus dem Ruhekern heraus-
zuholen. Doch kehren wir wieder zu dem Verhalten der Chromosomen vor den Reifeteilungen zurück.

Wenn nun väterliche und mütterliche, also vom Vater resp.
der Mutter des Lebewesens, dessen Geschlechtszellenreifung wir
betrachten, herstammende Chromosomen sich gepaart haben,
ist die Zelle fertig zur ersten Reifeteilung und es bildet sich die
typische Zellteilungsfigur aus, in deren Äquator sich die vier
Chromosomenpärchen wie auch sonst bei einer Zellteilung aufstellen. Bei einer gewöhnlichen Zellteilung wurde nun ja jedes
einzelne der acht Chromosomen längsgespalten. Hier bei dieser
wichtigen Teilung geschieht das aber nicht, sondern von jedem
Pärchen, das zusammen in der Teilungsfigur sich aufgestellt
hatte, wandert jetzt ein Partner, also ein ganzes ungeteiltes
Chromosom, nach je einem Pol der Teilungsfigur. Wenn sich
jetzt die Zelle in der üblichen Weise durchschnürt, sind zwei
Tochterzellen entstanden, von denen jede nur noch vier Chromosomen, von jeder Sorte eins, enthält. Somit ist tatsächlich in dieser
ersten Reifeteilung die Zahl der Chromosomen auf höchst einfache und ingeniöse Weise auf die Hälfte herabgesetzt worden.

Eigentlich könnte damit der Vorgang der Geschlechtszellenreifung beendet sein, denn das Ziel, die Herabsetzung der Chromosomenzahl auf die Hälfte, und zwar ein Chromosom jeder
Sorte, ist ja bereits erreicht. Trotzdem findet aber dann noch eine
zweite Teilung statt, und zwar ist dies eine ganz gewöhnliche

Zellteilung, bei der jedes Chromosom der Länge nach gespalten wird, so daß durch diese Teilung nicht das geringste mehr im Chromosomenbestand der Zellen geändert wird (Abb. 15). Wozu nun eigentlich dann noch diese zweite Teilung? Sie völlig verständlich zu machen, müßten wir in einige der absichtlich beiseite gelassenen feinsten Einzelheiten der Vorbereitung zur ersten Teilung eindringen. So wollen wir nur andeuten, daß es da Vorgänge gibt, die es mit sich bringen, daß Teile der einzelnen Schwesterchromosomen in der ersten Teilung nicht voneinander getrennt werden. In einer zweiten Teilung wird das aber nachgeholt, die somit als eine Art von Sicherung für den ganzen Vorgang dient. Wie gesagt, müssen wir diese allerfeinsten Einzelheiten im Interesse der Verständlichkeit beiseite lassen, und so werden wir denn bei allen weiteren Erörterungen auf die Erwähnung dieser zweiten Teilung verzichten und werden immer nur von der Reifeteilung sprechen, womit die die Chromosomenzahl halbierende erste Teilung gemeint ist.

Kehren wir nun noch einmal für einen Augenblick zur ersten Reifeteilung zurück. Je ein vom Vater und je ein von der Mutter dieses Lebewesens stammendes Chromosom hatten sich gepaart und waren dann auf die zwei Tochterzellen verteilt worden. Jede der beiden durch die erste Reifeteilung entstehenden Tochterzellen erhielt also entweder ein väterliches oder ein mütterliches Chromosom. Wenn es sich nun, wie in unserem Beispiel, um vier väterliche und vier mütterliche Chromosomen handelt, so ist es leicht einzusehen, daß verschiedene Möglichkeiten der Verteilung dieser Chromosomen auf die Tochterzellen bestehen. Es ist möglich, daß alle väterlichen Chromosomen in die eine, alle mütterlichen zusammen in die andere Zelle kommen. Wenn wir uns das im Bild vorführen (Abb. 16, I), so müßten nach unserer bisherigen Darstellungsweise in diesem Falle alle weißen Chromosomen in die eine, alle schwarzen in die andere Zelle gelangen. Oder aber es ist möglich, daß bei der Aufstellung der Chromosomenpaarlinge im Äquator der sich teilenden Zelle nur der reine Zufall darüber entscheidet, wie sie liegen und somit bald ein weißer, bald ein schwarzer Partner nach einer oder der anderen Seite zu liegt und dann dahin gezogen wird. In diesem Fall, der auch in Abb. 16 dargestellt ist, hängt es also rein vom Zufall ab, welches Gemisch von väterlichen und mütterlichen Chromosomen in jede Zelle kommt. Nur unter allen Umständen erhält jede Zelle je ein Chromosom jeder Sorte. Der Zufall kann also in jeder Zelle vereinigen z. B. drei große

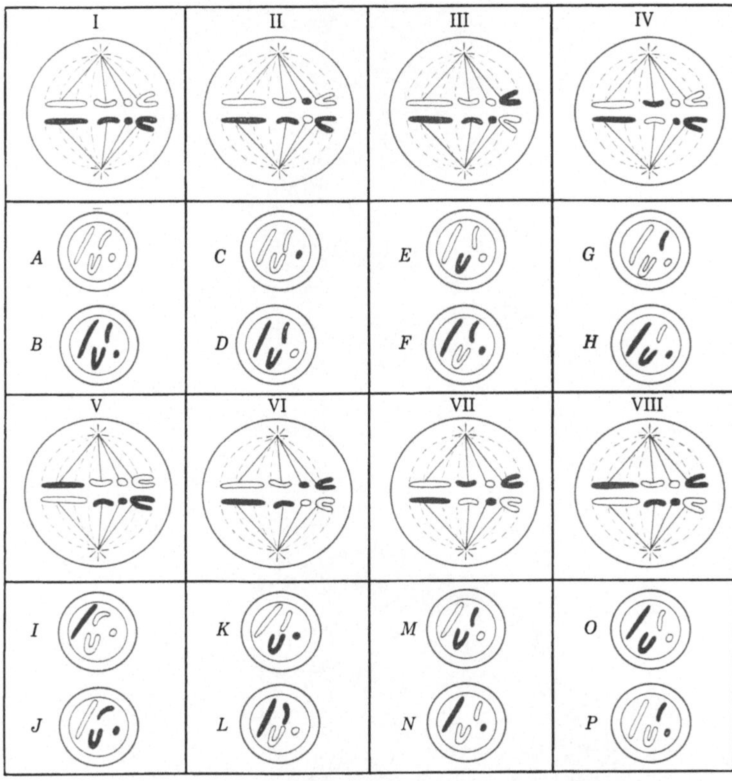

Abb. 16. Die acht Möglichkeiten, wie sich die väterlichen und mütterlichen Chromosomen in die Reifeteilung einstellen können (*I—VIII*), und darunter die 16 Sorten von Zellen, die ihrem Chromosomenbestand nach entstehen können.

weiße mit dem kleinen schwarzen, das größte der vier weiß, die anderen schwarz usw. Es ist leicht zu errechnen — später wird uns das noch viel beschäftigen —, daß es nicht weniger als 16 solche Chromosomengruppierungen dann gibt. Mühsamste Forschung an geeigneten Objekten hat nun tatsächlich gezeigt,

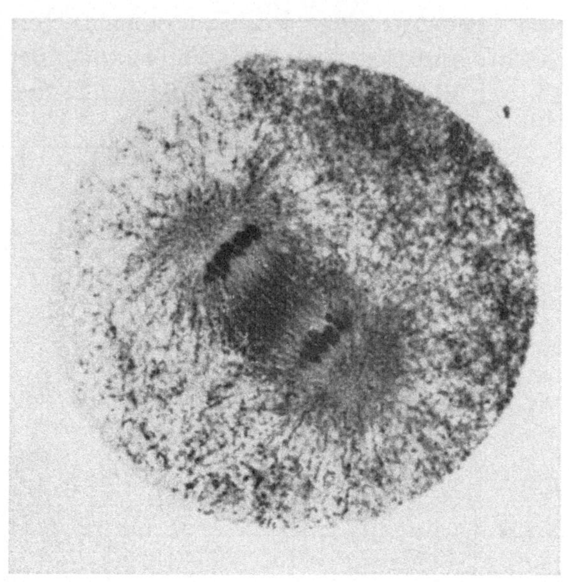

A

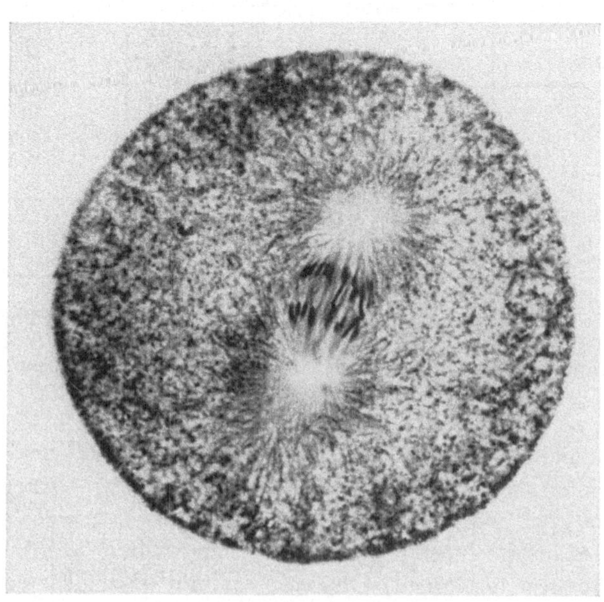

B

56

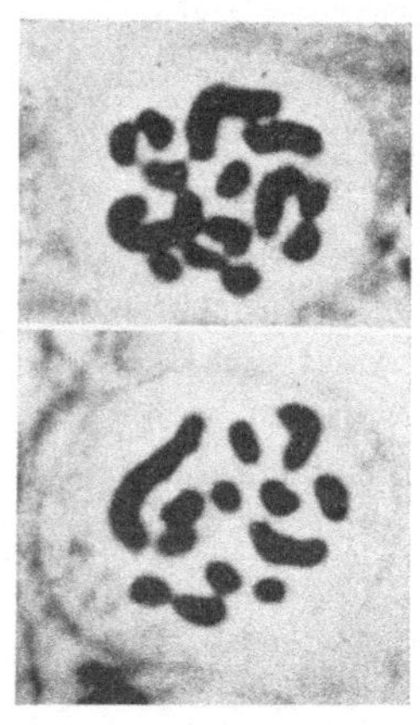

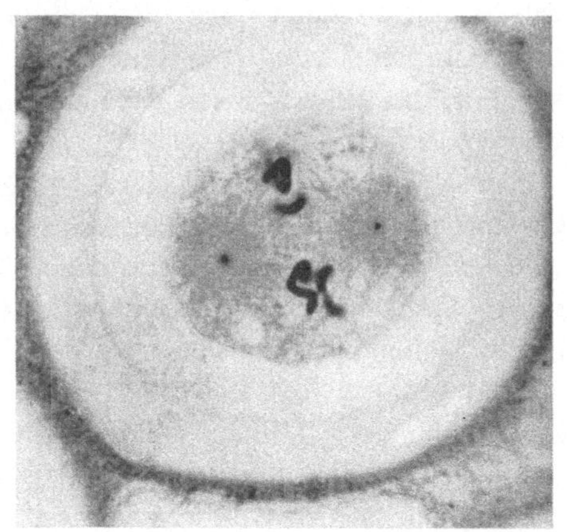

C

D

Abb. 17. Mikrophotographien
von sich teilenden Zellen und
Chromosomen A, B Zwei Sta-
dien in der Teilung eines Seeigel-
eis. C Zwei Kerne von Zellen
einer Wanze. Alle Chromosomen paarweise vorhanden. Nur
das große Chromosomen (Geschlechtschromosom, s. später)
ist in der unteren, einer männlichen Zelle ohne einen Partner.
D Teilung des Spulwurmeies mit
4 großen Chromosomen, je zwei
von Vater resp. Mutter (nur ein
Teil sichtbar, weil gewunden).
E Chromosomen in der Reifeteilung eines Schmetterlings.
(Photos Belar, Seiler, Wilson.)

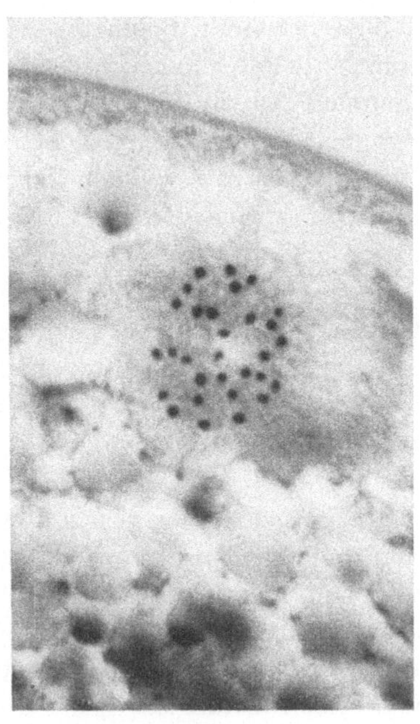

E

daß das letztere der Fall ist, also daß die väterlichen und mütterlichen Chromosomen in der Reifeteilung nicht beisammen bleiben, sondern, daß sie ganz nach Zufall auf die Tochterzellen verteilt werden.

Nach einem Volkshochschulvortrag, den der Verfasser über diese Gegenstände hielt, meinte einmal in der Diskussion ein Überschlauer: das sei ja eine ganz schöne Theorie mit den Chromosomen, aber welcher Mensch hätte schon jemals so ein Chromosom gesehen? Nun, tatsächlich sind diese Chromosomenverhältnisse heutzutage, nachdem alles geklärt ist, gar nicht so schwer zu sehen; sind doch vielfach die Chromosomen wesentlich größer als Bakterien und können so schön schwarz, rot oder blau gefärbt werden, daß sie sich von dem weniger gefärbten Zelleib deutlich abheben. Vielleicht ist es daher angebracht, dem Leser auch ein paar wirkliche unter dem Mikroskop aufgenommene Photographien von Chromosomen vorzuführen, was in Abb. 17 geschehen ist.

Die Individualität der Chromosomen.

Nun müssen wir, um die wichtige Geschichte der Chromosomen vor der Hand zu vollenden, noch einmal auf etwas zurückkommen, was in den bisherigen Erörterungen dauernd als eine Art Selbstverständlichkeit neben unserer Darstellung hinlief. Wir sprachen bald von den Chromosomen der Geschlechtszellen, bald von denen des Körpers, von denen der Eltern und von denen ihrer Nachkommen und nahmen es als etwas ganz Selbstverständliches an, daß es sich dabei immer um die gleichen Chromosomen handle. Versuchen wir uns nun einmal im einzelnen klarzumachen, was das heißt. Nehmen wir etwa einen Menschen. Bei der Befruchtung werden ihm von beiden Eltern je 24 Chromosomen mitgegeben und diese 48 Chromosomen teilen sich bei der ersten Teilung der Eizelle im Mutterleib und jede der beiden ersten Zellen hat wieder die gleichen 48 Chromosomen. Diese wachsen nun zu der gleichen Größe heran, die sie vor ihrer Teilung hatten und dann teilen sie sich wieder. Wievielmal das erfolgt, bis der Mensch ausgewachsen und wieder fortpflanzungsfähig ist, ist kaum zu sagen. Wenn nun nach 20 Jahren eine seiner Eizellen wieder befruchtungsfähig ist, so sind es immer noch die gleichen

Chromosomen, die schon im Ei der Mutter vorhanden waren, natürlich auch der Großmutter usw., die nun im Eikern vorhanden sind. Genau das gleiche gilt natürlich auch für die Samenzellen, wenn wir einen Mann betrachten. Die Chromosomen bleiben also durch alle Zell- und Individuengenerationen hindurch immer die gleichen. Dies soll natürlich nicht heißen, daß das Material, aus dem sie bestehen, unverändert bleibt. Es muß ja immer wieder ergänzt werden, um für all die Tochter-, Enkel- usw. Chromosomen zu reichen. Das heißt, daß die Chromosomen eine Grundstruktur haben, die die Fähigkeit hat, immer wieder ihr Ebenbild zu konstruieren und völlig unveränderlich bleibt. Ihr wird im Laufe des Zellebens Material in Form der färbbaren Körnchen zugesetzt, das verbraucht und wieder ersetzt wird, ohne daß sich die konstante Grundstruktur ändert.

Körperzellen, Geschlechtszellen und die Individualität der Chromosomen.

In den bisherigen — und auch in allen künftigen Erörterungen — standen im Vordergrund des Interesses die Geschlechtszellen, deren Aufgabe es ist, den neuen Organismus bei der Fortpflanzung der Lebewesen hervorzubringen und in deren winzigem Leib daher in erster Linie das Geheimnis der Vererbung verborgen sein muß. Betrachten wir nun noch für einen Augenblick das Verhältnis der Geschlechtszellen zu den gewöhnlichen Körperzellen. Eine Hautzelle, eine Nervenzelle, eine Muskelzelle teilt sich mehr oder minder oft, während sich der Körper entwickelt. Manche Zellen behalten ihre Teilungsfähigkeit bei bis in das hohe Alter des Lebewesens, andere, wie die Nervenzellen, hören schon ziemlich früh auf sich zu teilen und ändern sich dann nicht mehr weiter, wenn sie ihre fertige Form erreicht haben. Alle aber erschöpfen sich früher oder später, reiben sich in ihrer Arbeit für den Körper auf und gehen allmählich zugrunde: das Lebewesen altert. Wie steht es nun mit den Geschlechtszellen? Eizellen, die nicht befruchtet werden, und Samenzellen, die nicht befruchten, sterben auch alsbald ab. Die befruchtete Eizelle jedoch entwickelt sich zu einem neuen Lebewesen und verknüpft somit leiblich die eine Generation mit der nächsten. Während also alle anderen Zellen früher oder später dem Tod verfallen sind, sind die Geschlechtszellen allein imstande, dadurch das Individuum zu überleben, daß sie einem neuen Individuum den Ursprung geben.

Vielleicht ist es etwas zu viel gesagt, daß die Geschlechtszellen allein diese Fähigkeit haben. Unter besonderen Umständen vermögen auch die Körperzellen ähnliches. Besonders im Pflanzenreich ist es jedem bekannt, daß isolierte Körperzellen in der Form von Stecklingen die ganze Pflanze neu hervorbringen können, und daß es Pflanzen gibt, die seit Tausenden von Jahren nur auf diese Weise, unter völliger Ausschaltung der Geschlechtszellen vermehrt werden. Aber auch im Tierreich gibt es ähnliches, wenn auch nicht so häufig. Eine ganze Reihe von niederen Tieren wie Schwämme, Polypen, Würmer, Seeschnecken vertragen es, in kleine Stücke geschnitten zu werden, und aus jedem Teilstück kann sich ein ganzes neues Tier entwickeln. Nun wissen wir allerdings nicht, wie oft man diesen Versuch wiederholen kann, wieviele „Generationen" sich auf diese Weise erzeugen lassen, aber immerhin zeigen die Versuche doch, daß bis zu einem gewissen Maß die Körperzellen noch etwas von den Fähigkeiten der Geschlechtszellen besitzen können.

Sehen wir aber nun von dieser Besonderheit ab, so können wir in der Regel einen gewissen Gegensatz zwischen Körper- und Geschlechtszellen aufstellen: die Körperzellen sind sterblich, die Geschlechtszellen unsterblich. Unsterblich bedeutet natürlich, daß ihre Leibessubstanz als solche nicht stirbt, sondern durch immer wieder folgende Teilungen einem neuen Lebewesen den Ursprung gibt, in dem nun wieder gewisse Zellen, die Körperzellen, sterblich sind, früher oder später dem Tod geweiht sind, während die neuen Geschlechtszellen wieder das Individuum körperlich in seiner Nachkommenschaft fortzusetzen vermögen. Man kann also sagen, daß eine gerade Linie, ein roter Faden, die Geschlechtszellen der aufeinanderfolgenden Generationen miteinander verbindet, während die dem Tode geweihten Körperzellen blind endigende Seitenäste dieser Hauptlinie darstellen. In Abb. 18 ist diese Erkenntnis bildlich dargestellt. Das Lebewesen ist dargestellt als ein Zellklumpen von kleinen Körperzellen und unten die Eizelle. (Von der Samenzelle und Befruchtung ist abgesehen worden, um das Bild nicht zu verwirren.) Während der Körper stirbt, führt die gerade Linie von der Eizelle zur nächsten Generation; auch hier führt wieder die Eizelle die Tradition weiter, während der neuerzeugte Körper wieder stirbt, usw.

Es ist nun höchst bemerkenswert, daß im Tierreich sehr häufig diese bildliche Darstellung zu einer wortwörtlichen Wirklichkeit wird. Wenn wir uns die Entwicklung eines Tieres betrachten, so ist es naheliegend uns vorzustellen, daß durch die immer wieder aufeinanderfolgenden Teilungen der Eizelle schließlich eine große Menge gleichartiger Zellen entstehen, von denen dann eine Gruppe sich in diese oder jene Art von Körperzellen umbildet, eine andere Gruppe aber zu Geschlechtszellen wird. In

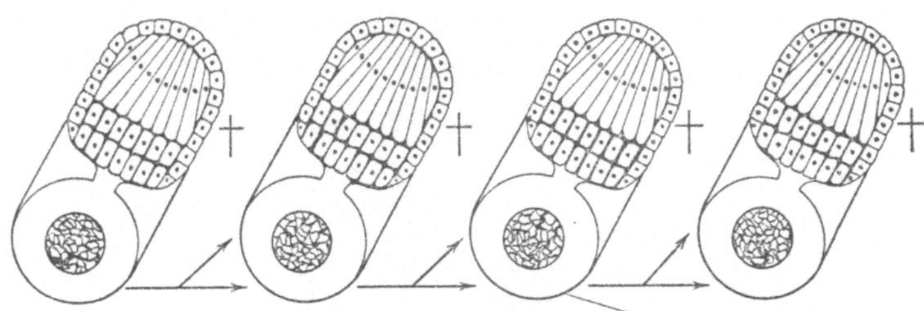

Abb. 18. Darstellung der Unsterblichkeit der Keimzellen.

sehr vielen Fällen ist dies nun, soweit die Geschlechtszellen in Betracht kommen, nicht so, sondern die zukünftigen Geschlechtszellen werden gleich bei Beginn der Entwicklung sozusagen reserviert und sind dann während der ganzen Entwicklung ein Ding für sich, das ruhig abwartet, bis sich der übrige Körper entwickelt hat. Bei manchen Tieren wird so schon bei der allerersten Teilung der Eizelle die Abtrennung der zukünftigen Geschlechtszellen vorbereitet. Wie dann eine solche Entwicklung in großen Zügen verläuft, ist in Abb. 19 abgebildet. Schon im Leib der Eizelle kann man manchmal eine besondere Schicht unterscheiden, die in Abb. 19 (A) schwarz gekörnt ist, eine Schicht, die dann später den Leib der künftigen Geschlechtszellen aufbauen wird. Bei der ersten Teilung des Eies kommt diese Schicht nur in eine der beiden Tochterzellen (B), so daß man jetzt schon mit Sicherheit sagen kann, daß aus der weiteren Teilung der oberen Zelle nur Körperzellen hervorgehen werden, während aus den weiteren Teilungen der unteren Zelle Körperzellen und Geschlechtszellen entstehen werden. In (C) haben sich beide Zellen wieder geteilt, und wir haben jetzt vier Zellen, von denen drei sicher nur Körperzellen geben werden. In (D) nehmen wir an, daß nach zwei weiteren Teilungen 16 Zellen entstanden sind, von denen nun schon zwei, die punktierten, die ersten Geschlechtszellen sind, deren weitere Teilungen nur noch Geschlechtszellen ergeben. In (E) ist schon eine Art von Embryo gebildet, an dem wir äußere und innere

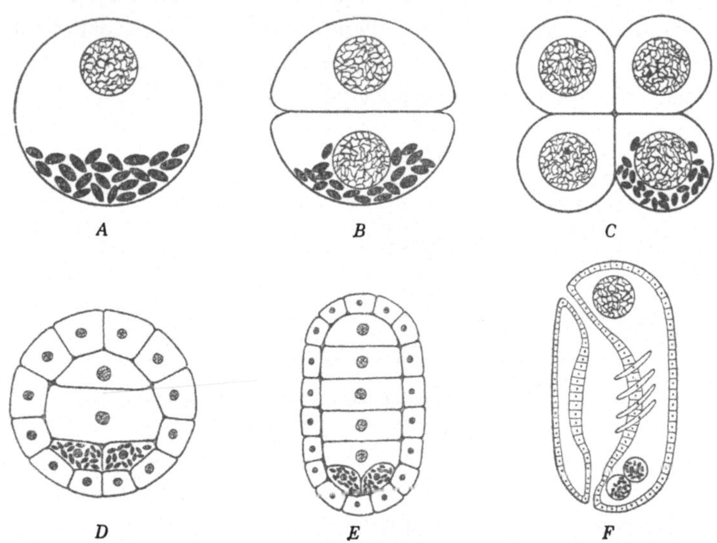

Abb. 19. A—F Schemata von Entwicklungsstadien eines Tieres, um die Bereitstellung der Substanz der Geschlechtszellen (schwarz) schon vom Ei ab zu zeigen.

Zellen schon unterscheiden können, und hinten liegen die beiden aus der Teilung der ersten hervorgegangenen ersten Geschlechtszellen; und endlich in (F) ist ein weiteres Entwicklungsstadium dargestellt, das nun schon Haut-, Darm-, Nerven- und Muskelzellen zeigt, und hinten liegen die beiden ersten Geschlechtszellen, aus deren weiterer Teilung dann je nach dem Geschlecht ein Eierstock oder ein Hoden sich bildet. So sehen wir denn hier tatsächlich die Substanz der Geschlechtszellen sichtbar von einer Generation zur anderen weitergegeben.

Doch damit sei es zunächst genug; wir werden noch oft von den Geschlechtszellen hören und die interessantesten Dinge über sie erfahren.

III. Die Grundtatsachen der Mendelschen Vererbungsgesetze.

Wir wissen nun schon einiges über die sichtbaren Erbeigenschaften der Lebewesen und ebenso einiges über die Geschlechtszellen, die im Beginn der Entwicklung ja in sich die Fähigkeit enthalten müssen, die Erbeigenschaften der Eltern bei dem neu entstehenden Kind wieder hervorzubringen. So ist es nun unsere nächste Aufgabe, die Beziehungen zwischen den einzelnen Erbeigenschaften der Eltern und denen der Kinder zu verfolgen, mit anderen Worten zu studieren, in welcher Art die erbliche Übertragung von Eigenschaften auf die Nachkommenschaft erfolgt.

Bastardierung als Mittel zur Erforschung der Vererbung.

Versuchen wir nun einmal einen Weg auszudenken, auf dem wir zu einer Einsicht gelangen können. Nehmen wir einmal an, wir haben zwei Eltern, die erblich vollständig gleich sind, also genau die gleichen Erbeigenschaften auf ihre Nachkommen zu übertragen imstande sind. Es ist ohne weiteres klar, daß die Nachkommen dieses Paares wieder ganz genau ihren Eltern gleichen werden. Über diese einfache Aussage werden wir so nicht hinauskommen. Nehmen wir nun an, es habe sich um ein Negerpaar gehandelt, und wir wollen wissen, wie gerade die Erbeigenschaften, die den Neger auszeichnen, sich auf seine Nachkommen übertragen; wir schränken also bereits unsere Frage auf eine ganz bestimmte Gruppe von Eigenschaften ein. Aber beide Eltern sind Neger, die Kinder sind wieder Neger, und wir lernen wieder weiter nichts, als daß die Unterscheidungsmerkmale des Negers erblich sind. Wollen wir nun etwas über das Wie der Vererbung erfahren, so müssen wir bei der Fortpflanzung erblich Verschiedenes zusammenbringen, um das Verhalten bei der Nachkommenschaft unterscheiden zu können; wir müssen also etwa Neger und Weiße paaren. Die Nachkommenschaft, die Mulatten, kann man nun als Ganzes betrachten und sagen, sie zeigen eine Eigenschaftsmischung der beiden Rassen, sind Halbblut. Man mag sie dann wieder mit Negern vermählen und Nachkommen erhalten, die man $\frac{3}{4}$-Blut-Neger nennen würde. Aber es ist leicht einzusehen, daß so keine Einsicht in den Erbgang der Negereigenschaften gewonnen wird; man kommt nicht über das Wort Blutmischung hinaus, und man muß sich wirklich wundern, daß z. B. in der Pferdezucht man sich bis in die jüngste Zeit hinein mit diesen wertlosen Feststellungen der „Blutmischung" begnügte, besonders wenn, wie wir gleich sehen werden, weder etwas gemischt wird, noch das Blut mit der ganzen Sache etwas zu tun hat. Wie nun schon aus allen unseren bisherigen Besprechungen hervorgeht, muß man, um weiter zu kommen, seine Fragen zunächst auf die einzelnen, unterscheidbaren Erbeigenschaften beschränken, also beim Neger etwa auf die Hautfarbe. Diese einfache Überlegung war die Voraussetzung für die große Entdeckung, die heute allgemein als das Mendelsche Vererbungsgesetz bezeichnet wird. Die Fortpflanzung zwischen erblich Verschiedenem wollen wir von nun ab als Bastardierung bezeichnen, ohne auf den andersartigen Sprachgebrauch des täglichen Lebens Rücksicht zu nehmen. Es ist also eine Bastardierung, wenn Pferd und Esel, Neger und Weißer sich kreuzen, es ist aber auch eine Bastardierung, wenn ein rothaariger Mann eine schwarzhaarige Frau heiratet, oder wenn zwei reine Linien von Bohnen gekreuzt werden, die sich in einem Millimeter durchschnittlicher Größe erblich voneinander unterscheiden.

Mendels Entdeckungen.

Der Augustinermönch Gregor Mendel stellte um die Mitte des vorigen Jahrhunderts im Königskloster in Brünn Bastardierungsversuche mit Erbsen an, wobei er durch eine Kombination sorgfältigster Experimentierkunst mit genialem mathematischen Scharfblick die Gesetzmäßigkeit fand, die heute seinen Namen in aller Welt Mund gebracht hat. Als er aber seine Ergebnisse 1865 in einer kleinen Lokalzeitschrift veröffentlichte, nahm niemand Notiz davon. Volle 35 Jahre schlummerten diese wenigen aber inhaltsschweren Seiten, da die Zeit nicht reif war, ihre Bedeutung zu verstehen. Erst lange nach dem Tode Mendels wurden 1900 seine Gesetze neu entdeckt und zugleich auch ihr ursprünglicher Entdecker wieder an das Tageslicht gezogen. Seitdem haben sie ihren Siegeslauf durch die Welt angetreten und zur Entstehung eines ganz neuen verwickelten Wissensgebietes geführt, das man auch als Mendelismus bezeichnet. Das Wort

64

„mendelnde" Eigenschaften für solche Erbcharaktere, die Mendels Gesetzen folgen, ist dauernd in den Sprachschatz der Wissenschaft vom Leben eingegangen.

Wir beginnen nun unser Studium dieser Gesetze nicht mit Mendels Erbsen oder einem der tausende ähnlicher Fälle, die seitdem bekannt wurden, sondern mit einem noch etwas einfacheren Fall. Wir kreuzen zwei Rassen von Wunderblumen, die erblich einander völlig gleich sind, mit der einzigen Ausnahme, daß die eine rot, die andere weiß blüht. Ganz gleich nun, ob die rote oder weiße Rasse bei der Bastardierung als Mutter oder Vater — als Samenpflanze oder Pollenpflanze — dient, die Bastardnachkommen blühen sämtlich hellrot, es haben sich also scheinbar die Elterneigenschaften miteinander gemischt. Wir erinnern uns nun an das schon Gelernte, nämlich, daß die äußere Erscheinung nichts über die Erbbeschaffenheit aussagt, daß der Erscheinungstyp und der Erbtyp ganz verschieden voneinander sein können. Daß diese Warnung auch hier berechtigt ist, zeigt sich nun sofort, wenn eine weitere Generation von Bastarden durch Inzucht gezogen wird. Das heißt also, daß die Bastarde — bei Pflanzen, die es erlauben — durch Selbstbestäubung fortgepflanzt werden, andernfalls zwei der Bastardgeschwister miteinander vermählt werden. In dieser zweiten Bastardgeneration tritt nun unerwarteterweise eine Entmischung der scheinbar in der ersten Bastardgeneration gemischten Elterneigenschaften ein. Es erscheinen auf unserem Blumenbeet rein weiß blühende Pflanzen, rein rot blühende und auch wieder hellrot blühende. Sind nun die wieder erschienenen rein weißen und rein roten Pflanzen wirklich rein, d. h. ist bei ihnen jede Spur der vorausgegangenen Bastardierung verwischt? Die Antwort können wir sofort erhalten, wenn wir aus den weißblühenden und ebenso aus den rotblühenden Pflanzen der zweiten Bastardgeneration wieder eine neue, dritte Generation erziehen. Dann erhalten wir tatsächlich nur weißblühende aus den weißen und rotblühende aus den roten. Und das können wir nun so viele Generationen lang fortsetzen wie wir wollen; die weißen bleiben immer weiß, die roten immer rot, sie erweisen sich in diesen Eigenschaften als genau so rein wie die ursprünglich zur Bastardierung benutzten Elternpflanzen; sie „züchten rein", wie der übliche Kunstausdruck lautet. Wie steht es nun mit den hellrotblühenden, die wir in der zweiten Bastardgeneration auch wieder erhalten hatten? Pflanzen wir sie fort, so erhalten wir aus ihnen in der dritten Bastardgeneration wiederum alle drei Sorten, nämlich weiße, rote und hellrote; und auch diese weißen und roten züchten weiterhin wieder rein, während auch diese hellroten wieder in der nächsten, vierten Generation in die drei Sorten spalten; und so geht es immer weiter. Wir drücken uns nun so aus, daß wir sagen, daß immer reine weißblühende und rotblühende Pflanzen herausspalten, die selbst weiterhin rein züchten, während die ebenfalls herausspaltenden hellroten immer weiter spalten.

Das Mendelsche Zahlenverhältnis und die Reinheit der Gameten.

Kehren wir nun wieder zu unserem Beet der zweiten Bastardgeneration zurück, auf dem weiße, rote und hellrote Pflanzen stehen, und zählen nun einmal die einzelnen Pflanzen aus; da finden wir, daß genau ein Viertel der Pflanzen weiß blühen, genau ein Viertel rot und die restliche Hälfte hellrot. So oft wir auch den Versuch anstellen, immer bekommen wir diese Zahlen. Auch wenn wir die spaltenden späteren Generationen, die aus den hellroten gezogen werden, durchzählen: immer finden wir das Verhältnis $\frac{1}{4}$ weiße, $\frac{1}{2}$ hellrote, $\frac{1}{4}$ rote. Und diese Tatsache, daß die Spaltung in einem ganz bestimmten Zahlenverhältnis erfolgt, gibt den Schlüssel zu dem ganzen Vorgang der Spaltung, den Mendel auffand. Das Beispiel, soweit bisher betrachtet, ist in Abb. 20 bildlich dargestellt.

Mendel überlegte folgendermaßen: Das Lebewesen entsteht aus der Vereinigung der Geschlechtszellen bei der Befruchtung; in den Geschlechtszellen muß also etwas vorhanden sein, das dafür sorgt, daß bestimmte Erbeigenschaften, hier die Blütenfarbe, in der richtigen Weise erscheinen. Dieses Etwas in den Geschlechtszellen wollen wir von jetzt ab einen Erbfaktor nennen. Wenn eine Form in bezug auf eine bestimmte Erbeigenschaft ganz rein züchtet, dann müssen Vater und Mutter in ihren Geschlechtszellen diesen Erbfaktor besessen haben. Also in der Eizelle einer rein züchtenden weißen Wunderblume muß sich ein Erbfaktor für weiße Blütenfarbe finden und ebenso in der Pollenzelle. Nun

spalten, wie wir gesehen haben, aus dem hellroten Bastard wieder
rein weiße Pflanzen heraus, die rein weiterzüchten. Sie müssen
also entstanden sein aus der Vereinigung einer weiblichen Geschlechtszelle mit dem Erbfaktor für weiße Blüten und einer

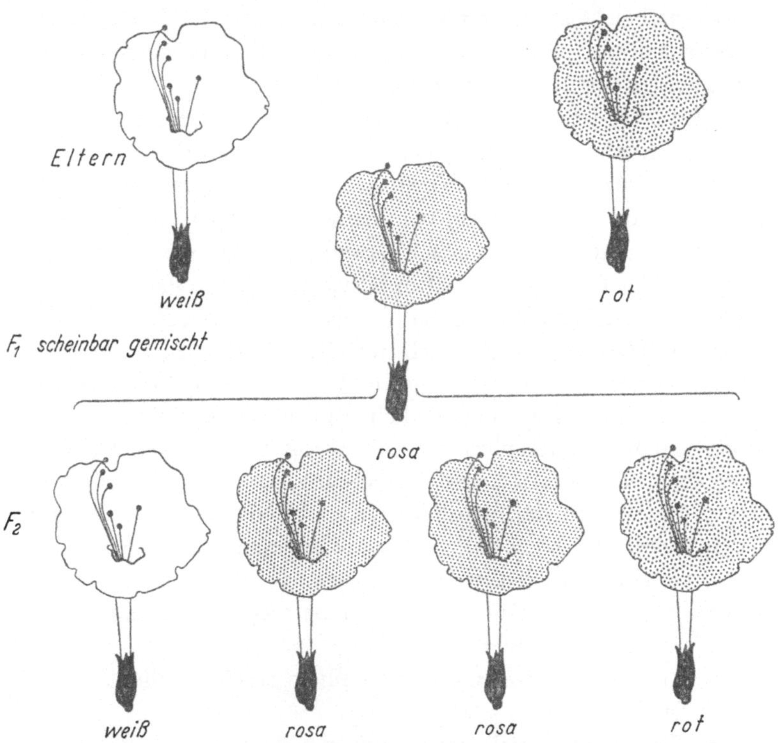

Abb. 20. Kreuzung und Mendelspaltung der Wunderblume.

ebenso beschaffenen männlichen Geschlechtszelle. Da aber auch
rein rotblühende Pflanzen aus dem Bastard herausspalten, so muß
ganz entsprechendes auch für den Erbfaktor für rote Blüten gelten. Daraus folgt also, daß der hellrotblühende Bastard aus weißen
und roten Eltern in seinen Geschlechtszellen nicht verschmolzene
Erbfaktoren für weiß und rot besitzen kann, sondern, daß er
Geschlechtszellen bildet, die nur den Erbfaktor für weiß besitzen
und ebenso solche, die nur den Erbfaktor für rot enthalten: Der

Bastard bildet keine Bastardgeschlechtszellen, sondern solche, die in bezug auf die beiden betrachteten Eigenschaften der Eltern rein sind, weiß oder rot. Nun nehmen wir noch an, daß nur der Zufall entscheidet, welche Geschlechtszelle den Rotfaktor oder den Weißfaktor erhält, daß somit im Durchschnitt die Hälfte der Geschlechtszellen den Rotfaktor, die andere Hälfte den Weißfaktor mitbekommt, und sofort ist die ganze Erscheinung der Bastardspaltung und ihrer Zahlenverhältnisse klar.

Wenn wir jetzt der Kürze halber statt „Geschlechtszellen, die einen Erbfaktor enthalten, der dafür sorgt, daß die Pflanze rot blüht", einfach rote Geschlechtszellen sagen, so besitzt also die rotblühende Elternpflanze, von der wir ausgingen, nur rote Geschlechtszellen, und die weiße Elternpflanze nur weiße Geschlechtszellen. Der Bastard ist somit in bezug auf seine Zellen (die ja alle von der befruchteten Eizelle abstammen) rot-weiß. In seinen Geschlechtszellen trennen sich nun die Erbfaktoren für rot und weiß wieder, und er bildet zur Hälfte rote, zur Hälfte weiße Geschlechtszellen. Das gilt natürlich in gleicher Weise für weibliche wie männliche Geschlechtszellen. Wenn nun der Bastard fortgepflanzt wird und bei der Befruchtung nur der Zufall entscheidet, welche von den männlichen Geschlechtszellen, welche von den weiblichen befruchtet, oder mit anderen Worten jede Sorte von Geschlechtszellen, weiße und rote, die gleiche Aussicht hat, dann gibt es vier Möglichkeiten der Befruchtung, die alle gleich häufig vorkommen werden:

1. Eine weiße Eizelle wird von einem weißen Pollenkern befruchtet.
2. Eine weiße Eizelle wird von einem roten Pollenkern befruchtet.
3. Eine rote Eizelle wird von einem weißen Pollenkern befruchtet.
4. Eine rote Eizelle wird von einem roten Pollenkern befruchtet.

Es ist klar, daß Nr. 1 rein weißblühende Pflanzen geben muß, die auch in alle Zukunft nur weiß weitervererben können, da sie ja keinen Faktor für rot besitzt. Ebenso muß Nr. 4 rein rote Pflanzen geben, die keinen Weißfaktor mehr besitzen und daher rein weiter züchten. Und endlich werden Nr. 2 und 3 hellrot

blühen und sich genau wie der erste Bastard verhalten, also weiter-
spalten, da sie genau wie der Bastard der ersten Generation einen
Rotfaktor und einen Weißfaktor enthalten. Somit wird die Spaltung sowohl wie ihre Zahlenverhältnisse auf das einfachste erklärt durch die Annahme (die heute als Tatsache zu bezeichnen
ist), daß der Bastard Geschlechtszellen bildet, die in bezug auf die
Eigenschaften der Bastardeltern rein sind, daß sie in gleicher Zahl
gebildet werden, und daß sie bei der Befruchtung ganz nach Zufall, also nach den Gesetzen der Wahrscheinlichkeit zusammenkommen. Dies ist in der Tat die eigentlich recht einfache Quint-
essenz des Mendelschen Gesetzes, auf der sich dann alles weitere
logisch aufgebaut.

Dominanz und das klassische Zahlenverhältnis.

Wir sagten bereits, daß das hier vorgeführte Beispiel in einem
— übrigens nicht sehr wesentlichen — Punkt einfacher ist, als
der ursprüngliche Mendelsche Erbsenfall und zwar bezieht sich
dies auf das äußere Aussehen der Bastarde. In dem Fall der Wunderblumen mischen sich äußerlich die Eigenschaften der Eltern
im Bastard, die Erscheinungsform des Bastards ist also ein Zwi-
schending zwischen denen der Eltern. In einer sehr großen Zahl
von Fällen, und das trifft auch bei Mendels Erbsen zu, ist das
aber nicht der Fall, sondern die eine der beiden Eigenschaften
der Eltern erweist sich sozusagen stärker als die andere und beherrscht allein das Feld, läßt die andere im Bastard äußerlich nicht
sichtbar werden, der somit genau oder fast genau nur einem der
Eltern gleicht. Kreuzen wir z. B. eine gelbsamige Erbse mit einer
grünsamigen, so sind alle Erbsen der ersten Bastardgeneration
gelb. Kreuzen wir eine glattgelbe Gartenschnecke mit einer
schön schwarzgebänderten, so sind alle Bastarde der ersten
Bastardgeneration glattgelb. Kreuzen wir, wie wir schon früher
sahen, einen Menschen, der an Bluterkrankheit leidet, mit einem
gesunden, so sind alle Nachkommen — die erste Bastardgeneration — gesund. Wir nennen das Merkmal, das im Bastard das
andere äußerlich unterdrückt, beherrscht, das *dominante* Merkmal,
und das in der Erscheinungsform unterdrückte Merkmal das
rezessive Merkmal. Irgendeine Regel darüber, welche Eigenschaft
dominant und welche rezessiv ist, oder wann sich die Eigenschaften

mischen — mit einem Kunstausdruck intermediär vererben —
gibt es nicht. Der Laie, der ja täglich in seiner nächsten Umgebung diese Eigenschaft des Dominierens beobachtet, also etwa
findet, daß ein Kind in dieser oder jener Eigenschaft „ganz der
Vater" ist, neigt dazu, solche Gesetzmäßigkeiten zu konstruieren,
also etwa zu glauben, daß die Eigenschaften des willensstärkeren
oder sexuell leidenschaftlicheren der Eltern dominieren. Aber
das sind alles Ammenmärchen. Die Eigenschaft der Dominanz
oder Rezessivität haftet einem jeden mendelnden Erbfaktor an,
gleichgültig wie der Träger der Eigenschaft sonst beschaffen ist.
Also schwarzes Haar ist immer dominant über rotes; wenn diese
Regel scheinbar nicht zutrifft, so hat das besondere Ursachen, die
wir bald verstehen werden.

Wir sagten soeben, daß die Erscheinung der Dominanz etwas
Unwesentliches ist, unwesentlich nämlich vom Standpunkt der
Vererbung, indem sie sich nur auf den Erscheinungstypus bezieht,
das äußere Kleid des Individuums, aber seine Erbbeschaffenheit
nicht berührt. Denn ein Bastard, der die Erscheinung der Dominanz zeigt, verhält sich bei der weiteren Fortpflanzung genau
wie ein anderer Bastard; also er bildet reine Geschlechtszellen der
beiden Sorten nach Wahrscheinlichkeitsgesetzen in gleicher Zahl.
Wenn wir also den Fall der gebänderten und ungebänderten
Schnecken nehmen (Abb. 21), dann verläuft er folgendermaßen:
Aus dieser Kreuzung entsteht eine erste Bastardgeneration, in der
alle Individuen ungebändert sind, da diese Eigenschaft über die
Bänderung dominant ist. Der Bastard bildet nun wieder zwei Sorten von Geschlechtszellen zu gleichen Teilen, nämlich solche mit
der Eigenschaft gebändert und solche mit der Eigenschaft ungebändert, und bei der Befruchtung bekommen wir wieder genau wie bei der Wunderblume vier Kombinationen, nämlich un-
gebändert-ungebändert, ungebändert-gebändert, gebändert-ungebändert und gebändert-gebändert, also die Spaltung in $\frac{1}{4}$ dominante, $\frac{1}{2}$ Bastarde und $\frac{1}{4}$ reine rezessive. Nun ist aber ja ungebändert über gebändert dominant und daher sehen die Bastarde
(ungebändert-gebändert) genau so aus wie die reinen Dominanten. Äußerlich betrachtet erscheinen also in der zweiten Bastardgeneration $\frac{3}{4}$ ungebänderte und $\frac{1}{4}$ gebänderte, die Spaltung erfolgt also im Verhältnis von drei dominantmerkmalige: ein

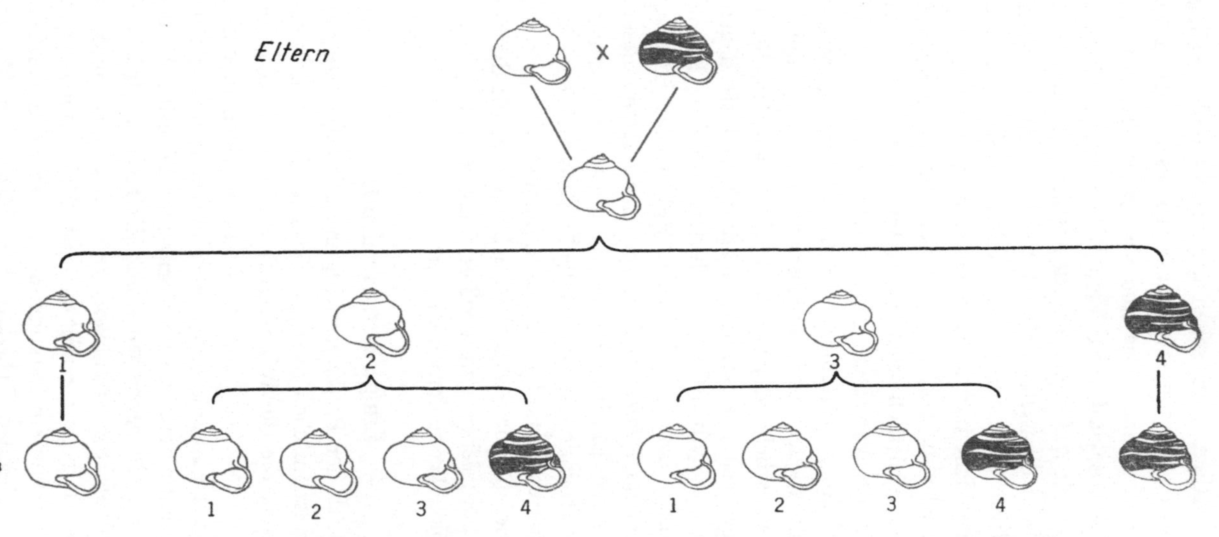

Abb. 21. Kreuzung und Mendelspaltung bei gebänderten und ungebänderten Gartenschnecken.

rezessivmerkmalige. Hier sehen wir nun besonders schön, wie man aus dem Erscheinungstyp eines Lebewesens nicht auf seinen Erbtyp schließen kann. Das eine Viertel rein Dominante sieht doch genau so aus wie die zwei Viertel dominant-rezessive. Trotzdem wird eine dritte Generation, die aus den rein dominanten gezogen wird und alle weiteren Generationen ebenso, rein dominant sein; eine dritte Generation aber aus den von den rein dominanten äußerlich nicht unterscheidbaren dominant-rezessiven gezogen, gibt wieder die Spaltung in $1:2:1$ respektive äußerlich betrachtet $3:1$. Äußerlich scheinbar völlig gleiche Individuen verhalten sich in der Vererbung ganz verschieden, weil sie in bezug auf die Erbfaktoren verschieden beschaffen sind. Jetzt erinnern wir uns auch wieder des früher benutzten Beispiels der Bluterkrankheit, wo scheinbar gesunde Töchter trotzdem die krankhafte Anlage weiter vererbten. Warum? weil sie neben dem dominanten Gesundheitsfaktor auch den rezessiven Krankheitsfaktor besaßen, der im geeigneten Fall wieder herausspalten konnte. Und noch etwas weiteres ersehen wir aus diesem Beispiel: Wenn die Erscheinung der Dominanz mit einem Vererbungsfall verbunden ist, so sind die Rezessiven, die in der zweiten oder späteren Bastardgenerationen herausspalten, immer rein, eine Tatsache, die für praktische Züchtung wie für die menschliche Vererbungslehre von größter Tragweite ist, wofür wir später Beispiele kennenlernen werden.

Einige Kunstausdrücke.

Nun ist auch der Punkt erreicht, an dem wir nützlicherweise ein paar der lateinischen oder griechischen Kunstausdrücke einführen müssen, die die Wissenschaft zum Zweck besserer Verständigung so reichlich benutzt. Im allgemeinen bemühen wir uns zwar ohne sie auszukommen, aber einige lassen sich nicht umgehen, weil sie kürzere und vor allem unzweideutige Ausdrucksweise erlauben. So haben wir schon die Kunstausdrücke Chromosomen, Erbfaktor, dominant, rezessiv benutzt und wollen nun noch zwei weitere einführen, die Worte homozygot und heterozygot. Wenn ein Individuum in einer Erbeigenschaft rein ist, also den gleichen Erbfaktor von Vater und Mutter mitbekommen hatte, so nennen wir es homozygot in bezug auf den

betreffenden Erbfaktor. Das griechische Wort Homos heißt
gleich und Zygote ist ein Kunstausdruck für die befruchtete Eizelle,
von dem griechischen Wort für „sich vereinigen" hergeleitet;
homozygot heißt also wörtlich Vereinigung von Gleichem. Also
die reinen Elterntiere und Pflanzen in unseren Beispielen, die
rote und die weiße Wunderblume, die gelbe und die gebänderte
Schnecke waren homozygot in Farbe resp. im Zeichnungsfaktor.
Ebenso waren die in der zweiten Bastardgeneration herausgespal-
tenen reinen Dominanten oder reinen Rezessiven homozygot.
Heteros heißt nun verschieden, heterozygot verschieden vereinigt
und bedeutet also Bastardcharakter in bezug auf einen Erbfaktor:
also die hellroten Wunderblumen der ersten Bastardgeneration
waren heterozygot im Farbfaktor, die ungebänderten Schnecken
der ersten Bastardgeneration waren heterozygot im Zeichnungsfaktor und ebenso waren die in der zweiten Generation herausspaltenden zwei Viertel, die in der dritten Generation wieder
weiterspalteten, heterozygot. Bei dem Wunderblumenbeispiel
sahen Homozygote und Heterozygote verschieden aus. Bei dem
Schneckenbeispiel sahen die Dominant-homozygoten und die
Heterozygoten gleich aus, natürlich die Rezessiv-homozygoten
verschieden. Wenn wir nun noch zufügen, daß wir die erste
Bastardgeneration der Kürze halber von jetzt an die F_1-Genera-
tion nennen wollen (abgekürzt von Filialgeneration), die zweite
Bastardgeneration F_2 und so weiter, so sind wir für das weitere
mit Kunstausdrücken versorgt.

Allgemeingültigkeit der Mendelschen Gesetze.

Die erste Frage, die nun der Leser stellen wird, und die sich
auch die Wissenschaft nach Wiederentdeckung der Mendelschen Gesetze stellte, ist: haben diese Gesetze denn Allgemein-
gültigkeit? Da müssen wir nun zunächst darauf hinweisen, daß
wir bis jetzt nur den allereinfachsten Fall kennengelernt haben.
Tatsächlich gibt es nun sehr viel verwickeltere Fälle, von denen
wir noch manches hören werden. Sie sind aber alle nur Variationen des gleichen Themas, und die Grundwahrheiten, die in den
betrachteten einfachsten Fällen stecken, sind auch in allen anderen
enthalten. Wenn wir uns darüber klar sind, daß „mendeln" nicht
nur bedeutet, sich so verhalten wie diese einfachsten Fälle,

sondern auch so wie die sich darauf aufbauenden verwickelteren, so können wir sagen, daß fast alle bisher untersuchten Erbeigenschaften von Tier, Pflanze und Mensch mendeln. Das gilt für alle denkbaren Sorten von Erbeigenschaften wie Farben von Blüten, von Fellen, von Haar, Augen und Haut des Menschen; es mendeln Formeigenschaften, also etwa Wuchsgröße bei Pflanzen, Tier und Mensch, Haarformen wie Angorahaar bei Kaninchen oder Wollhaar des Negers, Länge von Körperanhängen wie etwa bei lang- und kurzohrigen Kaninchen, Ziegen, Hunden; es mendeln Eigenschaften, die auf innerer chemischer Beschaffenheit beruhen, wie etwa Empfänglichkeit für den Rostpilz bei Getreide, für Reblaus beim Weinstock, für Krebsgeschwülste bei Säugetieren; es mendeln Abnormitäten wie Flügellosigkeit oder Verdoppelung aller Beine bei Fliegen, Krummbeinigkeit bei Hunden und Schafen, Sechsfingrigkeit oder Klumpfuß beim Menschen; und es mendeln auch psychische Eigenschaften wie Brutinstinkt bei Hühnern und musikalisches Talent beim Menschen. Die Zahl der Einzelfälle, in denen für Erbeigenschaften von Pflanzen, Tieren, Menschen festgestellt ist, daß sie mendeln, ist heute unübersehbar groß, hat man doch allein für eine einzige kleine Fliege, die sich besonders gut zu Experimenten eignet, weil sie sehr schnell heranwächst, annähernd tausend Erbeigenschaften verfolgt und ihr „Mendeln" festgestellt. So können wir getrost sagen, daß, wenn es nicht-mendelnde Eigenschaften geben sollte, sie sicher an Bedeutung für die Vererbungslehre weit hinter den mendelnden zurückstehen.

Um nun ein kleines Bild von der Bedeutung bereits dieser elementarsten Mendelgesetze zu bekommen, wollen wir einige der sich daraus ergebenden Folgerungen betrachten und uns dabei etwas an menschliche Beispiele halten. Der Laie interessiert sich ja begreiflicherweise immer mehr für den Menschen, während der Vererbungsforscher mehr zu den Fliegen, Schmetterlingen, Erbsen und Wunderblumen neigt, die er in Mengen nach Belieben züchten, durcheinander bastardieren und analysieren kann. Menschliche Erbeigenschaften können im günstigsten Fall an den lebenden Gliedern einer Familie betrachtet werden, meistens nur aus Stammbäumen rückwärts verfolgt werden und welches Maß von Unsicherheit dadurch in die Forschung getragen wird, ist ohne weiteres klar. Aber der Mensch führt auch nicht absichtlich die Kreuzungen aus, die der Forscher zur Analyse braucht und endlich hat er eine viel zu kleine Nachkommenschaft. Vererbungsgesetze werden also niemals beim Menschen entdeckt werden können, sondern günstigsten Falles kann ihr vorher genau bekanntes Wirken beim Menschen wiedergefunden werden. Bei den einfachen Mendelfällen ist das auch leicht. Man muß sich nur von Anfang an über folgendes klar sein: Im Tierexperiment gehen wir von reinen, homozygoten Rassen aus. Das ist bei der Vererbung menschlicher Eigenschaften fast nie der Fall, denn Eigenschaften bleiben nur dann homozygot, wenn beide Eltern identisch sind. Das kann bei Tieren nur durch engste Inzucht erzielt werden, die der Rassezüchter auch dauernd übt. Da solche beim Menschen in der Regel nicht ausgeübt wird — eines der wenigen bekannten Beispiele ist das des Königsgeschlechts der Ptolemäer, bei denen immer Bruder und Schwester heirateten und einiger sich ähnlich verhaltender asiatischer Herrschergeschlechter —, so sind menschliche Eltern fast immer in der untersuchten Erbeigenschaft verschieden und da ihre Eltern auch schon verschieden waren, so sind sie Bastarde, Heterozygoten. Jede menschliche Heirat ist somit eine Bastardierung. Wenn wir ein bestimmtes Beispiel nehmen, so ist etwa ein einfach mendelnder Erbcharakter die gelegentlich vorkommende Sechsfingrigkeit, die eine dominante Eigenschaft ist. Die Wahrscheinlichkeit, daß ein sechsfingriger Mann eine sechsfingrige Frau heiratet, ist eine sehr geringe, somit praktisch immer ein Sechsfingriger das Kind eines normalen und eines unnormalen Elters. (Wir sagen für Vater oder Mutter „der Elter", wenn es gleich ist, von welchem Geschlecht wir sprechen.) Der Sechsfingrige also, von dem aus wir den Stammbaum untersuchen, ist somit heterozygot in diesem Charakter, und wenn er eine normale Frau heiratet, so muß die Eigenschaft so auf die Nachkommen vererbt werden, wie wenn wir einen Bastard der ersten Generation mit einer der reinen Elternformen kreuzen, oder, wie der Kunstausdruck lautet, wenn wir einen Bastard rückkreuzen. So müssen wir nun zunächst erfahren, wie das Ergebnis einer Rückkreuzung aussieht und kehren zu diesem Zweck noch einmal zu unseren Schnecken zurück.

Die Mendelsche Rückkreuzung.

Wir erinnern uns, daß die F_1-Bastarde der Schnecken ungebändert waren, da dies über die Bänderung dominierte; wenn wir uns diesen Bastard in einfacher Weise aufschreiben wollen, können wir es etwa in Form eines Bruches tun und die dominante Eigenschaft mit großen Anfangsbuchstaben schreiben, so daß dieser Bastard hieße $\dfrac{\text{Ungebändert}}{\text{gebändert}}$. Wenn wir ihn nun rückkreuzen wollen, so gibt es zwei Möglichkeiten, nämlich erstens Rückkreuzung mit der dominanten Elternform, der ungebänderten, oder Rückkreuzung mit der rezessiven Elternform, der gebänderten. Wie verläuft nun zunächst die erste Rückkreuzung zwischen Bastard und dominanter Elternform? Wenn wir die Kreuzung durch das Zeichen „mal" ausdrücken, schreiben wir also: $\dfrac{\text{Ungebändert}}{\text{gebändert}} \times \dfrac{\text{Ungebändert}}{\text{Ungebändert}}$. Wie wir nun wissen, bildet der Bastard zwei Sorten von Geschlechtszellen zu gleichen Teilen: gebänderte und ungebänderte, wie wir uns kurz ausdrückten. Die reine Elternform aber bildet nur eine Sorte, alle ungebändert: somit können sich bei der die Rückkreuzung bedeutenden Befruchtung vereinigen, 1. Ungebänderte mit Ungebänderten und 2. gebänderte mit Ungebänderten. Das Resultat der Rückkreuzung ist also $\tfrac{1}{2}\dfrac{\text{Ungebändert}}{\text{Ungebändert}}$, $\tfrac{1}{2}\dfrac{\text{gebändert}}{\text{Ungebändert}}$. Ersteres sind natürlich reine Ungebänderte, letzteres aber wieder Bastarde, die natürlich ungebändert aussehen, da diese Eigenschaft ja dominiert. Wir sehen also, daß bei der Rückkreuzung eines Bastards mit der dominanten Elternform scheinbar nur eine Sorte von Nachkommenschaft entsteht, alle mit dem dominanten Merkmal. In Wirklichkeit aber hat eine Hälfte Bastardnatur, ist heterozygot.

Nun führen wir ebenso die Rückkreuzung des Bastards mit der rezessiven Elternform aus, schreiben also: $\dfrac{\text{Ungebändert}}{\text{gebändert}} \times \dfrac{\text{gebändert}}{\text{gebändert}}$. Wieder bildet der Bastard die gleichen zwei Sorten von Geschlechtszellen wie im vorhergehenden Fall, die reine rezessive Form aber bildet nur gebänderte. Somit erhalten wir bei der Befruchtung zu gleichen Teilen: $\frac{1}{2}\ \frac{\text{Ungebänderte}}{\text{gebänderte}}$ und $\frac{1}{2}\ \frac{\text{gebänderte}}{\text{gebänderte}}$, oder mit anderen Worten zur Hälfte Ungebänderte (aber heterozygot) und zur Hälfte reine gebänderte. Mit anderen Worten erscheinen nach dieser Rückkreuzung die beiden Elternformen zu gleichen Teilen, und zwar sind die Rezessiven rein (homozygot), die dominanten aber haben Bastardcharakter (heterozygot).

Einfache Fälle menschlicher Vererbung.

Nun kehren wir wieder zur Vererbung einfacher mendelnder Charaktere beim Menschen zurück, von denen wir sahen, daß sie in der Regel einer solchen Rückkreuzung entspricht, und nehmen zunächst wieder das Beispiel der dominanten Sechsfingrigkeit. Ein sechsfingriger Mann ist der Sohn eines ebensolchen Vaters und einer normalen Mutter (oder umgekehrt, da es für die Mendelsche Vererbung einfacher Art gänzlich gleich ist, welches der Vater und welches die Mutter war), ist somit ein Bastard, den wir schreiben können $\frac{\text{Sechs}}{\text{fünf}}$. Er heiratet nun eine normale Frau, die zu schreiben ist $\frac{\text{fünf}}{\text{fünf}}$; wir haben somit eine Rückkreuzung zwischen einem Bastard und der reinen rezessiven Form. Die Kinder also müssen zur Hälfte sechsfingrig, zur Hälfte normal sein.

Hier müssen wir nun ein Wort über dieses Zahlenverhältnis einschalten. Dieses, wie alle anderen Mendelschen Zahlenverhältnisse, die wir noch kennenlernen werden, kommen ja nach Wahrscheinlichkeitsgesetzen zustande, d. h. dadurch, daß der Zufall darüber entscheidet, welche von den vorhandenen Geschlechtszellen bei der Befruchtung sich vereinigen. Nun ist es klar, daß die Aussicht dafür, daß die beiden Vereinigungsmöglichkeiten, die in unserem Fall vorliegen, genau gleich oft eintreten, um so größer ist, je größer die Zahl der Nachkommenschaft ist. Das ist genau wie bei einem Würfelspiel. Stellen wir uns vor, wir würfeln mit zwei genau gleichen Würfeln, von denen der eine

auf allen sechs Flächen die Zahl fünf hat, der andere auf drei
Flächen die Zahl sechs, auf den anderen drei die Zahl fünf. Bei
100000 Würfen werden mit sehr großer Wahrscheinlichkeit fast
genau 50000 sechs und fünf zeigen und 50000 fünf und fünf.
Würfeln wir aber nur zwei-, drei-, viermal, dann kann es vorkommen, daß mehrmals hintereinander der gleiche Wurf fällt.
Genau so ist es mit den Mendelschen Zahlen. Haben wir sehr
viele Fälle, dann stimmen sie wunderbar genau; je geringer ihre
Zahl wird, um so größer die Wahrscheinlichkeit, daß sie nicht
ganz stimmen. Bei den geringen Nachkommenzahlen des Menschen ist also das letztere der Fall. Wenn somit aus der genannten
Ehe des Sechsfingrigen unter vier Kindern zwei sechsfingrige
und zwei normale erwartet werden, so kann es trotzdem sein,
daß alle vier anormal sind, oder alle vier normal, oder drei normale und eines anormal usw. Stellen wir aber die Fälle der Ehen
von 1000 verschiedenen Sechsfingrigen zusammen, so erhalten
wir recht genau die erwarteten Zahlen $\frac{1}{2}$ sechsfingrige, $\frac{1}{2}$ normale Kinder. Es ist sehr nötig, sich darüber klar zu sein, denn
der Laie urteilt gewöhnlich nach dem einzelnen Fall und gerät
in Verwirrung, wenn dann die Ergebnisse im Einzelfall scheinbar
nicht stimmen.

Also in der Regel wird nach Lage der Dinge die Vererbung
einer menschlichen Erbeigenschaft wie eine Rückkreuzung verlaufen. Aber natürlich können gelegentlich auch andere Verbindungen entstehen. Stellen wir uns etwa ein entlegenes Alpen-
tal vor, in dem die Menschen seit Jahrhunderten untereinander
heiraten, so ist — um wieder beim alten Beispiel zu bleiben, das
natürlich ebenso für jede andere dominante Erbeigenschaft gilt
— eine ziemliche Wahrscheinlichkeit vorhanden, daß ein sechsfingriger Mann ein sechsfingriges Mädchen heiratet. Sind sie
beide heterozygot (ungleiche Eltern), so haben wir natürlich nichts
anderes vor uns, als die Zucht einer zweiten Bastardgeneration
wie im alten Schneckenbeispiel, wir haben also die klassische
Mendelspaltung von drei dominanten: einem rezessiven in der
Nachkommenschaft dieses Paares zu erwarten. Von diesen Kindern ist nun $\frac{1}{4}$ rein dominant; diese werden also mit irgendeiner
Frau (resp. Mann) nur sechsfingrige Kinder erzeugen können.
Aus all dem können wir uns dann einen Stammbaum ableiten,

wie er bei der Vererbung einer dominanten Eigenschaft des Menschen im Idealfall aussehen sollte oder könnte (Abb. 22): In der ersten Generation heiratet ein heterozygoter Mann (schwarz soll die dominante Eigenschaft sein, weiß die rezessive, schwarz-weiß ist heterozygot) eine normale Frau. Die Hälfte der Kinder (2. Reihe) ist wieder heterozygot-abnorm, die andere Hälfte

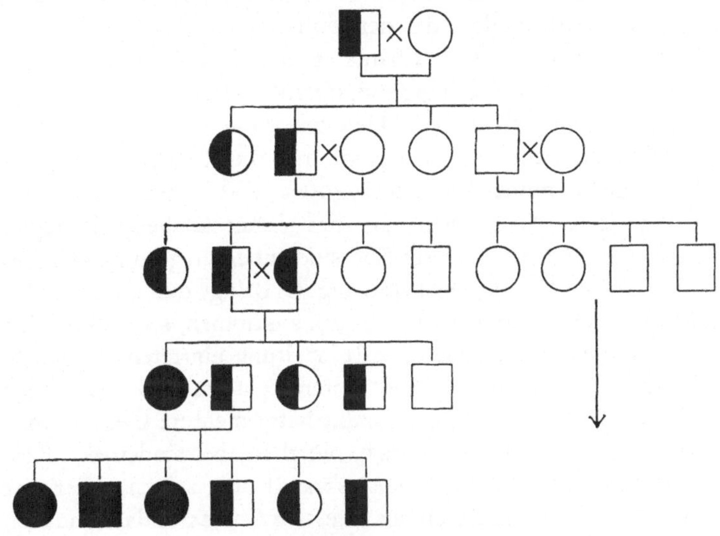

Abb. 22. Stammbaum der Vererbung einer dominanten Abnormität. Schwarz die krankhafte Anlage.

homozygot normal. Eines der letzteren heiratet eine normale Frau und erzeugt ausschließlich normale Kinder. Einer der heterozygoten Söhne heiratet eine gesunde Frau und seine Kinder (3. Reihe) sind wieder halb normal, halb heterozygot-abnorm. Einer dieser abnormen Söhne heiratet nun eine heterozygot-abnorme Frau und nun sind unter seinen Kindern (4. Reihe) $\frac{3}{4}$ abnorm, $\frac{1}{4}$ normal und $\frac{1}{4}$ unter den $\frac{3}{4}$ abnormen sind homozygot-abnorm. Diese homozygote Tochter erzeugt mit einem heterozygoten Mann (5. Reihe) zur Hälfte heterozygot-abnorme, zur anderen Hälfte homozygot-abnorme Kinder.

Wie steht es nun mit der Vererbung rezessiver Erbeigenschaften beim Menschen, Erbeigenschaften, die eine besondere

Bedeutung haben, da zu ihnen zahlreiche wichtige abnorme und krankhafte Anlagen gehören. Rezessive Eigenschaften können natürlich nur sichtbar werden, wenn sie homozygot sind, denn sie werden ja von dem dominanten Partner, wenn er anwesend ist, unterdrückt. Es sind somit Individuen, die eine rezessive Eigenschaft zeigen, immer darin homozygot. Nachkommen eines normalen rein dominanten und eines abnorm-rezessiven sind dann heterozygote Bastarde, die den dominanten Charakter zeigen. Wenn also der rezessive Charakter eine Krankheitsanlage ist, so sind alle Nachkommen gesund, obwohl sie einen Faktor für die Erkrankung in sich tragen. Heiraten diese wieder homozygot gesunde Ehepartner, so haben wir nun die Rückkreuzung zwischen einem dominant-heterozygoten und einem dominanthomozygoten. D. h., wie uns das Schneckenbeispiel zeigte, alle Nachkommen aus dieser Ehe sind äußerlich gesund, in Wirklichkeit ist die Hälfte aber heterozygot. Bringt nun aber der Zufall zwei solcher heterozygoter Eltern zusammen, so muß bei den Nachkommen die einfache Mendelspaltung eintreten, $\frac{3}{4}$ gesund, $\frac{1}{4}$ krank. Nun wird uns ohne weiteres ein im täglichen Leben sehr häufiger Fall klar. Eine Familie hatte mehrere Generationen hindurch nur normale Menschen, plötzlich aber finden sich Kinder, die eine der erblichen Geisteskrankheiten zeigen. Hier war nun Generationen hindurch der rezessive Charakter da, ohne zum Ausdruck zu kommen, weil immer die Rückkreuzung mit einem rein dominanten, also homozygot gesunden Partner stattfand. Da führt der Zufall zwei Leute, die beide den rezessiven Charakter im heterozygoten Zustand besitzen , zusammen und in der nächsten Generation spalten die reinen Rezessiven, die Kranken heraus. Nun verstehen wir aber auch die Gefährlichkeit der Verwandtenehe. An und für sich birgt diese nichts Schädliches in sich und irgendwelche geheimnisvollen Gründe, warum sie schädlich sein sollte, gibt es nicht. Aber es gibt beim Menschen außerordentlich viele krankhafte Anlagen, die rezessiv vererbt werden. Wenn solche sich nun in einer Familie finden — und das ist immer wahrscheinlich — so werden sie sich in vielen Fällen bei nahen Verwandten in gleicher Weise finden, d. h. also, eine Heirat zwischen nahen Verwandten bringt mit großer Wahrscheinlichkeit zwei Heterozygoten zusammen, bei deren Kindern dann die reinen Rezessiven, also die krankhaften Individuen zu erwarten sind. Auch für diesen Fall der Vererbung rezessiver Eigenschaften beim Menschen sei ein Musterstammbaum in Abb. 23 abgebildet. Es sei zu diesem Stammbaum bemerkt, daß wir wieder die dominante Eigenschaft schwarz, die rezessive weiß und die heterozygote schwarz-weiß darstellen. Dies ist

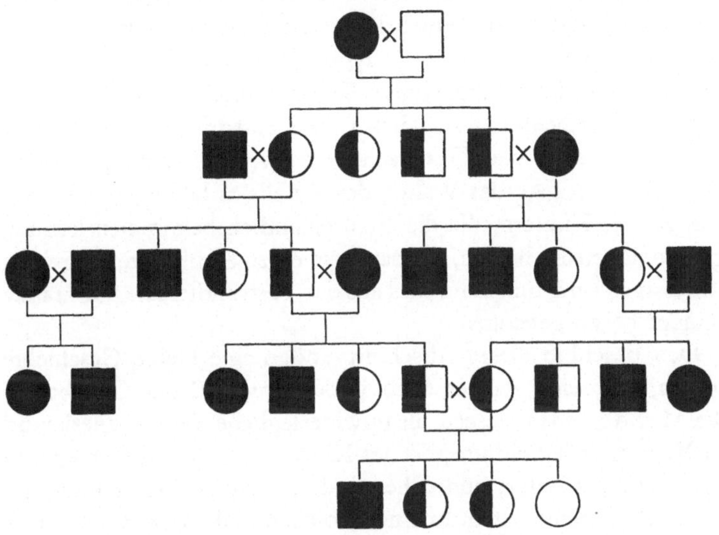

Abb. 23. Stammbaum der Vererbung einer rezessiven Krankheit. Die krankhafte Anlage weiß.

nicht die in der Wissenschaft übliche Methode. Man markiert gewöhnlich die studierte Eigenschaft schwarz, ob dominant oder rezessiv und unterscheidet die Heterozygoten nicht von den Dominanten.

In der ersten Reihe heiratet eine dominant-homozygot gesunde Frau (schwarz) einen kranken Mann (weiß). Alle Kinder (2. Reihe) sind heterozygot gesund. Eine der heterozygoten Töchter (links) heiratet wieder einen homozygot gesunden Mann. Die Kinder (3. Reihe) sind dann zur Hälfte homozygot-gesund, zur Hälfte heterozygot-gesund. Eines der ersteren heiratet wieder einen gesunden Mann und alle Nachkommen (4. Reihe) sind nun homozygot-gesund. Eine der heterozygoten Töchter aber heiratet

wieder einen homozygot-gesunden Mann und auch ihre Nachkommen (4. Reihe) sind alle gesund, wenn auch zur Hälfte heterozygot. Einer der heterozygoten Söhne der ursprünglichen
Stammeltern hatte nun auch eine gesunde Frau geheiratet
(2. Reihe rechts) und nur gesunde Kinder erzeugt (3. Reihe
rechts), von denen aber die Hälfte heterozygot ist. Eine der
heterozygoten Töchter heiratet wieder einen homozygot-gesunden Mann und wieder entspringen der Ehe (4. Reihe) gesunde
Kinder, aber die Hälfte heterozygot. Und nun (4. Reihe Mitte)
heiratet eine der heterozygoten Töchter ihren ebenfalls heterozygoten Großvetter. Aus dieser Ehe entspringen vier Kinder
(5. Reihe), davon ein Viertel rein rezessiv, d. h. krank. Im praktischen Leben mag das Walten des Zufalls es bedingen, daß von
den 20—30 Kindern, die die Frau eigentlich bekommen könnte,
gerade die ersten beiden, die dann die einzigen bleiben, die reinen
Rezessiven sind, und dann sind aus der Verwandtenehe nur kranke
Kinder hervorgegangen.

Den Beschluß dieses Abschnitts möge eine kleine Geschichte
bilden, die zeigt, daß es auch vorkommt, daß ein Gerichtshof
die Mendelschen Gesetze als unwiderlegliche Zeugen anerkennt.
In Norwegen hat ein uneheliches Kind das Recht auf Namen und
Erbschaft des Vaters und daher sind Klagen auf Feststellung der
Vaterschaft nicht selten. In einem solchen Fall leugnete der Vater
Hans O. der Vater des Kindes der Karen H. zu sein. Als alle
Beweisgründe versagten, wies die Mutter darauf hin, daß Hans O.
abnorme Finger habe, denen ein Glied fehlt (der wissenschaftliche
Name für diese Abnormität ist Brachyphalangie), und daß ihr
Kind genau die gleiche Abnormität zeige. Darauf berief der
Gerichtshof einen bekannten Vererbungsforscher als Sachver-
ständigen, der folgendes feststellte: Die Abnormität ist eine wohlbekannte dominante Erbeigenschaft, deren Vererbung in einer
großen Zahl von Fällen genau festgestellt ist. Das Röntgenbild
zeigt, daß die Ausbildung der Knochenbesonderheit bei Vater
und Kind genau gleich ist. Da die Mutter, wie auch ihre Verwandten normale Finger haben und da in dem Ort, in dem das
Kind von dem vorübergehend anwesenden Hans O. erzeugt
wurde, niemals diese Abnormität gesehen wurde, so daß die
an und für sich verschwindend kleine Wahrscheinlichkeit eines

zweiten Mannes mit der gleichen Abnormität, der als Vater in Betracht kommen könnte, ganz in Wegfall kommt, muß Hans O. der Vater sein. So entschied auch das Gericht.

IV. Weiteres über die Mendelschen Vererbungsgesetze.

Mendeln mit mehr als einem Faktorenpaar.

Als **Gregor Mendel** seine Versuche mit Erbsen ausführte, verfolgte er zunächst sieben Eigenschaftspaare; darunter war das schon genannte Paar gelbe und grüne Erbsen, ferner rote und weiße Blüte, hoher und niedriger Wuchs und andere; jedes Paar aber zeigte die einfachen Vererbungsregeln, die wir nun genau studiert haben. **Mendel** blieb aber hierbei nicht stehen, sondern untersuchte weiterhin was sich ereignet, wenn die Bastardeltern in zwei oder mehr Merkmalspaaren verschieden sind, also etwa wenn er rotblühende gelbe mit weißblühenden grünen Erbsen kreuzte, oder wenn er rotblühende, gelbe, hohe Erbsenrassen mit weißblühenden, grünen niedrigen kreuzte. Dabei fand er das wichtige Ergebnis, daß in diesem Fall jedes Paar von Elternfaktoren genau so spaltet, als ob es allein wäre. Wir werden das sogleich verstehen, wenn wir uns an ein wirkliches Beispiel halten und wählen der Abwechslung halber einmal ein anderes Versuchstier, das Meerschweinchen.

Unter den vielen Meerschweinchenrassen, die die Liebhaber züchten, gibt es alle möglichen Farbrassen und auch Rassen, die besondere Arten von Haaren haben. Wir wählen nun zur Kreuzung zwei rein gezüchtete Rassen aus, von denen die eine schwarzes, kurzhaariges Fell besitzt, die andere weißes, langhaariges (Seidenhaar, Angorahaar) Fell zeigt. Schwarz und weiß haben sich im einfachen **Mendel**versuch als ein mendelndes Merkmalspaar erwiesen, und zwar ist schwarz dominant, weiß rezessiv. Ebenso sind langhaarig und kurzhaarig ein einfaches Merkmalspaar, wobei kurzhaarig dominant, langhaarig rezessiv ist. Wenn wir nun die beiden Rassen kreuzen und uns dabei der bequemen Schreibweise bedienen, die wir im vorigen Abschnitt einführten, so heißt die Kreuzung: $\dfrac{\text{Schwarz Kurzhaarig}}{\text{Schwarz Kurzhaarig}} \times \dfrac{\text{weiß langhaarig}}{\text{weiß langhaarig}}$

und der daraus entstehende Bastard erster Generation ist $\dfrac{\text{Schwarz}}{\text{weiß}}$ $\dfrac{\text{Kurzhaarig}}{\text{langhaarig}}$. Da Schwarz und Kurzhaarig (große Anfangsbuchstaben!) dominant sind, sieht der Bastard also äußerlich schwarz und kurzhaarig aus. Wollen wir nun wissen, wie die zweite Bastardgeneration hieraus sich darstellt, so haben wir zunächst zu fragen, wie sich die beiden Eigenschaftspaare in den Geschlechtszellen verhalten. Wir erinnern uns von dem einfachen Mendelfall her, daß der Bastard zu gleichen Teilen „reine" Geschlechtszellen bildete, die also entweder den einen oder den anderen Erbfaktor des Paares enthielten. Es liegt also nahe anzunehmen, daß hier vielleicht wieder zwei Sorten von Geschlechtszellen gebildet werden, von denen eine Sorte die beiden Erbeigenschaften der Mutter, die andere Sorte die beiden Erbeigenschaften des Vaters enthält. Mendels zweite große Entdeckung ist es nun, daß dies nicht der Fall ist, sondern, daß die beiden Merkmalspaare unabhängig voneinander auf die Geschlechtszellen verteilt werden. Es werden also gebildet zwei Sorten von Geschlechtszellen in bezug auf schwarz und weiß, schwarze und weiße wie wir sagten, und ebenso zwei Sorten von Geschlechtszellen in bezug auf langhaarig und kurzhaarig, also langhaarige und kurzhaarige. Und da in beiden Fällen es sich ja um alle Geschlechtszellen handelt, die zur Hälfte den einen oder anderen Partner eines Paares erhalten und da jedes Paar für sich verteilt wird, ohne sich um das andere Paar zu kümmern, so müssen am Ende $2 \times 2 = 4$ Sorten von Geschlechtszellen vorhanden sein, von denen jede je einen Partner der beiden Faktorenpaare enthält, wie sie gerade vom Zufall zusammengewürfelt werden. Es entstehen also im Durchschnitt großer Mengen genau gleich viele Geschlechtszellen der Beschaffenheit: 1. Schwarz-Kurzhaarig, 2. Schwarz-langhaarig, 3. weiß-Kurzhaarig, 4. weiß-langhaarig. Wenn wir diese außerordentlich wichtige Tatsache etwas gelehrter ausdrücken wollen, so können wir sagen: Der Bastard bildet soviel Sorten von Geschlechtszellen, als Kombinationen (oder Permutationen, wie es in der Arithmetik heißt) zwischen den Faktorenpaaren möglich sind. Wir können dann auch gleich hier zufügen, daß das gleiche für drei, vier und mehr Faktorenpaare gilt.

Wenn wir nun aus diesem Bastard 1. Generation die 2. Generation ziehen wollen, so bringen bei der Befruchtung Männchen wie Weibchen vier Sorten von Geschlechtszellen mit. Wenn, wie das tatsächlich der Fall ist, dann nur der Zufall darüber entscheidet, welche Ei- und Samenzelle sich vereinigen, so muß es $4 \times 4 = 16$ Befruchtungsmöglichkeiten geben, die alle gleich oft eintreten werden. Denn jede von den vier Sorten Eizellen kann von jeder der vier Sorten Samenzellen befruchtet werden. Diese 16 Möglichkeiten für die zweite Bastardgeneration können wir uns am bequemsten vor Augen führen, wenn wir ein Quadrat mit 16 Fächern nehmen und dann zuerst in den vier senkrechten Reihen über dem Bruchstrich die vier Geschlechtszellsorten einschreiben, in jeder senkrechten Reihe immer eine Sorte, und dann ebenso in den vier waagerechten Reihen unter dem Bruchstrich die vier Geschlechtszellsorten einschreiben, immer die gleichen in einer waagerechten Reihe:

1. Schwarz Kurz / Schwarz Kurz = S K homo	2. Schwarz lang / Schwarz Kurz = S K S homo K hetero	3. weiß Kurz / Schwarz Kurz = S K S hetero K homo	4. weiß lang / Schwarz Kurz = S K S hetero K hetero
5. Schwarz Kurz / Schwarz lang = S K S homo K hetero	6. Schwarz lang / Schwarz lang = S l homo	7. weiß Kurz / Schwarz lang = S K S hetero K hetero	8. weiß lang / Schwarz lang = S l S hetero l homo
9. Schwarz Kurz / weiß Kurz = S K S hetero K homo	10. Schwarz lang / weiß Kurz = S K S hetero K hetero	11. weiß Kurz / weiß Kurz = w K homo	12. weiß lang / weiß Kurz = w K w homo K hetero
13. Schwarz Kurz / weiß lang = S K S hetero K hetero	14. Schwarz lang / weiß lang = S l S hetero l homo	15. weiß Kurz / weiß lang = w K w homo K hetero	16. weiß lang / weiß lang = w l homo

Was das Schema uns lehrt.

Betrachten wir uns das Ergebnis der 2. Bastardgeneration, so können wir daran eine Menge lernen. Zunächst wollen wir einmal wissen, wie die 16 F_2-Kombinationen — wie wir das nennen — äußerlich aussehen. Da Schwarz über weiß dominiert, ist jede Kombination, die Schwarz enthält, schwarz und nur die, die von beiden Eltern her weiß mitbekommen haben (über und unter dem Bruchstrich!) erscheinen weiß. Ebenso sind alle kurzhaarig, die den dominanten Faktor Kurz enthalten und nur diejenigen langhaarig, die von beiden Eltern den Faktor langhaarig mitbekommen. Daraus folgt, daß die Möglichkeit besteht, daß es Individuen gibt, die in den dominanten Faktoren, homozygot oder heterozygot sind und da jeder Charakter selbständig mendelt, können sie in beiden dominanten Faktoren homozygot, in beiden heterozygot oder in einem homozygot, im anderen heterozygot sein, obwohl alle gleich aussehend. Zählen wir nun unsere Quadrate aus, so finden wir, daß in neun Quadraten beide dominante Erbfaktoren, Schwarz und Kurzhaarig, vorkommen, nämlich in den Quadraten 1, 2, 3, 4, 5, 7, 9, 10, 13. Zur Erleichterung der Beurteilung haben wir unter dem Bruch, der die Kombinationen der Erbfaktoren angibt, das äußere Aussehen mit zwei Buchstaben angegeben, S für Schwarz, K für kurzhaarig, w für weiß, l für langhaarig und darunter steht noch, welche von diesen homo- oder heterozygot sind. Also Nr. 1 ist für schwarz und kurzhaarig homozygot, Nr. 2 für schwarz homozygot, für kurzhaarig heterozygot, Nr. 3 umgekehrt für schwarz heterozygot und für kurzhaarig homozygot, Nr. 4 aber ist für beide heterozygot. Wir werden bald die praktische Bedeutung dieser Tatsachen zu erörtern haben.

Zählen wir nun weiter aus, so finden wir je drei Quadrate, in denen sich Kombinationen befinden, die je einen dominanten und einen rezessiven Charakter zeigen, also entweder schwarz aber langhaarig sind, oder weiß und kurzhaarig. Schwarze langhaarige finden sich in Nr. 6, 8, 14, Weiße kurzhaarige aber in 11, 12, 15. Auch hier kann der dominante Charakter entweder homozygot oder heterozygot sein, während der rezessive natürlich immer homozygot ist. Und nun bleibt noch ein Quadrat übrig, nämlich Nr. 16 in dem sich beide rezessiven Charaktere, weiß und langhaarig, homozygot vorfinden. Somit erhalten wir alles in allem eine „Spaltung" in $\frac{9}{16}$ schwarz-kurzhaarige, $\frac{3}{16}$ schwarz-langhaarige, $\frac{3}{16}$ weiß-kurzhaarige und $\frac{1}{16}$ weiß-langhaarige, ein Ergebnis, das bei genügend großen Zuchten auch tatsächlich genau erhalten wird, und das in Abb. 24 bildlich wiedergegeben ist.

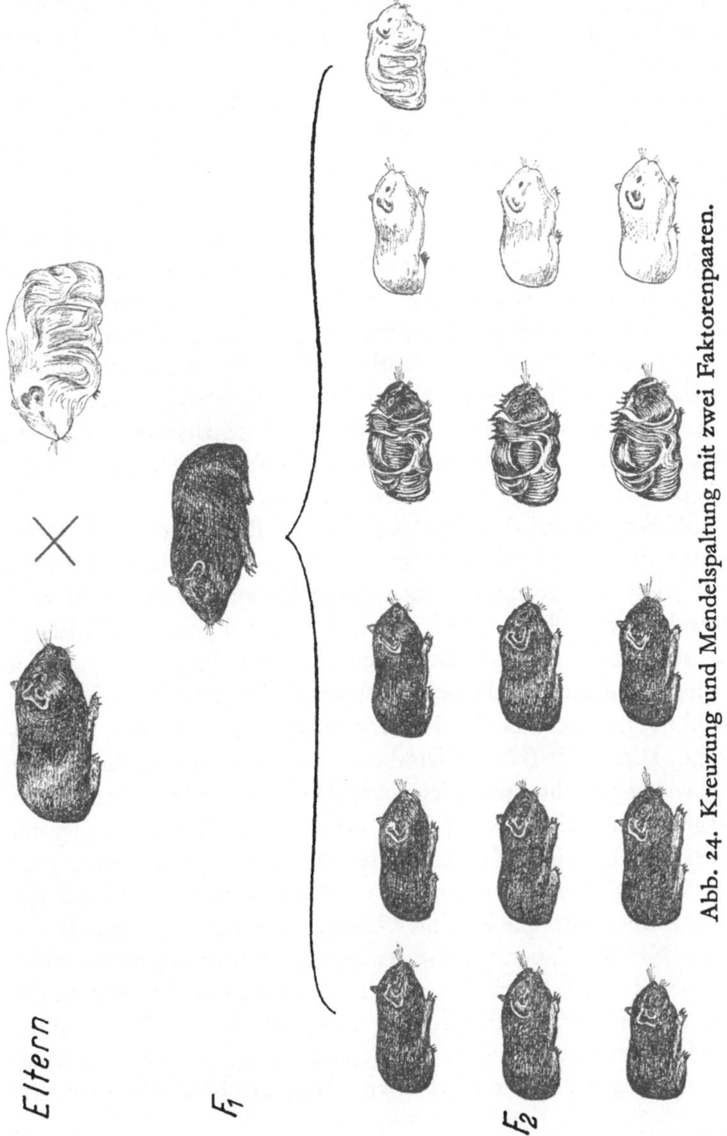

Abb. 24. Kreuzung und Mendelspaltung mit zwei Faktorenpaaren.

Aus diesem Befund lassen sich nun wieder interessante Folgerungen ableiten. Betrachten wir zunächst das äußere Ergebnis. Wir hatten schwarze-kurzhaarige mit weißen-langhaarigen Tieren gekreuzt. In der zweiten Bastardgeneration erscheinen diese beiden Sorten nun wieder, nachdem in der ersten Bastardgeneration nur die beiden dominanten Eigenschaften sichtbar gewesen waren. Nun erschienen aber in der zweiten Generation auch schwarze langhaarige und weiße kurzhaarige, also etwas ganz Neues. Durch die Bastardierung sind also die elterlichen Eigenschaften so umgruppiert worden, daß alle denkbaren Zusammenstellungen zwischen den in die Kreuzung eingeführten Eigenschaftspaaren erscheinen. Wenn wir hier gleich vorweg nehmen, daß dies in gleicher Weise auch für Kreuzungen mit drei oder mehr Eigenschaftspaaren gilt, so wird sofort die große Bedeutung der Tatsache sichtbar. Wir sehen, daß die Bastardierung uns ein Mittel an die Hand gibt, vorhandene Erbeigenschaften in gewünschter Weise in neue Verbindungen zu bringen und so ganz andersartige Wesen nach Belieben zusammenzusetzen. Ehe wir das aber weiter ausführen, wollen wir noch einige weitere Folgerungen aus dem obigen Schema betrachten.

Blicken wir auf die Quadrate, die von links oben nach rechts unten in der Diagonale liegen (1, 6, 11, 16), so bemerken wir, daß diese vier Kombinationen völlig homozygot sind und zwar nur diese vier. Nr. 1 ist homozygot in beiden dominanten Eigenschaften, Nr. 16 ebenso in beiden rezessiven und 6 und 11 in je einer dominanten und einer rezessiven. Alle 12 anderen Quadrate sind in einer oder beiden Erbeigenschaften heterozygot. Heterozygot aber heißt Bastardcharakter, eine Heterozygote muß, wenn sie weitergezüchtet wird, wieder spalten, während nur eine Homozygote rein weiterzüchtet. Da nun die Dominant-homozygoten von den Dominant-heterozygoten nicht zu unterscheiden sind, so folgt, daß wir von jenen vier Homozygoten-Sorten auf den ersten Blick nur eine erkennen können, nämlich die reinen Rezessiven Nr. 16. Haben wir also etwa 96 F_2 Tiere gezogen und darunter sechs weiße-langhaarige, d. h. Kombination Nr. 16 erhalten, so können wir sicher sein, daß diese bei weiterer Zucht untereinander immer wieder nur weiße-langhaarige ergeben: die reinen Rezessiven müssen rein züchten. Nun möchten wir aber auch

88

gern die neuentstandenen schwarzen-langhaarigen in Reinzucht
bekommen. Von ihnen müssen unter 96 etwa 18 vorhanden sein.
Diese sind alle im rezessiven Faktor langhaarig homozygot, werden also unter allen Umständen, wenn untereinander fortgepflanzt,
nur langhaarige ergeben. Dagegen ist ja nur eines unter dreien
(Quadrat Nr. 6) auch für schwarz homozygot. Wenn wir also
zwei beliebige dieser Tiere paaren, so ist es sehr wahrscheinlich,
daß wir wenigstens ein, wenn nicht zwei Heterozygote erwischen
und statt Reinzucht wieder eine Spaltung bekommen. Das können
wir also nur vermeiden, wenn wir so zahlreiche Paare züchten,
daß die Wahrscheinlichkeit vorliegt, daß ein homozygotes Pärchen auch dabei ist. Aber auch dabei können wir noch Enttäu-
schungen erleben. Angenommen, wir haben ein Pärchen ge-
wählt, von denen ein Tier rein homozygot ist, also $\dfrac{\text{Schwarz}}{\text{Schwarz}}$
$\dfrac{\text{langhaarig}}{\text{langhaarig}}$, das andere Tier aber sei heterozygot also $\dfrac{\text{Schwarz}}{\text{weiß}}$
$\dfrac{\text{langhaarig.}}{\text{langhaarig.}}$ Die Langhaarigkeit können wir nun unberücksich-
tigt lassen, sie ist rezessiv-homozygot und vererbt sich rein auf
alle Nachkommenschaft. In bezug auf Schwarz-weiß heißt also
diese Paarung $\dfrac{\text{Schwarz}}{\text{Schwarz}} \times \dfrac{\text{Schwarz}}{\text{weiß}}$. Das ist also eine Rückkreuzung zwischen Heterozygoten und Dominanten, von der wir
bereits wissen, daß ihr Resultat $\frac{1}{2}$ Dominante, $\frac{1}{2}$ Heterozygote
ist. Da letztere aber auch schwarz sind, so glauben wir vielleicht,
nun die reinen schwarzen (mit langhaarig) isoliert zu haben.
Noch aber haben wir Heterozygote unter unseren Tieren und
wie es der Zufall will, mögen wir in der nächsten oder einer späteren Generation, wenn zufällig zwei Heterozygote gepaart werden,
wieder weiße herausspalten sehen. In der Praxis bleibt also nichts
übrig, als immer wieder möglichst viele Paarungen zu machen,
bis man schließlich einmal zwei reine Homozygote zusammen-
bekommt.

Hier haben wir nun einen ziemlich einfachen Fall genommen,
wo wir Formen mit einem dominanten und einem rezessiven
Faktor rein bekommen wollten. Wollten wir aber etwa die reinen

Dominanten in beiden Eigenschaften (wie Quadrat 1) aus der Kreuzung herausziehen, dann ist es schon schwieriger, denn hier ist nur eine unter neun Verbindungen homozygot, die Wahrscheinlichkeit also zur Fortpflanzung zwei reine Homozygote zu bekommen recht gering und es mag Generationen dauern, bis das schließlich gelingt. Da hat es allerdings der Pflanzenzüchter viel besser, denn er kann meistens seine Pflanzen durch Selbstbefruchtung vermehren. Da wird er denn schon in einer weiteren Generation genau wissen, woran er ist, wenn er jede seiner Bastardpflanzen „selbstet", wie man sagt. Ergibt eine Pflanze dann völlig gleichförmige Nachkommenschaft ihresgleichen, dann war sie sicher homozygot, denn jede heterozygote muß ja bei Selbstung (gleich Heterozygote $\times$ Heterozygote) spalten. So ist alles in allem folgendes klar: wer in Unkenntnis der Mendelschen Gesetze eine zweite und dritte Bastardgeneration zieht, wird der Verschiedenartigkeit und scheinbaren Ungereimtheit der Resultate gegenüber völlig hilflos dastehen, wer aber die Mendelschen Gesetze beherrscht, sieht sofort Ordnung und Klarheit und vermag jedes Resultat vorauszusagen.

Ein Versuch mit drei Allelenpaaren.

Es bedarf wohl keiner besonderen Erörterungen, um auseinanderzusetzen, daß in ganz entsprechender Weise die Ergebnisse abzuleiten sind, die zu erwarten sind, wenn drei oder mehr erbliche Eigenschaftspaare in die Kreuzung eintreten. Bei zwei Eigenschaftspaaren war ja die Haupttatsache die, daß der Bastard so viele Sorten von Geschlechtszellen bildet, als es verschiedene Kombinationsmöglichkeiten mit den zwei Eigenschaftspaaren gab. Genau so bildet auch der Bastard mit drei oder mehr Eigenschaftspaaren so viel Sorten von Geschlechtszellen, als sich verschiedene Kombinationen der drei oder mehr Eigenschaftspaare zusammenstellen lassen. Man sieht leicht ein, daß dies bei drei Eigenschaftspaaren acht Sorten von Geschlechtszellen sind. Denn, haben wir die drei dominanten Charaktere, die wir kurz A, B, C nennen wollen und die drei rezessiven Partner dazu, für die wir kurz a, b, c sagen wollen, so können folgendermaßen acht verschiedene Anordnungen der drei Buchstabenpaare gemacht werden:

1. Alle drei Dominanten . . . .   1. A B C
2. Zwei Dominante und ein rezessiver und zwar
     a rezessiv . . . .   2. a B C
          b rezessiv . . . .   3. A b C
               c rezessiv . . . .   4. A B c
3. Ein dominanter und zwei rezessive und zwar
     A dominant . . . .   5. A b c
          B dominant . . . .   6. a B c
               C dominant . . . .   7. a b C
4. Alle drei rezessive . . . .   8. a b c

In gleicher Weise würden wir bei vier Eigenschaftspaaren
schon 16 Sorten Geschlechtszellen finden und bei 10 Paaren
nicht weniger als 1024. Nun gilt natürlich auch für diese mehr-
fachen Bastarde, daß die Geschlechtszellen der Bastarde zur Erzeugung der zweiten Generation sich in allen Möglichkeiten nach
Zufall vereinigen, daß also in F_2 bei drei Eigenschaftspaaren
64 verschiedene Kombinationen möglich sind, bei 10 Eigenschaftspaaren 1024 × 1024, also mehr als eine Million. Unter all diesen
Formen müssen aber die verschiedenen Kombinationssorten in
genau berechneten Zahlenverhältnissen erscheinen.

Im praktischen Leben gibt das natürlich allerlei merkwürdige
Konsequenzen. Wenn wir etwa zwei Menschenrassen kreuzen würden, die sich in 10 Erbeigenschaften unterscheiden, die
auf unabhängigen Mendelfaktoren beruhen, so müßten in der
zweiten Generation mindestens über eine Million Nachkommen
da sein, damit jede Kombination nur einmal erscheinen könnte.
Wenn jedes der Paare dieses Versuchs aber vier Kinder hätte,
so könnte man (im Idealfall, in Wirklichkeit wird der Zufall nicht
so genau arbeiten) 250000 Familien bekommen, in deren jeder
die Folgen der Bastardierung anders erscheinen. Das zeigt, wie
vorsichtig man mit seinem Urteil sein muß, wenn bei dem Menschen irgendeine Erwartung aus den Vererbungsgesetzen nicht
zu stimmen scheint. Oder ein anderes Beispiel: man hat zwei
Tier- oder Pflanzenformen gekreuzt, die sich in 10 Faktorenpaaren unterscheiden, von denen teils die dominanten, teils die
rezessiven in jeder der Elternformen vorhanden sind. Man
möchte gern die reinen Rezessiven haben, also mit 10 Paaren

rezessiver Faktoren, weil sie aus irgendeinem Grund wünschenswert sind. Unter über einer Million Kombinationen ist aber nur eine rein rezessive, die wir also im günstigsten Fall in der zweiten Bastardgeneration erst unter mehr als einer Million Individuen erwarten können. Wer kann aber, sagen wir bei Pferden oder Rindvieh, hoffen das zu erreichen?

Und nun wollen wir uns wenigstens noch für drei Faktorenpaare ansehen, wie sich die verschiedenen Typen in der zweiten Bastardgeneration verteilen und dazu nochmals unser Quadratschema benutzen. (Für noch mehr Faktorenpaare würde man natürlich eine einfachere mathematische Methode benutzen, die aber lange nicht so sinnfällig ist.) Um Schreibarbeit zu sparen, schreiben wir nun die Eigenschaften nicht aus, sondern benutzen

A B C A B C 1.	A B c A B C 2.	A b C A B C 3.	a B C A B C 4.	A b c A B C 5.	a B c A B C 6.	a b C A B C 7.	a b c A B C 8.
A B C A B c 9.	A B c A B c 10.	A b C A B c 11.	a B C A B c 12.	A b c A B c 13.	a B c A B c 14.	a b C A B c 15.	a b c A B c 16.
A B C A b C 17.	A B c A b C 18.	A b C A b C 19.	a B C A b C 20.	A b c A b C 21.	a B c A b C 22.	a b C A b C 23.	a b c A b C 24.
A B C a B C 25.	A B c a B C 26.	A b C a B C 27.	a B C a B C 28.	A b c a B C 29.	a B c a B C 30.	a b C a B C 31.	a b c a B C 32.
A B C A b c 33.	A B c A b c 34.	A b C A b c 35.	a B C A b c 36.	A b c A b c 37.	a B c A b c 38.	a b C A b c 39.	a b c A b c 40.
A B C a B c 41.	A B c a B c 42.	A b C a B c 43.	a B C a B c 44.	A b c a B c 45.	a B c a B c 46.	a b C a B c 47.	a b c a B c 48.
A B C a b C 49.	A B c a b C 50.	A b C a b C 51.	a B C a b C 52.	A b c a b C 53.	a B c a b C 54.	a b C a b C 55.	a b c a b C 56.
A B C a b c 57.	A B c a b c 58.	A b C a b c 59.	a B C a b c 60.	A b c a b c 61.	a B c a b c 62.	a b C a b c 63.	a b c a b c 64.

nur die Anfangsbuchstaben, unter denen sich dann der Leser irgendwelche Eigenschaftspaare irgendeines Lebewesens vorstellen möge, also die Paare A a B b C c. Das vorstehende (Seite 92) sind die 64 Kombinationen der auf der vorhergehenden Seite genannten acht Sorten Geschlechtszellen.

Wir können uns es wohl nun ersparen, alle die einzelnen Folgerungen aus diesem Schema abzulesen, die ja im wesentlichen genau die gleichen sind, wie im Fall mit zwei Erbeigenschaftspaaren. Wir machen nur auf folgendes aufmerksam: Auch hier gibt es ebensoviele Sorten homozygoter Individuen, als Geschlechtszellensorten vorhanden waren, also acht, die sich im Schema wieder in der Reihe von links oben nach rechts unten finden, also Nr. 1, 10, 19, 28, 37, 46, 55, 64. Darunter ist nur eines homozygot in den drei dominanten Faktoren (Nr. 1) und nur eines homozygot in den drei rezessiven Faktoren, Nr. 64. Alle anderen Kombinationen sind in einem, zwei oder drei Faktoren heterozygot. Zählen wir nun aus, welchen Sorte von Individuen auftreten müssen (unter Berücksichtigung der Dominanz von A, B, C), so finden wir acht verschiedene Sorten von Individuen hier herausspalten, nämlich:

$\frac{27}{64}$ mit allen drei dominanten Eigenschaften (Nr. 1—8, 9, 11, 12, 15, 17, 18, 20, 22, 25—27, 29, 33, 36, 41, 43, 49, 50, 57);

$\frac{9}{64}$ mit A B dominant c rezessiv (Nr. 10, 13, 14, 16, 34, 38, 42, 45, 58);

$\frac{9}{64}$ mit A C dominant b rezessiv (Nr. 19, 21, 23, 24, 35, 39, 51, 53, 59);

$\frac{9}{64}$ mit B C dominant a rezessiv (Nr. 28, 30, 31, 32, 44, 47, 52, 54, 60);

$\frac{3}{64}$ mit A dominant b, c rezessiv (Nr. 37, 40, 61);

$\frac{3}{64}$ mit B dominant a, c rezessiv (Nr. 46, 48, 62);

$\frac{3}{64}$ mit C dominant a, b rezessiv (Nr. 55, 56, 63);

$\frac{1}{64}$ mit a, b, c rezessiv (Nr. 64).

Eine solche zweite Bastardgeneration wird also schon recht bunt sein und noch viel bunter, wenn ein Fall wie bei der Wunderblume vorliegt, daß Heterozygote nicht ebenso wie die Homozygoten aussehen, sondern in der Mitte zwischen den elterlichen Eigenschaften stehen, denn dann gibt es in jeder Gruppe noch einmal alle Sorten von verschieden aussehenden Heterozygoten. Doch das möge sich der Leser allein ausmalen. Auch sei dem, der sich noch etwas an seine Schularithmetik erinnert, nur angedeutet, daß er sich die erwartete Spaltung in F_2 leicht folgendermaßen berechnen kann:

Ein Eigenschaftspaar 3 + 1   = 3 : 1
zwei Eigenschaftspaare (3 + 1) (3 + 1)   = 9 : 3 : 3 : 1
drei Eigenschaftspaare (3 + 1) (3 + 1) (3 + 1) = 27 : 9 : 9 : 9
    usw.   : 3 : 3 : 3 : 1.

Und daß man sich ebenso die Zahl der Geschlechtszellensorten, der Homozygoten und Heterozygoten und was sonst noch alles vorkommt, nach einfachen Formeln, dem täglichen Handwerkszeug des Vererbungsforschers, vorausberechnen kann, ist wohl auch ohne weiteres klar.

Mendelismus und Züchtung.

Wir wollen nun noch einmal auf die praktische Seite dieser einfachsten Tatsachen des Mendelismus zurückkommen, und können dabei an das anknüpfen, was wir im ersten Abschnitt dieses Buches lernten. Wir sprachen damals davon, wie der Züchter seine Rassen dadurch zu verbessern sucht, daß er immer wieder die besten Individuen, die er findet, auswählt und fortpflanzt. Wir hörten nun ferner, daß ihm dies deshalb gelingt, weil er in seiner scheinbar einheitlichen, wenn auch etwas variabeln Rasse, in Wirklichkeit ein Gemenge verschiedener Erbbeschaffenheit vor sich hat, aus dem er sich das aussucht, was er braucht und so bestimmte erbliche Typen isoliert. Wir sagten damals, daß wir das besser verstehen würden, wenn wir die Vererbungsgesetze kennengelernt haben werden. Nun sind wir so weit. Nehmen wir nun einmal ein bestimmtes Beispiel. Der Leser kennt vielleicht Dürers Kupferstich vom verlorenen Sohn, der die Schweine hütet. Die Schweine, die der Künstler sicher so zeichnete, wie er sie täglich sah, sehen aber nicht viel anders aus wie Wildschweine. Vergleicht man damit nun etwa die Mastschweine, die heutzutage gezüchtet werden, so ist das ein ganz anderes Tier, mit seinem ungeheuren Fettansatz, anderer Farbe und Körperform. In den dazwischenliegenden Jahrhunderten haben also die Züchter aus dem armseligen wildschweinartigen Tier jenes Mastschwein herangezüchtet. Wie geschah das? Kein Zauberkünstler der Welt hätte das fertig bringen können, wenn er nicht irgendwoher eine andere Schweinerasse auftreiben konnte, die andere wünschenswerte Eigenschaften besaß und sie mit der heimischen kreuzte. Tatsächlich brachte man aus Ostasien ein Schwein, das die erbliche Neigung zu großem Fettansatz besaß und kreuzte es mit den einheimischen. So verband man die Erbeigenschaft „Fettwuchs" mit den in der heimischen Rasse vorhandenen. Später kreuzte man weitere Rassen noch hinein und machte so eine ungeheuer verwickelte Rekombination von Erbfaktoren. Indem man aus den herausspaltenden Mendelkombinationen immer die geeignetsten aussuchte, also etwa solche mit Erbfaktoren für Fettwuchs, für gute Futterverwertung, für Unempfindlichkeit gegen Krankheiten, für große Zahl von Jungen, baute man schließlich im unbewußten Mendelexperiment die gewünschten homozygoten Kombinationen auf.

Oder ein anderes Beispiel. Auf dem Markt erscheint eine ganz neue Hunderasse, wie vor nicht zu langer Zeit der Dobermann. Wo kommt sie her? Nun, der Züchter bastardiert vorhandene Rassen und kombiniert damit die gewünschten Eigenschaften. Er nimmt also etwa die Erbfaktoren für gespaltene Nase von der Bulldogge, die für krumme Beine vom Dackel, für Hängeohren vom Jagdhund, für hohen Wuchs von der Dogge usw., wählt dann in den mächtig spaltenden Bastardgenerationen die Kombinationen aus, die er braucht, und tut das so oft, bis sie homozygot sind und dann hat er die neue Rasse. Wenn sehr viele Erbfaktoren allerdings beteiligt sind, mag es Jahrhunderte dauern, ehe sie alle homozygot gemacht werden können und so kommt es, daß tatsächlich innerhalb der „reinen Rassen" immer weiter Spaltungen vor sich gehen. Man betrachte etwa zahlreiche deutsche Schäferhunde sogenannter reiner Rasse. Diese mögen tatsächlich für Haarfarbe, Größe und ein paar ähnlich in die Augen springenden Eigenschaften rein, d. h. homozygot sein. Aber in einer Menge kleiner Charaktere spalten sie noch, etwa Kopfform, Temperament, Länge der Beine usw. Deshalb sind auch die Jungen eines Wurfes auch der besten Zucht in diesen Charakteren nicht gleich, und wenn dann bestimmte Ideale auf Ausstellungen prämiiert werden, so sind es meist nicht die absichtlichen Leistungen des Züchters, sondern die zufällig herausgespalteten Mendelkombinationen, denen der Erfolg zukommt.

Schließlich noch ein drittes Beispiel. Von Zeit zu Zeit gehen auch jetzt noch durch die Zeitungen Nachrichten von den großen Neuzüchtungen des verstorbenen kalifornischen „Pflanzenzauberers” Burbank. Bald sind es genießbare stachellose Kaktus, mit denen Wüstengebiete der Schafzucht erschlossen werden sollen, bald sind es Pflaumen ohne Steine, oder Himbeeren von Riesengröße, die er erzüchtet hat. Als die Gerüchte über diese Leistungen immer phantastischer wurden, ließ eine amerikanische gelehrte Gesellschaft einmal die Sache untersuchen und dabei zeigte sich, was jeder Vererbungsforscher erwartet hatte. Burbank sammelte von überallher Pflanzen, die nicht weiter beachtet waren und kreuzte sie mit den einheimischen Sorten. Er besaß einen besonderen Scharfblick dafür, die richtigen Rassen zur Kreuzung auszusuchen und aus zahllosen Versuchen die hoffnungsvollen zu erkennen und die richtigen Erbfaktorenkombinationen auszuwählen: also unbewußte Mendelei, keine Zauberei!

Nochmals der Mensch.

Wie steht es nun mit dem Menschen? Es ist klar, daß auch alle wichtigen menchlichen Erbeigenschaften genau so mendeln, wie die Erbeigenschaften von Tieren und Pflanzen. Um nur ein paar zu nennen — wobei wir keine Rücksicht darauf nehmen, ob es einfach mendelnde Eigenschaften sind, wie wir sie bisher ausschließlich behandelt haben, oder ob sie sich nach den verwickelteren Regeln vererben, die wir noch kennenlernen werden: Form des Schädels, also Langschädel, Rundschädel usw.; Stirnform, Nasenform, Kieferform, Zahnstellung; Verhältnis von Gehirnschädel zu Gesichtsschädel; Körpergröße; relative Länge der Gliedmaßen und ihrer einzelnen Teile; besondere Knochenformen, wie gekrümmte Beinknochen; Besonderheiten der Muskulatur, z. B. der Wadenmuskeln, der Gesichtsmuskulatur; Bau der Augenlider, z. B. Schlitzaugen; Form der Brüste und Absonderheiten der Geschlechtsteile; Haarform (Wollhaar, schlichtes Haar usw.); Haarfarbe; Augenfarbe; Hautfarbe; frühes oder spätes Altern; Langlebigkeit; Neigung zu Zwillingsgeburten; besondere chemische Beschaffenheit des Blutes; gewisse Körperverfassungen wie Robustheit, Anfälligkeit; Empfindlichkeit für alle möglichen Krankheiten; ungezählte erbliche Krankheiten wie Bluterkrankheit, Zuckerkrankheit, Gicht, Dutzende von Augenkrankheiten, Nervenleiden, Geisteskrankheiten, zahlreiche Abnormitäten wie Sechsfingrigkeit, Kurzfingrigkeit, Klumpfuß, Zwergwuchs, Taubstummheit; hervorragende Begabung; musikalisches Talent (die Familie Bach!); mathematisches Talent. Doch damit genug der Beispiele. Hier wollen wir nur darauf hinweisen, daß, wenn der Mensch ein Haustier in der Hand einer höheren Sorte von Lebewesen wäre, genau die gleichen Züchtungsversuche mit ihm durchgeführt werden könnten, und daß es jenem Riesengeschlecht möglich wäre, irgendwelche Sorten von Menschen mit irgendwelcher Kombination von Erbanlagen heranzuziehen, also etwa lauter unintelligente Muskelmenschen zur Arbeit, langlebige Gehirnmenschen zum Erfinden, fette, wohlschmeckende zum Gegessenwerden und Zwerge mit Häufungen aller denkbaren Abnormitäten als „Schoßhündchen" für die Riesendamen. Ein witziger englischer Schriftsteller hat dies in einem vielgelesenen Roman als eine Zukunftsfantasie schon ausgemalt.

V. Chromosomen und Mendelspaltung.

Einleitung und Grundtatsachen.

Wenn wir auf die Gesetze der Mendelspaltung zurückblicken, so zeigt sich, daß folgendes die grundlegenden Punkte sind: 1. Die Geschlechtszellen der Bastarde sind „rein" in bezug auf die in die Bastardierung eingegangenen Erbfaktoren, es tritt keinerlei Vermischung oder Verschmelzung von Faktoren ein. 2. In den Geschlechtszellen des Bastards kombinieren sich die von den beiden Bastardeltern stammenden Erbfaktoren in jeder denkbaren

Weise so, daß von jedem Paar je einer vorhanden ist. 3. Alle
diese Geschlechtszellen mit verschiedener Faktorenzusammen-
setzung werden in gleicher Zahl gebildet. 4. Die Befruchtung
erfolgt, wie der Zufall es gibt und erlaubt daher, daß alle denkbaren Zusammenstellungen zwischen den verschiedenen männlichen und weiblichen Geschlechtszellen die gleiche Aussicht haben
zu erscheinen. Es ist naheliegend, daß nun unser Blick sich wieder
auf die Geschlechtszellen richtet, von denen wir in einem früheren
Abschnitt so viel gehört haben; denn in ihnen muß doch der
geheimnisvolle Mechanismus gelegen sein, der dafür sorgt, daß
sich die Erbfaktoren in allen Zufallskombinationen auf alle die
Geschlechtszellen verteilen. Tatsächlich haben wir auch bereits
den entscheidenden Mechanismus kennengelernt und knüpfen
nun wieder an unsere früheren Erörterungen an.

Mendel selbst wußte noch nichts von den Einzelheiten der
Zellteilung, von Reifeteilung und Befruchtung, die alle erst später
entdeckt wurden. Zur Zeit der Wiederentdeckung von Mendels
Gesetzen aber standen seit langem die feineren Vorgänge bei der
Bildung der Geschlechtszellen im Vordergrund des Interesses
und so dauerte es auch nicht lange, bis die Verbindung zwischen
Mendelismus und Zellenlehre hergestellt war, eine Verbindung,
die sich seitdem als einer der Grundpfeiler der Vererbungslehre
tausendfach bewährt hat. Das Wesen dieser Erkenntnis aber kann
in einem einzigen Satz niedergelegt werden: die mendelnden Erbfaktoren sind in den Chromosomen gelegen.

Wir erinnern uns von den früheren Erörterungen her, daß
alle Zellen eines Lebewesens eine bestimmte Chromosomenzahl
besitzen, die während der Zellteilung sichtbar wird. Wir erinnern
uns, daß diese Chromosomen bei jeder Zellteilung längsgespalten
und auf die Tochterzellen verteilt werden. Wir erinnern uns
ferner, daß bei der Befruchtung Ei- und Samenzelle die gleiche
Chromosomenzahl mitbringen, und zwar jede die Hälfte der
Normalzahl. Und wir erinnern uns schließlich, daß deshalb eine
jede Geschlechtszelle, bevor sie befruchtungsfähig wird, die
sogenannten Reifeteilungen durchmachen muß, durch die die
Chromosomenzahl in ingeniöser Weise auf die Hälfte herabgesetzt
wird. Wie zu erwarten, spielt diese Reifeteilung die entscheidende
Rolle bei der Erklärung der Mendelspaltung.

Chromosomen und Erbfaktoren im einfachen Mendelexperiment.

Erinnern wir uns an unser erstes Beispiel einer einfachen Mendelspaltung, die rot- und weißblühende Wunderblume und stellen uns nun vor, der Erbfaktor, dessen Anwesenheit diese Blütenfarben bedingt, was immer für eine Beschaffenheit er haben möge, sei in einem der Chromosomen der Zellen dieser Pflanze gelegen. Vielleicht ist es am besten, wir machen uns eine etwas bestimmtere Vorstellung und nehmen an, daß der „Erbfaktor" eine bestimmte winzige Menge eines unbekannten Stoffes sei, dessen Anwesenheit dafür sorgt, daß die an der Pflanze wachsenden Blüten eine bestimmte Farbe zeigen. Nun nehmen wir an, die Chromosomenzahl dieser Pflanze sei acht (in Wirklichkeit sind es 16, aber die bildliche Darstellung ist einfacher mit acht). Jede aus einer Befruchtung entstandene Pflanze erhält also, wie wir schon wissen, dann vier Chromosomen von der Mutterpflanze und vier von der Vaterpflanze. Wenn es nun die rotblühende Sorte ist, so muß also in einem bestimmten der vier Chromosomen ein Erbfaktor für Rot liegen, und da Vater und Mutter die gleichen Chromosomensorten beitragen, so finden sich in jeder Zelle zwei bestimmte Chromosomen, die den Erbfaktor für rote Blütenfarbe enthalten. Ganz entsprechend muß es natürlich bei den weißblühenden mit einem Erbfaktor für weiße Blütenfarbe sein. Wollen wir uns das bildlich darstellen (Abb. 25), so können wir die vier Chromosomenpaare der Zelle, um sie unterscheiden zu können, verschieden groß darstellen — wir hörten ja früher, daß dies tatsächlich häufig der Wirklichkeit entspricht — und können annehmen, daß das größte Paar es ist, in dem der Blütenfarbenfaktor liegt. Diesen deuten wir durch einen Kreis in dem Chromosom an, und zwar durch einen schwarzen Kreis beim Faktor für rote Blüten, einen weißen Kreis beim Faktor für weiße Blüten. Alle Zellen der Wunderblume müssen dann so aussehen, wie es die erste Reihe in Abb. 25 zeigt.

Wir wollen nun die beiden Rassen kreuzen. Wie wir wissen, enthalten die Geschlechtszellen, Ei- wie Pollenzelle, nur die halbe Chromosomenzahl, und zwar ein Chromosom jeder Sorte. Die Geschlechtszellen der beiden Sorten sehen also in bezug auf ihre Chromosomen so aus, wie es die zweite Reihe von Abb. 25

darstellt. Aus ihrer Vereinigung bei der Befruchtung entsteht dann der Bastard, der nun natürlich in all seinen Zellen je ein Chromosom mit dem Erbfaktor für rote und eines mit dem Erbfaktor für weiße Blütenfarbe besitzt (dritte Reihe von Abb. 25). Der Kürze

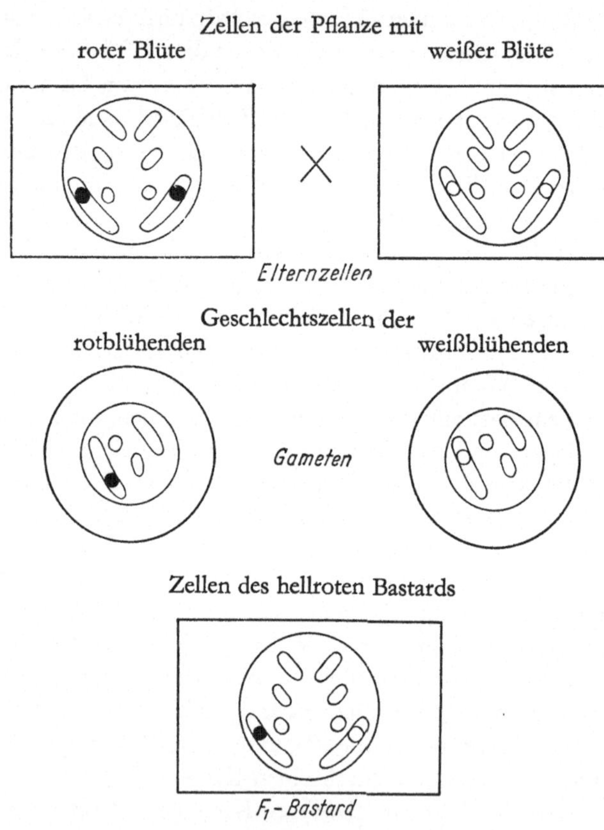

Abb. 25. Die Chromosomen bei der Kreuzung roter und weißer Wunderblumen.

halber wollen wir von jetzt an diese Chromosomen das rote und das weiße nennen; es wird ja wohl niemand glauben, daß sie wirklich rot und weiß seien.

Wenn wir nun aus dem hellroten Bastard die zweite Bastardgeneration ziehen wollen, so müssen wir uns zunächst darüber klar werden, wie die reifen Geschlechtszellen dieses Bastards aussehen.

Denn wir erinnern uns immer wieder, daß die Geschlechtszellen die bewußte Reifeteilung durchmachen müssen, bei der die
Chromosomenzahl auf die Hälfte herabgesetzt wird. Wir erinnern
uns auch, daß das so geschah, daß sich je ein vom Vater und von
der Mutter stammendes Chromosom gleicher Sorte zu einem Pärchen zusammenfanden, und daß dann in der Reifeteilung die beiden Partner nach den Zellpolen auseinanderrückten und so getrennt wurden. Wenn nun in den Geschlechtszellen unseres
Bastards die Paarung der Chromosomen erfolgt, so muß sich

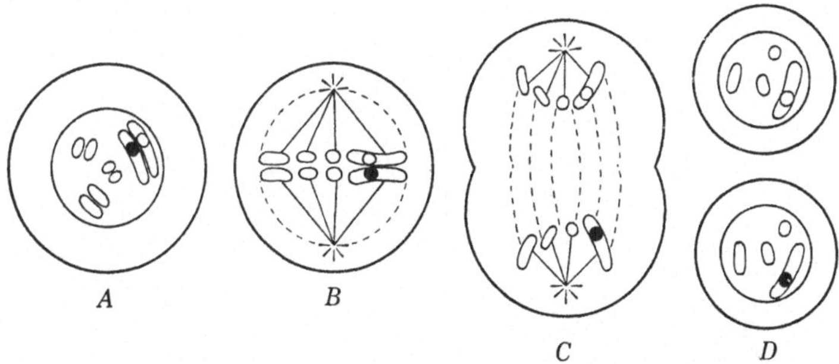

Abb. 26. Die Chromosomen bei der Geschlechtszellenreifung des Wunderblumenbastards. *A* Chromosomenpaarung in den Geschlechtszellen
des Bastards. *B* u. *C* Reifeteilung des Bastards. *D* Die beiden Sorten
Geschlechtszellen des Bastards.

natürlich das „rote" mit dem „weißen" Chromosom paaren, und
wenn dann die Verteilung der Partner erfolgt, geht das rote
Chromosom zu dem einen, das weiße zu dem anderen Pol.
Dadurch werden nun in der Reifeteilung zwei Zellen gebildet, von
denen die eine nur ein rotes, die andere nur ein weißes Chromosom besitzt, wie dies in Abb. 26 dargestellt ist. Natürlich geht
das gleiche in allen Geschlechtszellen vor sich, männlichen wie
weiblichen, und das besagt denn, daß von den reifen Ei- und Pollenzellen des Bastards genau die Hälfte nur das rote Chromosom,
die andere Hälfte nur das weiße Chromosom besitzt. Der aufmerksame Leser erkennt sofort, daß hier nun ein Hauptpunkt
der Mendelschen Gesetze bereits seine Erklärung findet: die
Reinheit der Geschlechtszellen. Denn durch diese Chromosomenverteilung sind ja tatsächlich die einen Zellen rein für den Rotfaktor — es fehlt ihnen das weiße Chromosom —, die anderen

aber sind rein für den Weißfaktor — es fehlt ihnen das rote Chromosom. Alles Weitere folgt tatsächlich logisch aus dieser entscheidenden Tatsache.

Denn wenn jetzt die beiden Arten von Geschlechtszellen der beiden Geschlechter Gelegenheit zur Befruchtung bekommen, dann kann, wenn nur der Zufall über die Vereinigung entscheidet, eine Eizelle mit rotem Chromosom sowohl von einer Pollenzelle mit rotem, als einer solchen mit weißem Chromosom befruchtet

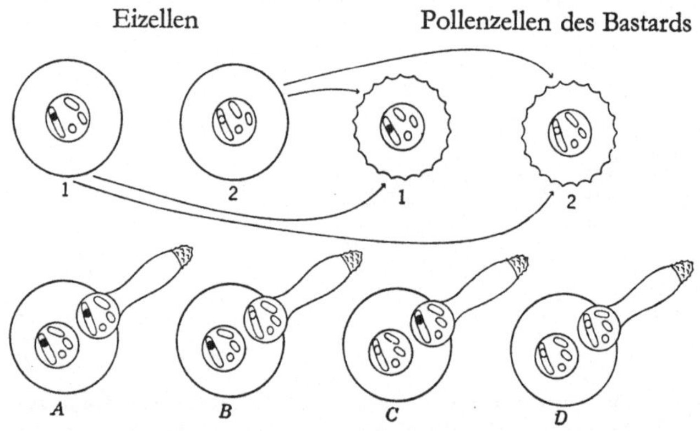

Abb. 27. Die vier Befruchtungsmöglichkeiten zwischen den Bastardsgeschlechtszellen, darunter die vier Befruchtungstypen zur Zeit des Eindringens des männlichen Kerns in das Ei.

werden; und ebenso kann eine Eizelle mit weißem Chromosom von beiden Sorten Pollenzellen befruchtet werden. D. h., da ja immer nur eine Eizelle mit einer Pollenzelle verschmilzt, daß es vier verschiedene Befruchtungsarten gibt, die alle die gleiche Chance haben, nämlich, wenn wir nur auf das eine Chromosom achten, rotes Chromosom mit rotem, rotes Chromosom mit weißem, weißes Chromosom mit rotem, weißes Chromosom mit weißem. Das ergibt aber nichts anderes als die wohlbekannte Mendelspaltung $^1/_4$ rote, $^1/_2$ hellrote, $^1/_4$ weiße (Abb. 27). So erklärt sich ohne weiteres die Mendelspaltung aus dem Verhalten der Chromosomen in Reifeteilung und Befruchtung, wenn die mendelnden Erbfaktoren ihren Sitz in einem Chromosom haben.

Nun müssen wir uns noch davon überzeugen, daß die Chromosomenlehre der Mendelschen Vererbung, wie wir es kurz nennen können, auch zutrifft, wenn es sich nicht um die Vererbung eines mendelnden Faktorenpaares, sondern von mehreren handelt. Wir hatten ja bei Betrachtung solcher Fälle gesehen, daß jedes Paar von mendelnden Erbfaktoren sich so verhält, als ob es allein anwesend sei, und daß somit bei der Spaltung alle denkbaren Kombinationen zwischen den Faktorenpaaren in genau berechenbarer Zahl vorkommen.

Chromosomen und Erbfaktoren in Kreuzungen mit zwei und mehr Paaren.

Wenn wir nun jene Tatsachen ebenfalls aus der Lage der mendelnden Faktoren in den Chromosomen erklären wollen, so können wir uns an das Beispiel einer Vererbung von zwei Faktorenpaaren halten, das wir früher studierten, die Kreuzung von schwarzen kurzhaarigen mit weißen langhaarigen Meerschweinchen. Die Chromosomenzahl dieser Tiere nehmen wir wieder als 4 Paare an. Von diesen interessieren uns wieder nur zwei Paare: ein Paar, in dem die Erbfaktoren für die Fellfarbe schwarz resp. weiß ihren Sitz haben, und ein Paar, das die Erbfaktoren für kurzhaarig resp. langhaarig trägt. Der Kürze halber werden wir diese Chromosomen jetzt wieder das schwarze resp. das weiße Chromosom, sowie das kurzhaarige resp. das langhaarige Chromosom nennen. Und um unsere Abbildungen nicht durch die vielen Chromosomen unübersichtlich zu machen, nehmen wir wieder an, daß es nur vier Chromosomenpaare gäbe. Den Erbfaktor für kurzes Haar wollen wir durch Schraffierung und den für langes Haar durch Punktierung bezeichnen, beide in den mittelgroßen Chromosomen gelegen; die Faktoren für schwarz und weiß sind in den großen Chromosomen als schwarzer und weißer Kreis angegeben. Die Chromosomenbeschaffenheit aller Zellen der beiden Elternrassen, nämlich der schwarz-kurzhaarigen und der weiß-langhaarigen Tiere ist dann so, wie es Abb. 28 zeigt. Abb. 29 gibt uns dann die Chromosomenbeschaffenheit der Geschlechtszellen dieser Tiere nach der Reifeteilung wieder, und wir sehen, daß die Geschlechtszellen (gleichgültig ob Ei- oder Samenzelle) außer den zwei gewöhnlichen Chromosomen, die uns hier nicht interessieren, ein schwarzes und ein kurzhaariges resp. ein weißes und ein langhaariges

Chromosom enthalten. Aus der Bastardbefruchtung zwischen diesen Geschlechtszellen — wir deuten jetzt immer die Samenzellen durch längliche Form und ein Schwänzchen an — entsteht der F_1-Bastard, dessen Zellen die zweite Reihe von Abb. 29 zeigt. Er besitzt natürlich in allen seinen Zellen acht Chromosomen,

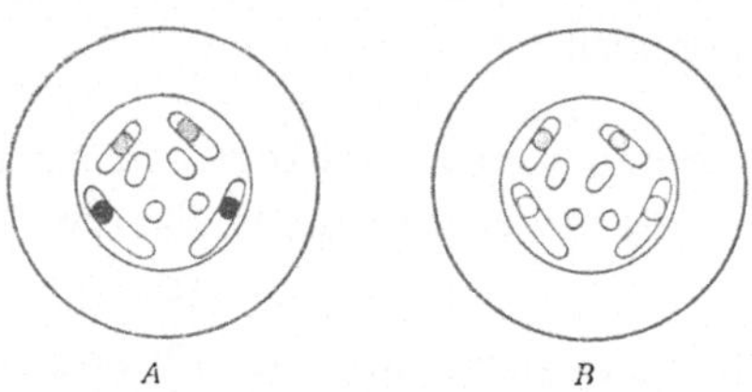

Abb. 28. Die Chromosomen des schwarz-kurzhaarigen und weiß-langhaarigen Meerschweinchens. Schwarze bzw. weiße Marke für schwarz bzw. weiß, schraffierte bzw. getüpfelte Marke für kurzhaarig bzw. langhaarig. *A* schwarz-kurzhaarig *B* weiß-langhaarig.

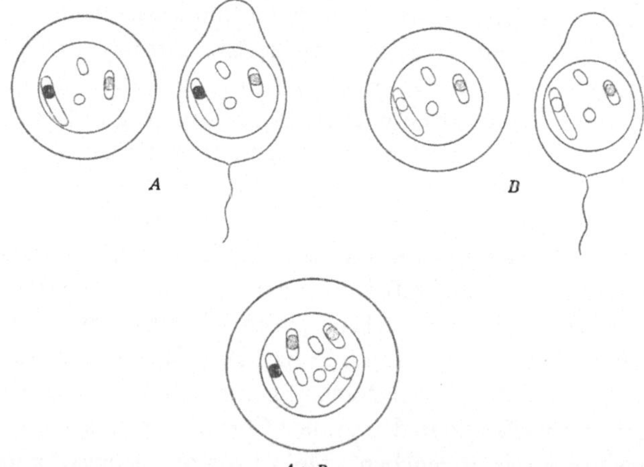

Abb. 29. Die Chromosomen der Geschlechtszellen und des Bastards der gleichen Meerschweinchen. Oben je zwei Arten von weiblichen und männlichen Geschlechtszellen, unten eine Zelle des Bastards $A \times B$.

darunter ein Paar, bestehend aus einem schwarzen und einem weißen, und ein weiteres Paar, bestehend aus einem langhaarigen und einem kurzhaarigen.

Bei der Bildung der Geschlechtszellen dieses Bastards muß nun wieder das Entscheidende geschehen. Wir erinnern uns immer wieder an die Vorgänge der Reifeteilung: je ein Chromosomenpaar legt sich zusammen, und in der Reifeteilung werden die beiden Partner eines Paares voneinander getrennt, wie es in Abb. 30 dargestellt ist. In die Reifeteilung des Bastards tritt also in unserem Fall ein Pärchen schwarz-weiß und ein Pärchen langhaarig-kurzhaarig ein, und die vier Chromosomenpärchen ordnen sich zum Zweck der Reifeteilung in der bekannten Weise in einer Ebene im Äquator der Geschlechtszelle an, und darauf rückt je ein Partner jeden Pärchens zu einem der beiden Pole der Teilungsfigur auseinander. Wenn wir nun unsere beiden Chromosomenpaare betrachten, so ergibt es sich, daß in bezug auf ihre Lage in der Teilungsfigur zwei Möglichkeiten vorliegen (Abb. 30, zweite Reihe): Entweder liegt das schwarze und das kurzhaarige Chromosom auf der gleichen Seite der Teilungsfigur, und sie gelangen somit bei der Teilung in die gleiche Tochterzelle. Gleichzeitig natürlich müssen das weiße und das langhaarige ebenfalls in die gleiche Zelle kommen.

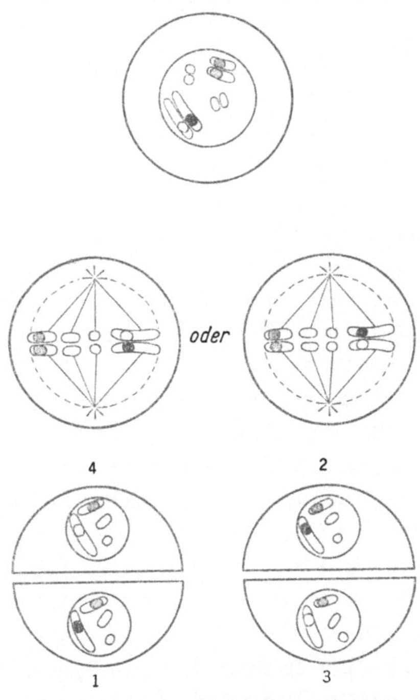

Abb. 30. Reifeteilungen in den Geschlechtszellen des Bastards. 1. Reihe: Paarung der elterlichen Chromosomen. 2. Reihe: die beiden Möglichkeiten der Einstellung der Chromosomenpaare in den Äquator der Zelle (schwarz nach unten oder oben usw.). 3. Reihe: Die 4 Sorten resultierender Geschlechtszellen.

Oder aber das schwarze und das kurzhaarige Chromosom liegen auf verschiedenen Seiten der Teilungsfigur und kommen bei der Teilung in verschiedene Zellen. Nicht anders das weiße und das langhaarige. Wenn nun der reine Zufall darüber entscheidet, wie sich ein Chromosomenpaar in die Teilungsfigur einstellt, dann wird es ebensooft vorkommen, daß schwarz und kurzhaarig resp. weiß und langhaarig auf der gleichen Seite liegen, wie daß sie auf verschiedenen Seiten liegen. Bei jeder Teilung entstehen nun zwei verschiedene Geschlechtszellen, da ja die Partner der Chromosomenpaare des Bastards verschieden sind. Und da, wie wir eben sahen, zwei verschiedene Teilungsmöglichkeiten vorliegen, so werden im ganzen nach der Reifeteilung vier verschiedene Sorten von Geschlechtszellen in durchschnittlich gleicher Zahl vorhanden sein, wie Abb. 30 zeigt: nämlich solche mit dem schwarzen und kurzhaarigen Chromosom (2), solche mit dem schwarzen und langhaarigen Chromosom (1), solche mit dem weißen und kurzhaarigen Chromosom (4) und endlich solche mit dem weißen und langhaarigen Chromosom (3). Natürlich bildet das weibliche Bastardtier diese vier Sorten von Eiern, und ebenso der männliche Bastard diese vier Sorten von Samenzellen.

Wenn aus dieser ersten Bastardgeneration nun die zweite gezogen wird, können die vier Sorten von Eiern von den vier Sorten Samenzellen befruchtet werden, und wenn es wiederum nur vom Zufall abhängt, welches Ei und welche Samenzelle zusammenkommen, dann sind $4 \times 4 = 16$ verschiedene Befruchtungsmöglichkeiten gegeben, die wir uns in Abb. 31 darstellen können. Wenn wir jetzt die Erbfaktorenpaare Schwarz-weiß mit B und b abkürzen und ebenso kurzhaarig-langhaarig mit S und s und zu jeder der 16 Befruchtungsmöglichkeiten in diesen Abkürzungen dazuschreiben, welche Chromosomen vorhanden sind, dann sehen wir, daß wir genau das gleiche Schema bekommen, das wir früher (S. 85) für die Mendelspaltung mit zwei Faktorenpaaren benutzt haben. Wir brauchen also wohl nicht nochmals auszuzählen, wie die 16 verschiedenen Bastarde der zweiten Generation aussehen, was wir ja früher genau untersuchten, sondern stellen jetzt einfach fest, daß tatsächlich alles im Verhalten der Chromosomen auf das genaueste mit den Ergebnissen der Mendelspaltung übereinstimmt, daß also bewiesen ist, daß auch für zwei mendelnde Faktorenpaare die Annahme, daß diese Erbfaktoren in zwei verschiedenen Chromosomen gelagert sind, eine vollständige Erklärung der Vererbungstatsachen liefert.

Es bedarf wohl keiner besonderen Worte, um zu versichern, daß genau so auch die Erklärung für eine Mendelspaltung mit drei, vier und mehr Faktorenpaaren gegeben werden kann. Wo ist aber eine Grenze? Es ist klar, daß, wenn jeder derartige Erbfaktor seine Lage in einem anderen Chromosom hat, nur so viel

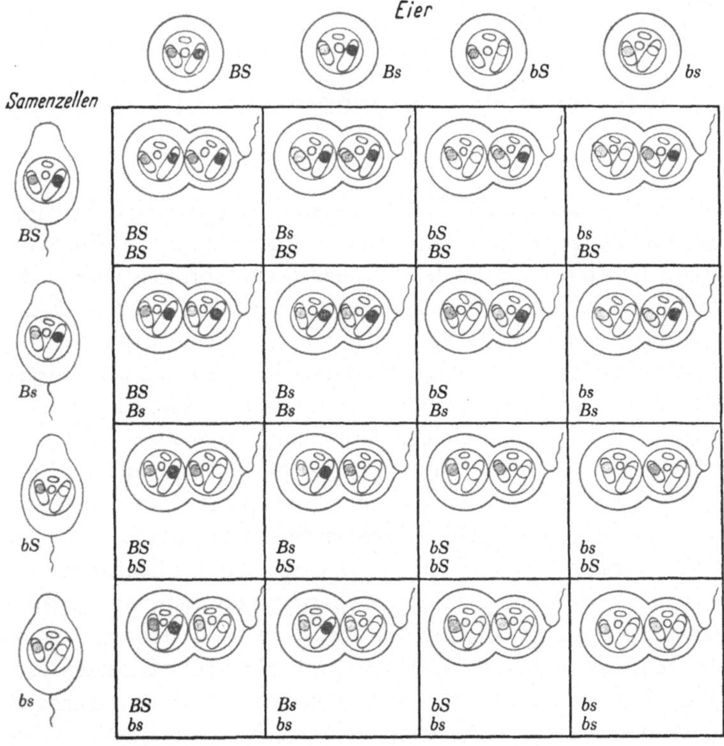

Abb. 31. Die 16 Befruchtungsmöglichkeiten zwischen den je vier Sorten Eiern und Samenzellen.

spaltende Erbfaktoren vorkommen können, als es Chromosomenpaare bei der betreffenden Art gibt. Eine Taufliege besitzt nun nur vier Chromosomenpaare, ein Mensch 24 Paare. Sollte es also bei dieser Fliege nur vier Paare von Erbfaktoren geben und beim Menschen deren nur 24? Das ist natürlich unmöglich. Es muß also hier eine Verwicklung in die Vererbungsgesetze kommen, die uns im nächsten Abschnitt zu neuen interessanten Ergebnissen führen wird. Die bisherigen Ausführungen haben bereits gezeigt, welche ungeheure Bedeutung den Chromosomen für das Verständnis der Vererbungserscheinungen zukommt. So werden wir uns nicht wundern, daß diese winzigen Bestandteile des Zellkerns auch weiterhin oft im Vordergrund unserer Erörterungen stehen werden.

VI. Weiteres über Chromosomen und Vererbung.

Gekoppelte Erbfaktoren.

Wir sahen soeben, daß die Mendelspaltung ihre Ursache darin hat, daß die mendelnden Erbfaktoren ihren Sitz in den Chromosomen haben und daher der Verteilung der Chromosomen während der Reifeteilung folgen müssen. Wir sahen ferner, daß die Spaltungsgesetze für mehrere gleichzeitig und unabhängig voneinander mendelnde Erbfaktoren darauf beruhen, daß jedes dieser Faktorenpaare seinen Sitz in einem anderen Chromosom hat. Daraus folgte mit zwingender Notwendigkeit, daß es bei einem Organismus nur so viele unabhängig spaltende mendelnde Erbfaktoren geben kann, als es Chromosomenpaare gibt. Damit ist nun aber nicht gesagt, daß es überhaupt nur so viele Erbfaktoren geben könne. Tatsächlich ist das Gegenteil wohlbekannt. So kennen wir von dem Lebewesen, dessen Vererbung am genauesten studiert ist, der kleinen Taufliege, bereits fast 1000 Erbeigenschaften, davon jede einzelne sich nach Mendels Gesetzen vererbt. Und doch besitzt diese Fliege nur vier Chromosomenpaare. So kennen wir von viel benutzten Versuchstieren und Versuchspflanzen wie Ratten, Mäusen, Meerschweinchen, Kaninchen, Hühnern, spanischen Wicken, Löwenmäulchen, Mais eine viel größere Zahl von mendelnden Eigenschaften, als Chromosomenpaare vorhanden sind. So wissen wir auch vom Menschen, daß die Zahl der Erbeigenschaften, deren mendelndes Verhalten mehr oder minder genau bekannt ist, eine sehr viel größere ist, als die Zahl der Chromosomenpaare, nämlich 24. So ist denn der Schluß unabweislich, daß in jedem Chromosom viele mendelnde Erbfaktoren gelegen sein müssen.

Mehrere Faktoren im gleichen Chromosom.

Überlegen wir uns nun, was das für die Vererbungserscheinungen bedeuten kann. Wir haben die Chromosomen bereits mit Fuhrwerken verglichen, in denen die Erbfaktoren liegen. Der Vergleich besagt bereits, daß alle in einem Chromosom fahrenden Erbfaktoren auch zusammen dahin kommen müssen, wohin das Fuhrwerk fährt, daß also all diese Faktoren während der Reifeteilungen beisammen bleiben und somit nach einer Bastardierung immer als zusammenhängendes Ganze spalten, genau als ob es nur ein Faktor wäre. Um ein Beispiel zu nehmen: Bei der kleinen Taufliege, von der wir noch soviel hören werden, kennen wir eine Menge von Rassen, die sich von der Wildform aus der Natur unterscheiden. So haben wir eine Rasse, die statt der gewöhnlichen geraden Flügel gebogene Flügel hat. Kreuzen wir beide, so erweisen sich gerade Flügel als dominant, und in der zweiten Bastardgeneration gibt es eine gewöhnliche Mendelspaltung in drei gerade, eine gebogene. Nun gibt es eine andere Rasse, die an Stelle normaler Beine krumme Dachsbeine hat. Auch sie gibt mit normalen Fliegen gekreuzt eine einfache Mendelspaltung, wobei normale Beine dominieren. Sodann gibt es eine Rasse, die anstatt der normalen tief roten purpurrote Augen hat, und auch diese Eigenschaft „mendelt" einfach, wobei normale Augen dominieren. Wenn wir nun Individuen nehmen, die die Erbeigenschaften dieser drei Rassen vereinigen, die also gebogene Flügel, krumme Beine und purpurne Augen haben und sie mit normalen geradflügeligen, geradbeinigen, rotäugigen kreuzen, dann müßten wir auf Grund dessen, was wir bisher gelernt haben, eine Mendelspaltung mit drei Faktorenpaaren bekommen, also in der zweiten Bastardgeneration acht verschiedene Typen im Verhältnis von $27:9:9:9:3:3:3:1$ unter je 64 Individuen. Tatsächlich bekommen wir aber — später müssen wir hier eine kleine Korrektur einfügen — eine einfache Mendelspaltung in drei geradflügelige, geradbeinige, rotäugige: eine krummflügelige, krummbeinige, purpuräugige, also die beiden ursprünglichen Elternformen. Mit anderen Worten: diese drei Erbfaktoren sind in der Vererbung zusammengeblieben, anstatt sich nach Zufallsgesetzen umzugruppieren. Der Grund dafür ist, daß sie alle drei in dem gleichen Chromosom gelegen sind. Abb. 32, die sich wohl selbst erklärt, erläutert diese Kreuzung.

Vielleicht verweilen wir nun noch einen Augenblick bei diesem Fall. Stellen wir uns vor, wir kämen in die Lage, die folgende Situation untersuchen zu müssen: Wir finden etwa beim Menschen eine Reihe verschiedener Außeneigenschaften, deren Vererbung uns interessiert. Natürlich können wir niemals ihre Vererbung

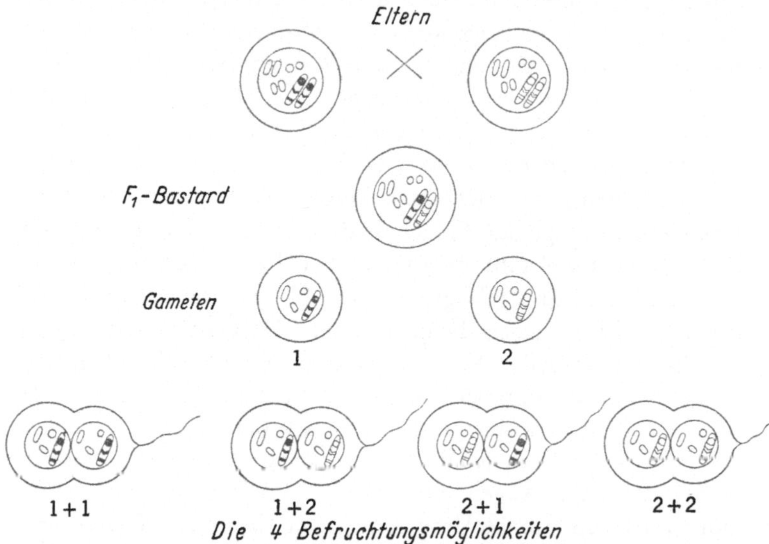

Abb. 32. 1. Reihe: Zellen zweier Rassen mit je drei Erbfaktoren im gleichen Chromosom. 2. Reihe: Zelle des Bastards. 3. Reihe: Geschlechtszellen des Bastards. 4. Reihe: die vier Befruchtungsarten bei Erzeugung der zweiten Bastardgeneration. Zeichenerklärung: ● rotäugig, ○ purpuräugig, ⟨ geradflügelig, « gebogenflügelig, ▌ geradbeinig, ‖ krummbeinig.

studieren, wenn es nicht auch Menschen gibt, denen die betreffenden Eigenschaften fehlen und sich die Möglichkeit bietet, Kreuzungen zwischen diesen beiden Menschentypen zu untersuchen. Können wir solche untersuchen, dann mag sich vielleicht zeigen, daß all diese Außeneigenschaften in der Vererbung beisammen bleiben und eine einfache Mendelspaltung ergeben, gerade als ob es sich nur um einen Erbfaktor handelt. Können wir nun in einem solchen Fall ohne weiteres sagen, es handelt sich um mehrere Erbfaktoren, die im gleichen Chromosom gelegen sind?

Sicherlich nicht! Es wäre ja ebensogut möglich, daß es sich wirklich nur um einen einzigen Erbfaktor handelte, der eine Reihe verschiedener Eigenschaften hervorruft. Wir haben allerdings bisher nur Fälle betrachtet, in denen einem bestimmten Erbfaktor im Chromosom eine bestimmte Außeneigenschaft entsprach. Tatsächlich können wir aber sehr oft beobachten, daß ein Erbfaktor zwar vornehmlich eine leicht erkennbare Außeneigenschaft bedingt, daß aber mit dieser oft auch andere Besonderheiten verbunden sind, die weniger leicht zu beobachten sind und daher leicht übersehen werden. Ja, man kennt Fälle, wo ein einzelner Erbfaktor kleine Veränderungen an allen Teilen des Körpers hervorruft. In dem Fall, mit dem wir uns jetzt befassen, gibt es zunächst also keinerlei Möglichkeit zu entscheiden, ob es ein solcher Erbfaktor ist, oder viele im gleichen Chromosom gelegene, die die Reihe von Eigenschaften bedingen. Wenn wir aber nun Menschen finden, die die betreffenden Eigenschaften einzeln besitzen und feststellen können, daß jede Eigenschaft der Gruppe, auch wenn allein untersucht, einfach mendelt, alsdann und erst dann wissen wir, daß die Gruppe von Eigenschaften, von denen wir reden, tatsächlich von einer Reihe von im gleichen Chromosom gelegenen Erbfaktoren bedingt ist.

Analyse der Verteilung der Faktoren auf verschiedene Chromosomen.

Wenn es nun feststeht, daß Faktoren, die im gleichen Chromosom gelegen sind, gemeinsam vererbt werden, oder, wie wir von jetzt ab sagen wollen, *gekoppelt* vererbt werden, so ergibt sich eine interessante Schlußfolgerung. Angenommen, wir kennen von einem Lebewesen Hunderte von Erbfaktoren, von denen jeder einzelne nachweislich einfach mendelt. Wir können dann die folgende Untersuchung anstellen: Jeder dieser Erbfaktoren wird in einem Kreuzungsversuch mit jedem anderen zusammengebracht. Der Versuch kann dann nur auf zwei verschiedene Arten verlaufen: Entweder ergeben die zwei Faktorenpaare nach der Kreuzung eine Mendelspaltung, wie wir sie von zwei Faktorenpaaren kennen, also vier Typen im Verhältnis von $\frac{9}{16} : \frac{3}{16} : \frac{3}{16} : \frac{1}{16}$ in der zweiten Bastardgeneration. In diesem Fall wissen wir, daß die zwei Faktorenpaare in verschiedenen Chromosomen gelegen sind. Oder aber das Ergebnis ist eine einfache Mendel-spaltung im Verhältnis 3:1, indem die beiden Faktoren so beisammen bleiben, wie sie in die Kreuzung gebracht wurden, also gekoppelt sind. D. h., wie wir jetzt wissen, die Faktoren liegen im gleichen Chromosom. Nehmen wir nun an, wir hätten ein Lebewesen vor uns, das vier Chromosomenpaare besitzt. Wenn wir nun die genannten Hunderte von Einzelversuchen durchführen, so mag sich des weiteren folgendes ergeben: Nennen wir die vielen Eigenschaften, die wir studieren, resp. die Erbfaktorenpaare, die sie bedingen, A, B, C, D usw. und betrachten die folgenden Kreuzungen mit zwei dieser dominanten Faktorenpaare. Wir kreuzen z. B. AA × BB, AA × CC, AA × DD, BB × CC usw. Wenn wir in F_2 eine Spaltung in 4 Phänotypen im Verhältnis von 9:3:3:1 erhalten, also die *Phänotypen* 9 A B, 3 A, 3 B, 1 a b, dann wissen wir, daß A und B in verschiedenen Chromosomen liegen. Wenn wir aber die *Phänotypen* 1 A:2 A B :1 B erhalten, dann müssen die Faktoren im gleichen Chromosom liegen. Diesen Versuch führen wir nunmehr mit Hunderten von Genen (Erbfaktoren) aus und erhalten:

1. Versuch für A u. B, F_2 1:2:1   A B im gleichen Chromos.
2. Versuch für A u. C, F_2 9:3:3:1 A C in verschied. Chromos.
3. Versuch für A u. D, F_2 9:3:3:1 A D in verschied. Chromos.
4. Versuch für C u. D, F_2 9:3:3:1 C D in verschied. Chromos.
5. Versuch für A u. E, F_2 9:3:3:1 A E in verschied. Chromos.
6. Versuch für C u. E, F_2 1:2:1   C E im gleichen Chromos.
7. Versuch für A u. F, F_2 9:3:3:1 A F in verschied. Chromos.
8. Versuch für D u. F, F_2 1:2:1   D F im gleichen Chromos.
9. Versuch für A u. G, F_2 9:3:3:1 A G in verschied. Chromos.
10. Versuch für C u. G, F_2 9:3:3:1 C G in verschied. Chromos.
11. Versuch für D u. G, F_2 9:3:3:1 D G in verschied. Chromos.
usw.

Bevor wir dies Resultat interpretieren, wollen wir erst hervorheben, daß die Analyse im Prinzip nicht anders wäre, wenn wir mit rezessiven Erbfaktoren arbeiteten. In unserem früheren Beispiel von Abb. 32 waren alle Charaktere rezessiv und der normale Zustand von Augen, Flügeln, Beinen war dominant. Nehmen wir also an, daß wir die rezessiven Typen a a, bb, cc usw. haben und wissen wollen, in welchem Chromosom sie liegen. Wir kreuzen also aa × bb und züchten F_2. Wir erinnern uns daran, daß ein rezessives Gen homozygot sein muß, um einen sichtbaren Effekt hervorzurufen. Deshalb ist der Typ a immer homozygot für aa. Da aber kein b in diesem Typ sichtbar ist, muß die a a Fliege homozygot oder heterozygot für B sein, also B B oder B b. Nehmen wir an, daß B homozygot ist, dann ist der a Phänotyp a a B B d. h. a und nicht b und ebenso der Phänotyp b: A A b b d. h. b und nicht a. Wenn a und b im gleichen Chromosom liegen, so enthalten diese Chromosomen a B oder A b in den beiden Fällen und der Bastard ist deshalb $\frac{\text{a B}}{\text{A b}}$. F_2 wird dann spalten in $1\ \frac{\text{aB}}{\text{aB}}$: $2\ \frac{\text{a B}}{\text{Ab}}$: $1\ \frac{\text{Ab}}{\text{Ab}}$ d. h. die beiden Elterntypen aa, bb und normale (A, B dominant über a, b). Wenn aber a und b in verschiedenen Chromosomen liegen, dann heißt die Kreuzung: $\frac{\text{a}}{\text{a}}\ \frac{\text{B}}{\text{B}} \times \frac{\text{A}}{\text{A}}\ \frac{\text{b}}{\text{b}}$; F_1 ist $\frac{\text{A}}{\text{a}}\ \frac{\text{B}}{\text{b}}$ und F_2 spaltet in die bekannten Phänotypen (16 Genotypen s. S. 85) 9 A B, 3 A, 3 B, 1 a b. Die Entscheidung: Lage im gleichen oder verschiedenen Chromosom wird somit in der gleichen Weise gefällt wie vorher für dominante Faktoren.

Deutung.

Wie werden nun die Daten der Aufzählung S. 112 gedeutet? Die erste Kreuzung zeigt A und B im gleichen Chromosom, das wir Chromosom 1 nennen wollen, nun definiert als das Chromosom, das A und B enthält. Nr. 2 zeigt, daß C in einem anderen Chromosom liegt, das wir II nennen. Nr. 6 zeigt, daß E auch im zweiten Chromosom liegt. Nr. 3 zeigt, daß D in einem anderen Chromosom als A und Nr. 4 zeigt, daß es auch nicht im zweiten Chromosom liegt. So finden wir für D ein Chromosom III. Das Gen F liegt nicht im gleichen Chromosom wie A (Nr. 8). Das Gen G erscheint unabhängig von A (Nr. 9) ebenso von C (Nr. 10) und auch von D (Nr. 11). So muß G wieder in einem andern Chromosom (Nr. IV) liegen. So erhalten wir:

Chromosom I   II   III   IV
         A   C   D   G
         B   E   F

Der nun angenommene Fall ist aber ein wirklicher. Bei der
schon genannten Taufliege wurden nahezu tausend Erbfaktoren
in dieser Weise untersucht und tatsächlich gefunden, daß sie vier
und nur vier Koppelungsgruppen bilden; und noch mehr: die
Koppelungsgruppen entsprechen in der Zahl der zugehörigen
Faktoren, etwa der Größe der Chromosomen. Abb. 33 zeigt die
Chromosomen dieser Fliege; wir erkennen ein besonders kleines
Chromosomenpaar, und tatsächlich sind für dieses auch nur ganz

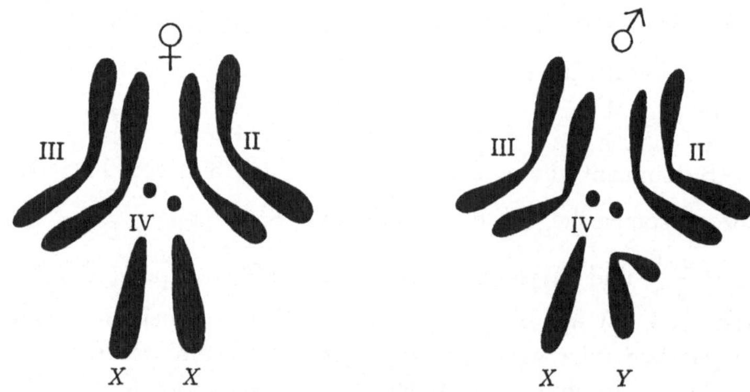

Abb. 33. Die Chromosomen der Taufliege, links Weibchen, rechts
Männchen.

wenige Faktoren festgestellt. Es braucht wohl nicht besonders
hervorgehoben zu werden, daß hier ein besonders wichtiger Beweis dafür vorliegt, daß die mendelnden Erbfaktoren in den
Chromosomen gelegen sind, ein Beweis, dessen Schlagkraft noch
dadurch erhöht wird, daß nunmehr die gleiche Analyse für eine
ganze Anzahl von Tieren und Pflanzen mit anderen Chromosomenzahlen erfolgreich durchgeführt werden konnte. Standen
genug Erbfaktoren zur Verfügung, dann fanden sich auch ebenso
viele Koppelungsgruppen als Chromosomenpaare. So gibt es
verschiedene Drosophilaarten mit 3 resp. 4 resp. 5 Chromosomen-
paaren, und in jedem Fall wurde die richtige Zahl von Koppelungsgruppen gefunden. Mais hat 10 Chromosomenpaare und
Koppelungsgruppen, die spanische Wicke 7 und so fort. Wenn
allerdings die Zahl der Chromosomenpaare groß ist, etwa 24
beim Menschen, ist es eine langwierige Arbeit, alle in solchen

114

Versuchen zu decken, und beim Menschen selbst können ja keine Versuche gemacht werden, so daß die Feststellung von Lage im gleichen Chromosom (Koppelung) nur mit schwierigen mathematischen Methoden gelingt.

Die Anordnung der Gene im Chromosom.

Und nun kommen wir zu einer der interessantesten Entwicklungen in der neuen Vererbungslehre, die fast vollständig den

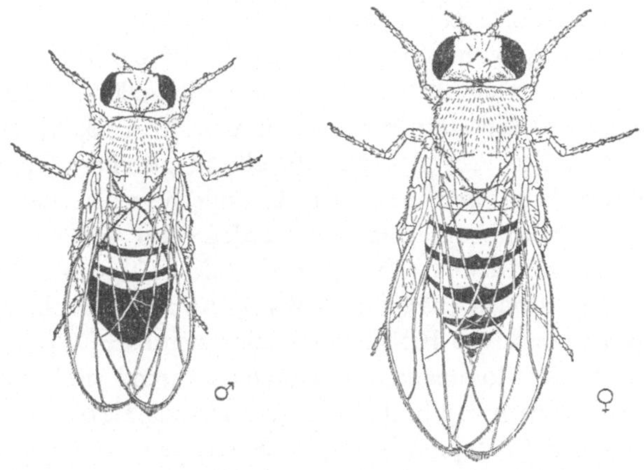

Abb. 34. Die Taufliege, links Männchen, rechts Weibchen.

Untersuchungen an der schon genannten kleinen Taufliege — der wissenschaftliche Name ist Drosophila (Abb. 34) — zu verdanken ist, sich aber seitdem vielfach bewährt hat, eine Entwicklung, die zu einer ganz ungewöhnlichen Einsicht in den Aufbau und die Bedeutung der Chromosomen geführt hat. Um sie uns leichter verständlich machen zu können, müssen wir zunächst noch einmal auf die einfachen Mendelfälle zurückkommen. Wir erinnern uns daran, daß wir früher die Mendelsche Rückkreuzung kennenlernten, die für die menschliche Vererbungslehre so wichtig war, also die Rückkreuzung eines Bastards mit einer seiner Elternformen. Wenn wir die dominante Erbeigenschaft der einen Elternform AA nennen und die zugehörige rezessive Eigenschaft der anderen Elternform aa, so heißt der F_1-Bastard Aa. Die Fortpflanzung eines solchen mit einer der Elternformen, also entweder Aa × AA oder Aa × aa, nennen wir eine Rückkreuzung, und da wir ja den Bastard Aa auch als Heterozygote bezeichnet haben, die reinen Elternformen als Homozygote, so kann in dieser Ausdrucksweise die Rückkreuzung stattfinden zwischen der Heterozygote (Aa) und der dominanten (AA) oder rezessiven (aa) Homozygote. Wenn wir nun einen Bastard haben, der in zwei Erbeigenschaften heterozygot ist, also nennen wir sie AaBb, so können wir auch diese Doppelheterozygoten rückkreuzen, etwa mit der reinen rezessiven Elternform aabb. Betrachten wir nun einmal das Ergebnis dieser Rückkreuzung.

Wie wir uns wohl noch erinnern, bildet der doppelheterozygote Bastard vier Sorten von Geschlechtszellen, nämlich die vier möglichen Zusammenstellungen von A, a, B, b, also die Geschlechtszellen AB, Ab, aB, ab, alle in gleicher Zahl. Jede von diesen kann nun von den Geschlechtszellen der reinen rezessiven Elternform befruchtet werden, also von den Zellen mit a b. Es gibt also vier in gleicher Zahl auftretende Befruchtungskombinationen, nämlich A B a b, Ab a b, a B a b, a b a b. Da nun die rezessiven Erbfaktoren keine sichtbare Wirkung ausüben, wenn die dominanten Faktoren anwesend sind, so sehen diese vier Gruppen von Individuen genau so aus, als ob sie nur die Erbfaktoren A B, resp. A b, resp. a B, resp. a b enthielten. Dies sind aber ja die vier Sorten von Geschlechtszellen, die der Bastard bildet, und das bedeutet, daß man bei Rückkreuzung eines solchen Bastards mit der reinen rezessiven Elternform aus den entstehenden Typen sofort entnehmen kann, welche Eigenschaften die Geschlechtszellen des Bastards enthielten. Um noch ein wirkliches Beispiel zu nehmen: Wir kreuzen wieder unsere schwarzen-kurzhaarigen und weißen-langhaarigen Meerschweinchen. Der Bastard heißt dann $\dfrac{\text{Schwarz Kurzhaarig}}{\text{weiß} \quad \text{langhaarig}}$ und ist wegen der Dominanz äußerlich schwarz-kurzhaarig. Diesen kreuzen wir nun zurück mit der doppelrezessiven Elternform, also den weißen-langhaarigen. Der Bastard bildet die folgenden vier Sorten von Geschlechtszellen: Schwarz-Kurzhaarig, Schwarz-langhaarig, weiß-Kurzhaarig, weiß-langhaarig; die doppelrezessive Elternform bildet nur Geschlechtszellen weiß-langhaarig. Aus der Kreuzung gehen zu gleichen Teilen vier Sorten von Tieren hervor:

$$\frac{\text{Schwarz Kurzhaarig}}{\text{weiß langhaarig}}, \quad \frac{\text{Schwarz langhaarig}}{\text{weiß langhaarig}}, \quad \frac{\text{weiß Kurzhaarig}}{\text{weiß langhaarig}},$$

$$\frac{\text{weiß langhaarig}}{\text{weiß langhaarig}}.$$

Wenn wir die Dominanz berücksichtigen (große Anfangsbuchstaben!), sehen diese Tiere so aus: Schwarz-Kurzhaarig, Schwarz-langhaarig, weiß-Kurzhaarig, weiß-langhaarig. Dies waren aber genau die Eigenschaften, die die vier Sorten von Geschlechtszellen des Bastards enthielten, also zeigt uns das Ergebnis der Rückkreuzung sichtbar, wie die Erbbeschaffenheit der Geschlechtszellen des Bastards war.

Nun kehren wir wieder zu unserem eigentlichen Thema zurück und erinnern uns daran, daß die eben besprochenen Ergebnisse nur dann zutreffen, wenn die betreffenden Erbfaktoren in verschiedenen Chromosomen liegen. Finden sie sich aber im gleichen Chromosom, dann muß alles so verlaufen, als ob es sich nur um einen Erbfaktor handele, d. h. der Bastard bildet nur zwei Sorten von Geschlechtszellen, die die gekoppelten Erbfaktoren enthalten. Der Bastard A a B b könnte also nur Geschlechtszellen A B und a b bilden; die Geschlechtszellen A b und a B könnten nicht erscheinen, weil A—B und a—b in ihrem Chromosom beisammen bleiben müssen. Da zeigte sich nun unerwarteterweise bei derartigen Versuchen mit Erbeigenschaften der Taufliege, daß zwar die meisten Rückkreuzungstiere der Erwartung entsprachen, daß aber eine gewisse Anzahl Tiere entstanden, die die unerwarteten, ja sogar unerlaubten Eigenschaftskombinationen zeigten. Um ein wirkliches Beispiel zu nennen: In einem der Chromosomen liegen unter anderen zwei Erbfaktorenpaare, von denen das eine Paar mit der Bestimmung der Körperfarbe der Fliege zu tun hat, das andere Paar mit der Flügelform. Die Körperfarbe der gewöhnlichen Fliegen ist grau, die der Rasse, mit der wir kreuzen wollen, aber schwarz, und grau, ist dominant über schwarz. Ferner hat die gewöhnliche Fliege lange Flügel, die Rasse, mit der wir kreuzen wollen, aber stummelförmige Flügel, und die langen Flügel sind dominant. Wir kürzen nun den Erbfaktor für die dominante, graue Farbe ab mit B und den für die rezessive schwarze mit b; ferner den für die dominanten langen Flügel mit

Vg und den für den rezessiven kurzen mit vg. Also wir nennen die Erbfaktorenpaare, die diese Eigenschaften bedingen, B und b sowie Vg und vg und beide liegen im gleichen Chromosomen. Denn kreuzen wir ein Bastardmännchen der beiden Rassen mit einem Doppelrezessiven, also schwarz-stummelflügeligen Weibchen, so erhalten wir nur zu gleichen Teilen wieder grau-langflügelige und schwarz-kurzflügelige. Abb. 35 gibt uns im Bild den ganzen Versuch wieder. Oben sind die Ausgangstiere des Versuchs dargestellt: links das graue, langflügelige Weibchen, rechts das schwarz-kurzflügelige Männchen. Die 2. Reihe zeigt die reifen Geschlechtszellen dieser Tiere mit nur dem einen Chromosom eingezeichnet, das die Erbfaktoren enthält, die wir studieren. Zur Verdeutlichung ist das Chromosom mit den dominanten Genen schwarz, das mit den rezessiven Genen weiß gezeichnet. Darunter findet sich in gleicher Darstellungsweise die befruchtete Eizelle, aus der sich der Bastard entwickelt. Die nächste Reihe zeigt das graue langflügelige (Dominanz!) Bastardmännchen, das mit einem doppelrezessiven, kurzflügeligen schwarzen Weibchen rückgekreuzt wird. Die folgende Reihe zeigt links die 2 Sorten von Samenzellen des Bastardmännchens und rechts die Eizellen des doppelrezessiven Weibchens. Die Pfeile führen zu den 2 Arten von Befruchtung und darunter das Resultat: $^1/_2$ grau-langflügelige, $^1/_2$ schwarz-kurzflügelige Fliegen, entsprechend der Erwartung für 2 Faktorenpaare im gleichen Chromosomen.

Wie erstaunt war man nun, als man den gleichen Versuch so wiederholte, daß man anstatt eines Bastardmännchens ein Bastardweibchen zur Rückkreuzung benutzte und nun ein ganz anderes Resultat erhielt, obwohl es sonst doch meist ganz gleich ist, welche Form bei einer Kreuzung Vater bzw. Mutter ist. Dieser Fall ist in Abb. 36 erläutert. In der ersten Reihe finden wir wieder die Eltern, genau wie im vorigen Versuch. Die vierte Reihe zeigt, wie in Abb. 35 die Geschlechtszellen und die dritte das befruchtete Ei. Die zweite Reihe zeigt uns wieder den Bastard, der mit der reinen rezessiven Form rückgekreuzt wird. Hier aber ist der Unterschied gegen den vorhergehenden Versuch (Abb. 35). Dort wurde ein Bastardmännchen mit dem reinen doppelrezessiven Weibchen rückgekreuzt, hier aber wird ein

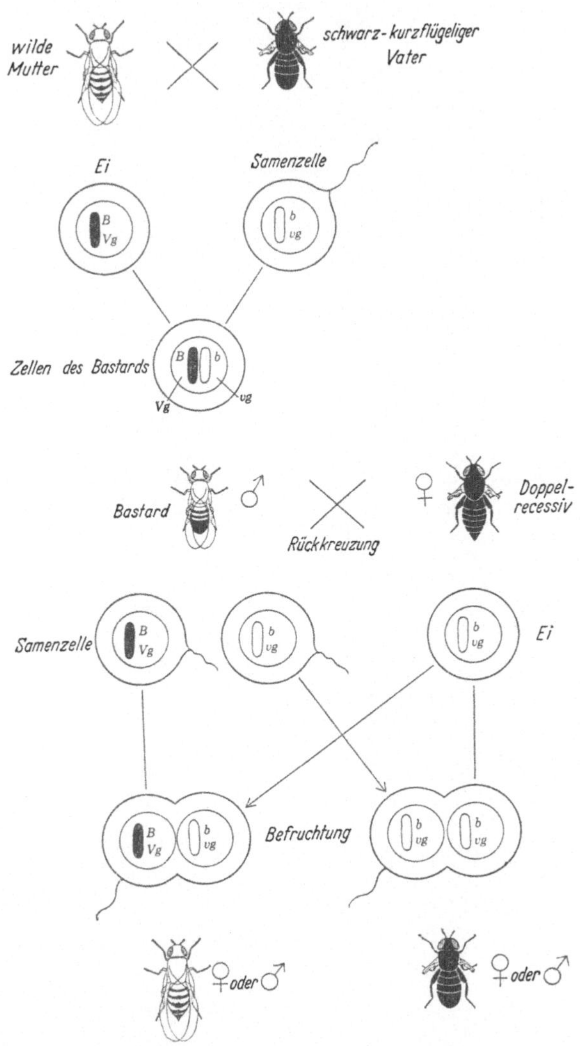

Abb. 35. Schema der Rückkreuzung eines Bastardmännchens (4. Reihe), Sohn einer Kreuzung von normal mit schwarzstummelflüglig (1. Reihe), mit einem homozygoten schwarz-stummelflügligen Weibchen (4. Reihe rechts). 2. Reihe: Geschlechtszellen der Eltern, nur das Chromosom mit Schwarz, normalflügelig (schwarz) und grau, stummelflüglig (weiß) eingezeichnet. 3. Reihe: Chromosomen des Bastards. 5. Reihe links die zwei Sorten Bastardgeschlechtszellen, rechts die Eier des doppelrezessiven Weibchens. 6. Reihe: Die beiden Arten von Befruchtung. 7. Reihe: Die resultierenden zwei Typen.

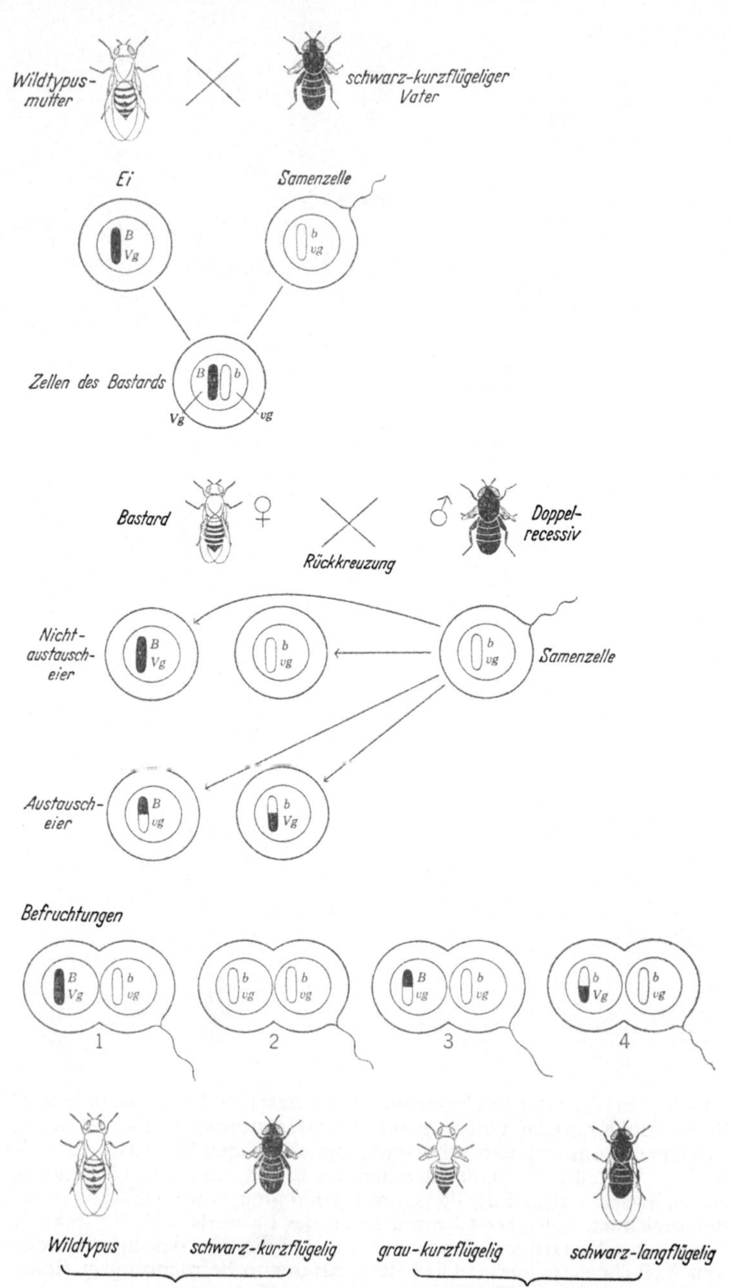

Wildtypus-mutter
schwarz-kurzflügeliger Vater
Ei
Samenzelle
B Vg
b vg
Zellen des Bastards
B b
Vg vg
Bastard ♀
Rückkreuzung
♂ Doppel-recessiv
Nicht-austausch-eier
B Vg
b vg
b vg
Samenzelle
Austausch-eier
B vg
b Vg
Befruchtungen
B Vg
b vg
1
b vg
b vg
2
B vg
b vg
3
b Vg
b vg
4
Wildtypus
schwarz-kurzflügelig
grau-kurzflügelig
schwarz-langflügelig
erwartet
Austauschkombinationen

Bastardweibchen mit dem reinen Männchen rückgekreuzt.
In der achten Reihe haben wir nun das unerwartete Ergebnis:
es spalten die vier möglichen Formen heraus, gerade als ob die
Faktoren jetzt in verschiedenen Chromosomen gelegen wären:
Grau-Langflügelig, schwarz-kurzflügelig, die beiden Elterntypen und dazu Grau-kurzflügelig, schwarz-Langflügelig, zwei
neue Typen. Das Bastardweibchen muß also ganz gegen Erwarten
statt zwei Sorten vier Sorten von Geschlechtszellen gebildet haben,
deren Chromosomenbeschaffenheit in der fünften und sechsten
Reihe als die vier Sorten Eier dargestellt ist. Wenn nun tatsächlich
B Vg bzw. b vg in dem gleichen Chromosom gelegen sind, dann
muß auf irgendeine Weise zwischen den Chromosomen eines
Paares ein Faktorenaustausch stattgefunden haben, damit die
eigentlich „unerlaubten" Geschlechtszellen entstehen konnten,
deren fragliches Chromosom B vg und b Vg enthält. Wenn wir
uns das Chromosomenpaar des Bastards mit seinen zwei Paar
Erbfaktoren folgendermaßen darstellen:

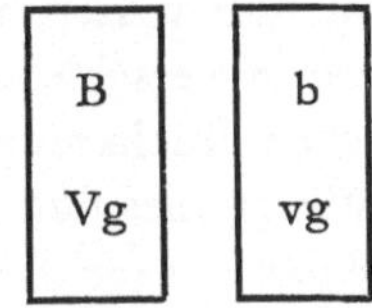

dann muß auf irgendeine Weise entweder der Faktor B oder Vg
bei der Geschlechtszellenbildung des Bastards seinen Platz ver-
lassen und in das Partnerchromosom hinübergewechselt sein,
während gleichzeitig der Faktor in diesem (b oder vg) in ersteres
Chromosom herüberkam, also so wie es das folgende Schema darstellt:

Abb. 36. Ähnliches Schema. Die ersten drei Reihen wie in Abb. 35.
4. Reihe: Diesmal wird ein Bastardweibchen mit einem doppel-rezessiven
Männchen rückgekreuzt. 5. Reihe: Die normalen Geschlechtszellen.
6. Reihe: Die unerwarteten mit Chromosomensegmentaustausch. Rechts
doppel-rezessive Samenzelle. 7. Reihe: Die vier Sorten von Befruchtungen. 8. Reihe: Die erwarteten und die Austauschfliegen.

Diesen merkwürdigen Vorgang nennen wir den Faktorenaustausch zwischen Partnerchromosomen. Das Resultat dieses Faktorenaustausches ist in der 6. Reihe von Abb. 36 sichtbar, und die 7. Reihe zeigt die vier Befruchtungsmöglichkeiten für die vier Sorten Eier und eine Sorte doppelrezessiver Samenzellen. Es muß hier darauf aufmerksam gemacht werden, daß bei Drosophila dieser Faktorenaustausch nur im weiblichen Geschlecht (in den Eiern) stattfindet. Dies ist der Grund dafür, daß in dem Experiment der Abb. 35, in dem ein Bastardmännchen rückgekreuzt wurde, kein Austausch stattfand. Diese Zufälligkeit erleichtert die Analyse sehr. Bei andern Tieren und Pflanzen kann der Faktorenaustausch auch in beiden Geschlechtern stattfinden.

Die Zahlen des Faktorenaustausches.

Kehren wir nun wieder zu unserem Bild Abb. 36 zurück, in dem wir in der letzten Reihe links die beiden erwarteten Typen und rechts die beiden unerlaubten, durch Faktorenaustausch entstandenen Typen sehen. Wir wissen bereits, daß für den Fall, daß zwei Erbfaktorenpaare in verschiedenen Chromosomen gelegen sind, bei einer solchen Rückkreuzung die vier Typen in gleicher Zahl auftreten. Wie ist dies nun hier? Da zeigt sich nun die wichtige Tatsache, daß das hier nicht der Fall ist, daß vielmehr die erwarteten Formen in großer Mehrzahl erscheinen, die unerwarteten dagegen in geringer Zahl. In unserem Beispiel werden gefunden: 40,75 % schwarz-kurzflügelig, 40,75 % grau-langflügelig, dagegen nur 9,25 % schwarz-langflügelig und 9,25 % grau-kurzflügelig. Das heißt mit anderen Worten, daß der Faktorenaustausch in den Geschlechtszellen des Bastardsweibchens eine relative Seltenheit ist, daß zumeist die Faktoren richtig in ihren Chromosomen beisammen bleiben. Und da wir in der Einleitung zu diesem Abschnitt ja gelernt haben, daß die bei einer doppelrezessiven Rückkreuzung auftretenden Formen uns direkt erkennen lassen, wie die Geschlechtszellen des Bastards beschaffen waren, so können wir auch jetzt mit Sicherheit sagen, daß der Bastard die folgenden Geschlechtszellen bildete: 40,75 % Eier mit den Faktoren B Vg in dem betreffenden Chromosom, 40,75 % Eier mit den Faktoren b vg, 9,25 % Eier mit den Faktoren B vg und 9,25 % mit den Faktoren b Vg. Und dem müssen wir die wichtige Tatsache zufügen, daß diese Prozentzahlen genau die gleichen bleiben, so oft wir den gleichen Versuch mit den gleichen Rassen ausführen.

Und nun kommt ein weiterer sehr wichtiger Punkt. Wir haben die letzten Versuche mit zwei Rassen ausgeführt, von denen die eine in den beiden dominanten Faktoren rein (homozygot), die andere in den beiden rezessiven Faktoren rein war. Wir könnten nun auch zwei Rassen nehmen, die genau die gleichen dominanten und rezessiven Faktoren besitzen, aber so, daß jede je einen dominanten und einen rezessiven Charakter besitzt, also reine, homozygote Grau-kurzflügelige und schwarz-Langflügelige, also genau die Phänotypen, die wir in Abb. 36 als Ausnahmetiere erhielten. Diese Typen waren allerdings nur in einem rezessiven Faktor homozygot, im anderen heterozygot, wie die Befruchtungen in der 7. Reihe zeigen. Unseren neuen Versuch führen wir aber mit homozygoten Ausgangstieren aus, wie Abb. 37 zeigt, in der ersten Reihe die Elterntiere, darunter die Eier und Samenzellen und darunter die befruchteten Eier. Die vierte Reihe zeigt wieder das Grau-Langflügelige Bastardweibchen, das mit dem doppelrezessiven Männchen rückgekreuzt wird. Die folgenden zwei Reihen zeigen die vier Sorten von Eiern mit und ohne Faktorenaustausch. Es ist klar, daß die Chromosomenkonstitution der Nicht-Austausch-Eier jetzt die gleiche ist wie die der Austauscheier in Abb. 36 und umgekehrt. Und das gleiche ist der Fall für die erwarteten und die nicht erwarteten (-Austauschtiere) in der 8. Reihe. Auch die Prozentzahlen sind genau die gleichen, nur sind jetzt die erwarteten Formen, die zusammen 81,5 % bilden, die grau-kurzflügeligen und die schwarz-langflügeligen, also die Elternformen des Versuchs, und die 18,5 % unerwarteten Formen sind die grau-langflügeligen und die schwarz-kurzflügeligen. Es hat also auch hier der Faktorenaustausch gleich oft stattgefunden wie im vorigen Fall, obwohl jetzt die Chromosomen ursprünglich eine andere Faktorenbeschaffenheit hatten, nämlich einen dominanten und einen rezessiven Faktor enthielten. Dies zeigt, daß der Faktorenaustausch und sein typischer Prozentsatz für die betreffenden zwei Faktorenpaare charakteristisch ist, ganz gleichgültig auf welchem Wege sie in den Bastard gelangt sind.

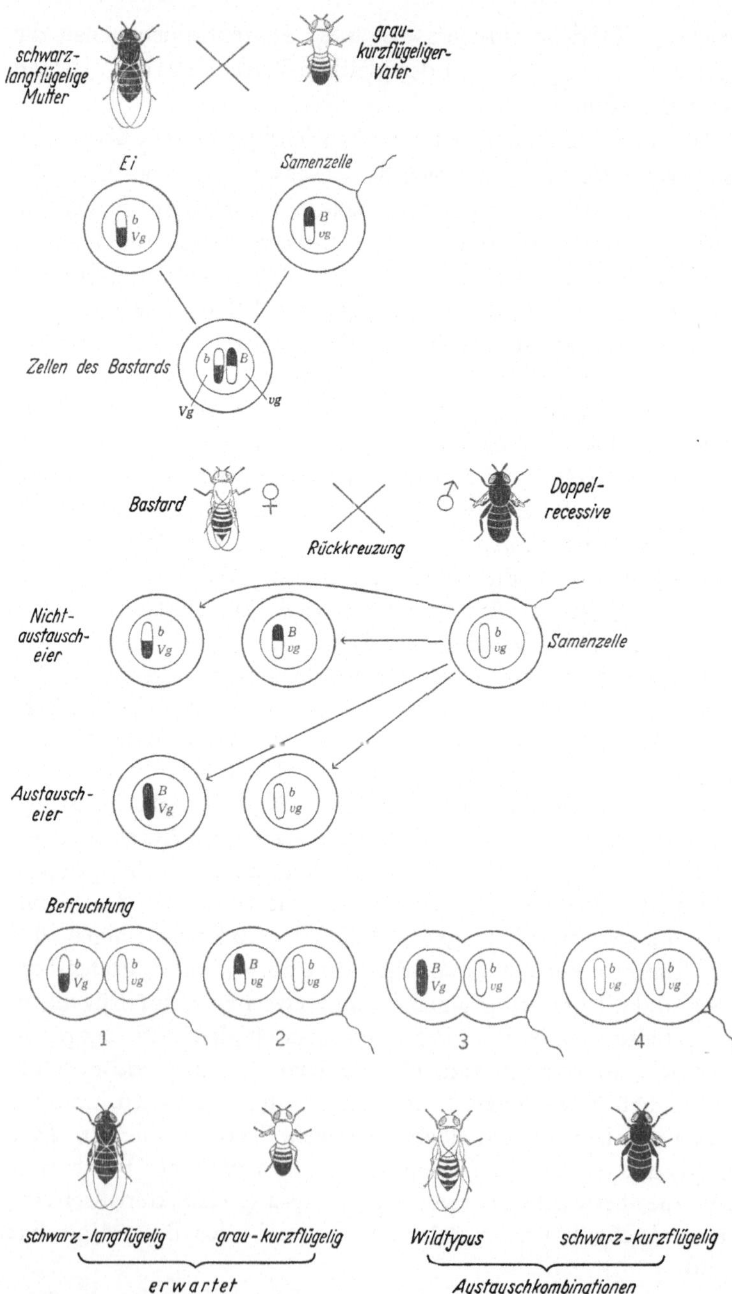

schwarz-
langflügelige
Mutter
grau-
kurzflügeliger-
Vater
Ei
Samenzelle
b
Vg
B
vg
Zellen des Bastards
b
B
Vg
vg
Bastard
Rückkreuzung
Doppel-
recessive
Nicht-
austausch-
eier
b
Vg
B
vg
b
vg
Samenzelle
Austausch-
eier
B
Vg
b
vg
Befruchtung
b
Vg
b
vg
B
vg
b
vg
B
Vg
b
vg
b
vg
b
vg
1
2
3
4
schwarz-langflügelig
grau-kurzflügelig
Wildtypus
schwarz-kurzflügelig
erwartet
Austauschkombinationen

Nun kommen wir zu einer weiteren interessanten Tatsache, die uns wieder einen Schritt der Erklärung entgegenführt. Solcher Erbfaktoren, wie der der schwarze Körperfarbe erzeugt und der die Stummelflügel hervorruft, sind nun bei der Taufliege, diesem idealen Versuchs,,kaninchen'', fast tausend bekannt — später werden wir erfahren, wie man sie kennenlernte — und alle diese wurden nun genau den gleichen Versuchen unterworfen. Dabei aber zeigte es sich, daß zwei bestimmte Paare von Erbfaktoren, falls sie im gleichen Chromosom gelegen sind (also nicht eine ganz gewöhnliche Mendelspaltung ergeben), immer ein ebensolches Verhalten zeigen, wie wir es soeben genau schilderten: In den Chromosomen der meisten Geschlechtszellen bleiben die beiden Erbfaktoren wie bei den Eltern beisammen, aber in einem bestimmten Prozentsatz von Fällen wird der Rahmen des Chromosoms durchbrochen und ein Faktorenaustausch tritt ein. Der Prozentsatz von Fällen, in denen dies eintritt, ist aber immer für je zwei Faktorenpaare ein bestimmter. Im ersten Beispiel waren es im ganzen 17 %, bei zwei anderen Faktoren mögen es 33 oder 3,5 oder 8 oder irgendeine Zahl zwischen 0 und 50 sein: für die gleichen beiden Faktoren ist es immer die gleiche Zahl. Da muß doch sicher eine merkwürdige Gesetzmäßigkeit dahinter stecken!

Faktorenaustausch und Lage der Gene im Chromosom.

Die Erklärung, die der Entdecker dieser Erscheinungen fand, ist eine überraschend einfache. Stellen wir uns vor, das Chromosom sei ein Faden und die Erbfaktoren winzige Stoffteilchen, die in diesem Faden liegen, und zwar hintereinandergereiht, wie die Perlen auf einer Kette. Es kommt nun in der Zeit, in der sich die Chromosomen auf die Reifeteilung vorbereiten und in der sie paarweise — je ein vom Vater und der Mutter stammendes — beisammen liegen, vor, daß sich die beiden Partner eines Pärchens überkreuzen, wie es Abb. 38 zeigt. Man nennt dies ein Chiasma. Es könnte nun an dieser Stelle eine Verklebung zwischen den beiden Chromosomen eintreten. Wenn sich dann zum

---

Abb. 37. Schema wie Abb. 36, nur daß hier die ursprünglichen Eltern je einen dominanten und rezessiven Faktor enthielten, so daß jetzt die Kombinationen, die vorher die erwarteten waren, zu den unerwarteten werden durch Faktorenaustausch und vice versa.

Zweck der späteren Reifeteilung die beiden Partner wieder voneinander entfernen, so könnte die Verklebungsstelle falsch durchreißen, so daß der obere Teil des einen Chromosoms mit dem unteren des anderen Chromosoms zusammenbleibt. Wie das gemeint ist, geht leicht aus Abb. 38 hervor, wo der genannte Vorgang von links nach rechts vorschreitend dargestellt ist. Zuerst sehen wir ein beisammenliegendes Chromosomenpaar, die schwarz und weiß gezeichnet sind. Das schwarze, sagen wir von der Bastardmutter stammende — wir reden ja jetzt von Vorgängen in

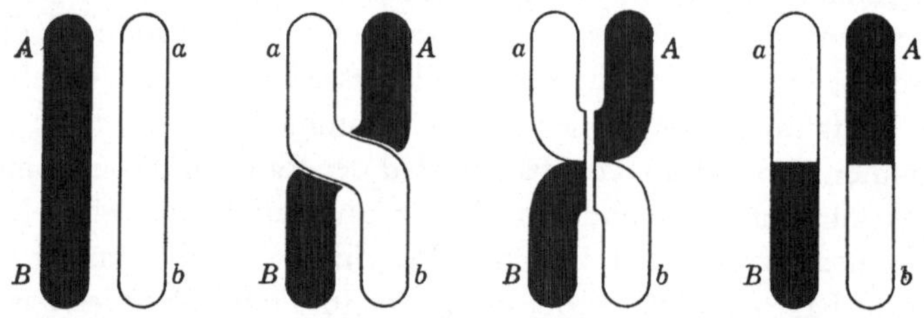

Abb. 38. Vereinfachtes Schema zur Illustrierung des Faktorenaustausch₂ zwischen A und B resp. a und b zwischen einem Paar homologer Chromosomen. (In Wirklichkeit ist der Vorgang etwas komplizierter, aber für das generelle Verständnis sind solche Details nicht nötig).

den Geschlechtszellen eines Bastards — enthält die dominanten Erbfaktoren A und B; das weiße, vom Vater stammende, enthält die rezessiven Erbfaktoren a und b. Dann tritt die Überkreuzung und Verklebung an der Bruchstelle ein, wie die nächste Abbildung zeigt. Nun folgt das Wiederauseinanderreißen, aber so, daß die falschen Enden aneinander kleben bleiben und die Folge ist, daß jetzt ein Chromosomenpaar vorhanden ist, das aus je einer schwarzen und weißen Hälfte besteht. Mit den so ausgetauschten Hälften sind natürlich auch die darin gelegenen Erbfaktoren ausgetauscht worden: während ursprünglich das eine Chromosom des Paares A und B enthielt, das andere aber a und b, enthält jetzt das eine A und b, das andere a und B; das ist aber genau der Faktorenaustausch, den wir vorher kennenlernten. Es sollte aber an dieser Stelle hervorgehoben werden, daß die jetzt gegebene Darstellung des Austausches durch Chiasmabildung beträchtlich vereinfacht ist. Die betrachteten Tatsachen sind wesentlich verwickelter, aber nur für den Fortgeschrittenen von Interesse.

126

Aber es kann wenigstens angedeutet werden, daß die nicht erwähnten Einzelheiten die Erklärung dafür enthalten, warum zwei Reifeteilungen nötig sind.

Nun beschäftigen wir uns einmal mit dem Verklebungspunkt der beiden Chromosomen. Es besteht weiter kein Grund anzunehmen, daß der Verklebungspunkt gerade in der Mitte der Chromosomen liegen muß. Er mag ebensogut an irgendeiner anderen Stelle liegen und so wird wohl der reine Zufall darüber entscheiden, wo gerade die Verklebung eintritt; also für jeden Punkt des Chromosoms ist die Wahrscheinlichkeit die gleiche, daß hier die Verklebungsstelle liegt. Stellen wir uns nun einmal vor, das Chromosom sei der Länge nach in hundert Teile eingeteilt und jeder Teilstrich sei eine gleich mögliche Verklebungsstelle. Wenn nun ein Erbfaktor auf Teilstrich 5 und ein anderer auf Teilstrich 95 liegt, so sind zwischen den beiden, neunzig von hundert Möglichkeiten für den Verklebungspunkt gelegen. Wenn aber einer auf 5, der andere auf 20 liegt, so liegen dazwischen nur fünfzehn gleichberechtigte Möglichkeiten für den Verklebungspunkt. Wenn endlich einer auf 5, der andere auf Punkt 7 liegt, so gibt es nur noch zwei von hundert Wahrscheinlichkeiten dafür, daß eine Verklebung gerade zwischen diese beiden Punkte fällt. Mit anderen Worten: je weiter zwei Erbfaktoren im Chromosom voneinander entfernt liegen, desto größer ist die Wahrscheinlichkeit, daß ein Verklebungspunkt zwischen sie fällt, also daß für sie ein Faktorenaustausch eintritt. Je näher sie beisammenliegen, um so weniger wahrscheinlich wird die Verklebung, der Austausch. Daraus nun läßt sich ohne weiteres schließen: Wenn in dem tatsächlichen Experiment gefunden wird, daß in einem hohen Prozentsatz von Fällen — sagen wir in 30% — ein Faktorenaustausch zwischen den Chromosomenpaarlingen in den Geschlechtszellen eines Bastards stattgefunden hat, so kann daraus geschlossen werden, daß die betreffenden Faktoren in ihrem Chromosom weit auseinanderliegen. Wenn aber bei anderen Faktoren nur ein geringer Prozentsatz des Austauschs gefunden wird, dann dürften sie im Chromosom nahe beieinanderliegen. Da der Austauschprozentsatz aber für je zwei Faktoren einen ganz typischen Wert hat, so muß geschlossen werden, daß dieser Wert ein Maßstab für die Entfernung der Faktoren im Chromosom ist.

Chromosomen-Karten.

Diese Entfernung kann man nun natürlich nicht wirklich messen, sondern nur relativ. Man kann also nicht sagen, daß die Faktoren A und B soundso viele tausendstel Millimeter voneinander entfernt liegen (im Augenblick wo die Verklebung erfolgt). Aber man kann sagen, daß Faktoren, die 5 % Austausch im Experiment zeigen, fünfmal so weit voneinander entfernt liegen, als solche, die nur 1 % Austausch zeigen. So kann man das Maß von 1 % Austausch zu einer Einheit des Messens machen. Dies ist im Prinzip nichts anderes, als wenn wir bei dem Messen von Temperaturen 1 % des Unterschieds zwischen Gefrierpunkt und Siedepunkt des Wassers (0—100° C) als Temperatureinheit, 1° C, erklären. Sagen wir nun: Der Faktor A soll am Ende des Chromosoms liegen; er zeigt mit B 1 % Austausch, also liegt B bei dem Punkt 1, und die Entfernung A B ist unsere Maßeinheit. Zwischen B und C haben wir 6 % Austausch. Also muß C bei Punkt 7 liegen, gemessen in der Maßeinheit A B = 1. Kennt man nun eine große Zahl von Austauschprozentsätzen für die Faktoren in einem Chromosom, so kann man daraus eine richtige Landkarte der Lage der Faktoren im Chromosom konstruieren und tatsächlich wurde dies für die Taufliege eingehend ausgeführt. Wir wollen nun noch kurz ausführen, wie eine solche Chromosomenkarte angefertigt wird. Erinnern wir uns an den alten Versuch (Abb. 36, 38) über Austausch zwischen schwarz und kurzflügelig im zweiten Chromosom von Drosophila. Wir fanden, daß 18,5% der Rückkreuzungsfliegen Austauschfliegen waren (unter 100 Fliegen fanden sich 81,5 der Elternkombination und je 9,25 der unerwarteten Konstitution). Ein anderes Gen im zweiten Chromosom macht die Augen purpurfarbig. Ein Rückkreuzungsexperiment von der gleichen Art wie vorher ergab 6% Austausch zwischen schwarz und purpur. Nun wurde der Versuch für stummelflügelig und purpur ausgeführt mit dem Resultat von 12,5 % Austausch. Die drei in diesen Experimenten erhaltenen Austauschwerte können nun so angedeutet werden:

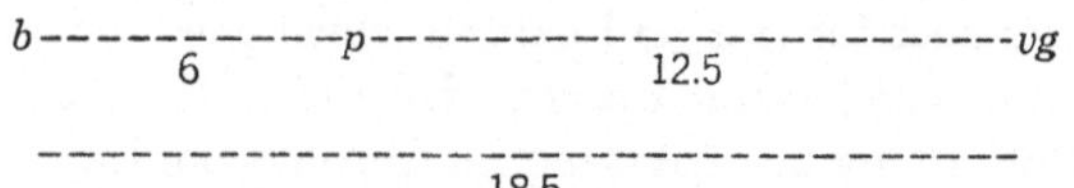

Im gleichen Chromosom findet sich ein dominantes Gen für gelappte Augen L. Im Austauschversuch mit schwarz erhielt man 23,5 % Austausch. L und p ergaben 17,5 % und L und vg 5 % Austausch. Deshalb muß die Anordnung dieser 4 Gene im Chromosom sein.

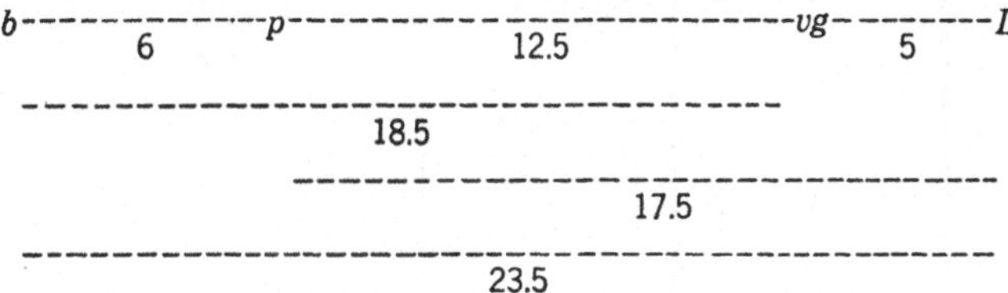

So können nun alle verfügbaren Gene untersucht werden: sie liegen entweder zwischen zwei schon bekannten oder rechts oder links von dem äußersten schon bekannten. In vielen Experimenten mit vielen Genen wird sich schließlich eines finden, über das hinaus kein anderes zu liegen scheint, die also die äußersten rechts und links, d. h. Anfang und Ende des Chromosoms darstellen. Das Erstaunliche nun ist, daß alle bekannten Gene sich richtig ohne Widersprüche einordnen lassen. In Abb. 39 ist eine solche Chromosomenkarte für Drosophila wiedergegeben, aber nur ein Bruchteil der 1000 Gene ist eingezeichnet.

Solche Karten existieren jetzt für manche Tiere und Pflanzen in großer Vollständigkeit z. B. für viele Drosophilaarten, Mais, spanische Wicke, Löwenmäulchen, während die für vielchromosomige Formen wie Maus, Huhn, Mensch noch sehr unvollständig sind.

Es soll schließlich nur angedeutet werden, daß man jetzt eine Möglichkeit besitzt, die Entfernung der Erbfaktoren im Chromosom auch direkt zu messen, indem man künstlich die Chromosomen zerstückelt und Versuche mit solchen Bruchstücken verschiedener Länge ausführt. Es zeigt sich dabei, daß zwar die Anordnung der Chromosomenkarte ganz richtig ist, daß aber die wirklichen Entfernungen der Faktoren voneinander von den berechneten abweichen, weil eben doch nicht alle Stellen des Chromosoms die gleiche Verklebungswahrscheinlichkeit besitzen. Und schließlich sollte noch erwähnt werden, daß nun auch der letzte Schlußstein dieser Analyse gelegt worden ist durch den mikroskopisch sichtbaren Nachweis des Austauschs bestimmter Chromosomenstücke, die zu diesem Zweck in origineller Weise markiert worden waren.

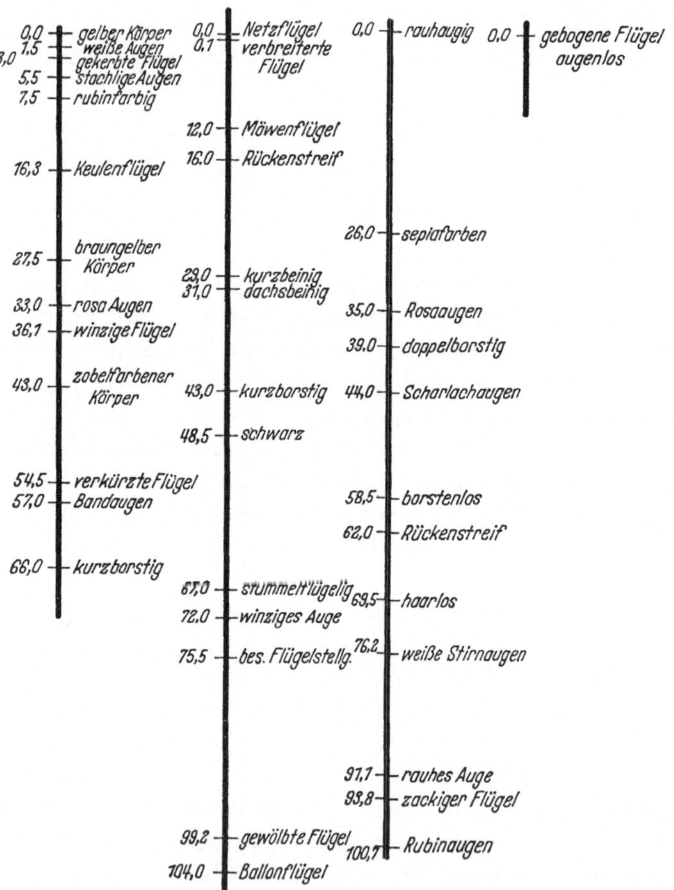

Abb. 39. Chromosomenkarte der Taufliege, in die nur ein kleiner Teil der bekannten Gene mit ihrer Lage eingetragen ist.

Ist das nicht wunderbar, wie es auf diese Weise möglich ist, die Erbsubstanz in den Geschlechtszellen zu erforschen, gerade als ob man sie greifen könne? Braucht es besonders betont zu werden, daß hier der ganze engverzahnte Aufbau der Erforschung der Beziehungen zwischen Chromosomen und Vererbung zu einem imponierenden Abschluß gebracht ist, an dessen Bedeutung nichts dadurch geändert wird, daß vielleicht an dieser oder jener Stelle des Gebäudes ein morscher Stein gelegentlich durch einen neuen ersetzt werden muß.

VII. Die Entstehung neuer Erbeigenschaften.

In unseren bisherigen Erörterungen spielten sehr oft Tiere oder Pflanzen eine Rolle, die sich von anderen durch den Besitz eines oder mehrerer Erbfaktoren unterschieden. (Für Erbfaktor gebraucht man in wissenschaftlicher Sprache heute meist das Wort Gen, das wir bisher selten benutzt haben, um die Zahl der fremden Kunstausdrücke zu beschränken.) Wir sprachen dann von verschiedenen reinen Rassen. Bei den vielen Kreuzungen von Taufliegen etwa, die wir erwähnten, stellten wir es so dar, daß gegebene Rassen miteinander gekreuzt wurden, und da wir von der Untersuchung von etwa 1000 mendelnden Erbfaktoren hörten, so mußten wir also von beinahe 1000 verschiedenen Rassen wenigstens sprechen. Wo kommen diese nun her, sind sie etwa in der Natur gesammelt und dann gezüchtet? Nun, die bisherige Ausdrucksweise war nur ein Notbehelf, den wir benutzen mußten, um die Tatsachen ohne vorhergehende Kenntnis der Erscheinungen darstellen zu können, mit denen wir uns nunmehr beschäftigen wollen.

Allgemeine Tatsachen.

Als Darwin seine Theorie der natürlichen Zuchtwahl aufstellte, durch die er die Umwandlung der Arten von Einfacherem zu Verwickelterem erklärte, ging er bekanntlich von den Verhältnissen der Haustiere und Nutzpflanzen aus. Er sagte sich, daß all die Zuchtrassen von Pferden, Hunden, Schweinen usw. von Wildformen abstammen müssen, die einmal in der Vorzeit vom Menschen gezähmt und in Zucht genommen wurden. Schaut man sich nun unter den in Betracht kommenden Wildformen um, so zeigt sich, daß diese sehr einheitlich sind. Wildhunde etwa gleichen mehr oder minder dem Wolf oder Schakal, Wildpferde haben einen einzigen sehr charakteristischen Typ, ebenso Wildschweine usw. Die Haustiere dagegen sind außerordentlich verschiedenartig, man denke etwa an all die vielen Hunderassen. Wo kommen nun diese her? Wir wissen das jetzt etwas genauer als Darwin. Dieser sagte, der Züchter schuf sie planmäßig durch künstliche Zuchtwahl, also dadurch, daß er die ihm am geeignetsten erscheinenden Stücke zur Fortpflanzung auswählte. Wenn dann unter seinen Tieren eine gewisse „Variation" herrschte, so konnte er das finden, was er wünschte und durch immer weitere Auswahl die betreffenden Eigenschaften steigern, so daß er schließlich etwas ganz anderes bekam, als wovon er ausgegangen war. Nach unseren bisherigen Erörterungen wissen wir ja nun genau, welche Deutung diese an sich richtigen Vorstellungen Darwins bekommen müssen. Wir wissen, daß die Variabilität dadurch erzielt wurde, daß verschiedene Wildformen gekreuzt wurden und in der Nachkommenschaft dann eine verwickelte Mendelspaltung eintrat, die ja im Fall zahlreicher mendelnder Erbfaktoren dazu führen kann, daß so ziemlich jedes Individuum vom anderen verschieden ist. Hieraus wurden dann die gewünschten Faktorenzusammenstellungen ausgewählt und durch immer wieder erfolgende Auswahl allmählich homozygot gemacht.

Aber dies ist doch nur ein Teil der Geschichte. Es ist wohl kaum vorstellbar, daß auf diese Weise nun etwa auch die krummen Beine eines Dackels, die Scheckung von Kühen, Pferden, Hunden, das Angorahaar von Ziegen, Kaninchen, Meerschweinchen, der Kopf der Bulldogge und des Mopses entstanden sind. Tatsächlich war es auch Darwin bereits bekannt, daß solche Eigenschaften auch anders als durch künstliche Zuchtwahl — also Mendelsche Faktorenkombination — entstehen können. Die Züchter, von denen Darwin seine Informationen erhielt, wußten sehr wohl, daß gelegentlich einmal in einem als rein betrachteten Stamm plötzlich ein einzelnes oder einige wenige Individuen von ganz abweichender Art auftreten und daß diese neuen Eigenschaften sich von Anfang an als voll erblich erweisen, also, wenn man ein Pärchen besaß, rein weitergezüchtet werden konnten. Unter den vielen historisch bekannten Beispielen dieser Art ist vielleicht das berühmteste der Fall des Anconschafes. In einer amerikanischen Schafherde fielen von normalen Eltern Lämmer,

die kurze Dackelbeine hatten, und aus ihnen wurde eine ganze
Rasse dackelbeiniger Anconschafe gezogen, die sich eine Zeitlang
großer Beliebtheit erfreuten, bis man sie wieder aussterben ließ.
(Neuerdings sind sie übrigens in Norwegen wieder aufgetreten.)
Ein ähnlicher Fall ist auch von Pferden bekannt und zweifellos
ist auch der Dackel einmal so aus einer normalbeinigen Hunderasse hervorgegangen. In ähnlicher Weise beobachtete man das
plötzliche Entstehen vieler anderer Formen, ja, bei Pflanzen können solche neue Typen sogar als einzelne Zweige auf einer sonst
normalen Pflanze auftreten.

Genmutation.

In alter Zeit legte man aber dieser Erscheinung wenig Bedeutung bei und sie wurde erst genauer beachtet, als man sie
näher studierte und in Zusammenhang mit den Vererbungsgesetzen brachte. Heute nennt man die Erscheinung Mutation
und die durch Mutation entstandene neue Form eine Mutante.
Mutation ist also ein Vorgang, der die erbliche Grundlage eines
Lebewesens irgendwie verändert. Auf Grund dessen, was wir nun
von Vererbung wissen, erwarten wir natürlich, daß der Vorgang
etwas mit den mendelnden Erbfaktoren zu tun hat und das ist
tatsächlich der Fall. Wir fanden, daß an einer bestimmten Stelle
eines Paares von Chromosomen und an ungezählten anderen
Stellen der verschiedenen Chromosomenpaare etwas gelegen ist,
das wir als einen mendelnden Erbfaktor bezeichneten. Was auch
ein solcher Erbfaktor oder Gen sein möge — und das ist ein
schwieriges Problem, das noch nicht eindeutig gelöst ist — sicher,
ist es etwas, das auf dem Weg über jedenfalls sehr verwickelte
chemische Reaktionen dafür sorgt, daß sich eine bestimmte Eigenschaft des Lebewesens ausbildet, vorausgesetzt natürlich, daß alle
anderen Erbfaktoren richtig vorhanden sind und mitarbeiten.
Stellen wir uns nun ganz naiv vor, daß aus irgendwelchen Gründen ein solcher Erbfaktor in den Geschlechtszellen oder in den
Zellen, aus denen Geschlechtszellen entstehen, entweder verschwindet, oder ein anderer neu erscheint, oder ein vorhandener
Erbfaktor sich in seiner Zusammensetzung verändert. Was wird
wohl die Folge davon sein? Die erste Folge wird sein, daß eine
neue Eigenschaft bei dem betreffenden Individuum ganz plötz-

lich und ohne Übergang erscheint. Die nächste Folge wird sein, daß diese neue Eigenschaft auch auf die Nachkommenschaft vererbt wird. Denn der neu entstandene Zustand, sei es nun das Vorhandensein eines neuen oder das Fehlen oder die Veränderung eines alten Erbfaktors, wird ja nun genau so von Eltern auf Nachkommenschaft weitergegeben, wie vorher der frühere Zustand, denn wir wissen ja jetzt, daß es ein Hauptzug der Chromosomen und damit der Erbfaktoren ist, immer wieder ihr Ebenbild zu erzeugen. Normalerweise führt uns dies zur Unveränderlichkeit der lebenden Formen und zu der Unabänderlichkeit der Vererbung. Jetzt sehen wir, daß gelegentlich doch eine Veränderung möglich ist — man kann an einen kleinen Fehler bei dem Vorgang der Herstellung des Ebenbildes denken — und damit erscheint ein neuer Erbzustand, der nun selbst wieder unveränderlich ist und rein weitervererbt wird.

Die Folge der Änderung in bezug auf einen Erbfaktor wird also sofort vollständig vererbt. Wie wird sie aber vererbt? Es ist klar, daß bei der Kreuzung einer solchen Mutante mit der Stammart eine einfache Mendelspaltung eintreten muß, denn durch die Mutation ist ja nur zu dem ursprünglichen Erbfaktor ein abweichender Partner geschaffen. Wenn etwa der an einer bestimmten Stelle des zweiten Chromosoms der Taufliege gelegene Erbfaktor, der etwas mit dem Wachstum der Beine zu tun hat, so mutiert, daß der veränderte Faktor gekrümmte Dachsbeine hervorruft, so sind jetzt normale Beine — Dachsbeine ein mendelndes Merkmalspaar: Nach einer Kreuzung zwischen normalen und durch Mutation entstandenen dachsbeinigen Fliegen erhalten wir eine einfache Mendelspaltung.

Hier haben wir nun die Antwort auf die Frage gefunden, die die jetzige Diskussion herbeiführte: Wo kommen die sogenannten verschiedenen Rassen her, mit denen wir bis jetzt arbeiteten? Die Tatsache, daß jeder dieser Stämme nach Kreuzung mit der ursprünglichen Wildform nur eine einfache Mendelspaltung für den unterschiedlichen Charakter gibt, beweist schon, daß alle diese Typen oder Rassen oder Stämme durch Mutation entstanden sind. So war stummelflügelig ein rezessives Allel, entstanden durch Mutation aus dem für normalflügelig, schwarze Körperfarbe entstand so aus grauer und so fort für alle die tausend „Rassen", die wir jetzt richtig Mutanten nennen. Kurzum: Neue Erbtypen entstehen durch Mutation.

Daraus folgt nun weiterhin, daß solche einfachen faktoriellen Mutationen dominante oder rezessive Mutanten hervorbringen können, daß also die durch Mutation neu entstandene Erbeigenschaft bei Kreuzung mit der Ausgangsform dominant oder rezessiv sein kann. Es ist nun eine merkwürdige Tatsache, daß sehr viel mehr Mutanten rezessiv als dominant sind, daß also meist die Ausgangsform über die neue Mutante dominiert. Noch merkwürdiger aber, daß sehr viele dominante Mutanten in reinem Zustand (homozygot) nicht lebensfähig sind, so daß sie überhaupt nur beobachtet werden können, wenn sie heterozygot auftreten.

Das führt nun zu der Frage, wie man denn überhaupt erkennen und einwandfrei beweisen kann, daß eine Mutation eingetreten ist. Handelt es sich um eine dominante Mutante, dann kann wohl selten ein Zweifel entstehen. Wenn wir eine Tier- oder Pflanzenform Generationen hindurch in Reinzucht ziehen, ohne daß irgendeine Spaltung eintritt, die auf Unreinheit der Zucht schließen ließe und wenn dann plötzlich in einer solchen zuverlässig kontrollierten Zucht ein oder wenige abweichende Individuen erscheinen, so liegt der Verdacht der Mutation nahe. Kreuzt man dann die neue Form mit der Stammform, aus der sie hervorging und findet dann ein einfaches mendelndes Verhalten mit Dominanz der neuen Eigenschaft, so können wir sicher sein, eine dominante Mutation erhalten zu haben. Der praktische Züchter, dem dies begegnet, hat dann unter Umständen die Möglichkeit, mit einer solchen Mutante, falls ihre Eigenschaften ihn interessieren, eine neue Linie zu züchten, die natürlich von Anfang an völlig rein ist. Solche dominanten Mutanten sind sehr oft beobachtet worden, sowohl bei Tieren wie bei Pflanzen, und es gibt auch eine Anzahl zuverlässiger Fälle beim Menschen.

Anders steht es aber mit rezessiven Mutanten. Wir erinnern uns daran, daß die Kreuzung einer heterozygoten Form mit der zugehörigen reinen Dominanten äußerlich nur dominant aussehende Nachkommenschaft ergibt, die zur Hälfte allerdings den rezessiven Faktor trägt. In den üblichen Formeln würde dies ausgedrückt $Aa \times AA = \frac{1}{2} Aa + \frac{1}{2} AA$. Wir hatten diesen Fall der dominanten Rückkreuzung ja schon früher ausführlich besprochen und gezeigt, wie er dafür verantwortlich sein kann, daß eine rezessive Krankheitsanlage durch viele Generationen hindurch unsichtbar weitergeschleppt wird, bis endlich zwei Heterozygoten einmal zusammenkommen und dann die reinen Rezessiven herausspalten. Nehmen wir nun an, daß dies in einer reinen Zucht passiere, d. h. in einer solchen, die man für rein gehalten hat, während in Wirklichkeit stets ein rezessiver Faktor im heterozygoten Zustand mitgeschleppt wurde. Tauchen nun plötzlich die reinen Rezessiven auf, so liegt die Versuchung nahe, zu glauben, daß eine rezessive Mutante aufgetreten ist. Tatsächlich dürfte eine solche Mißdeutung auch oft vorgekommen sein, die nur dann auszuschließen ist, wenn viele Generationen in großen Zahlen und mit vielen Einzelzuchten gezogen wurden. Allerdings, das darf nicht vergessen werden, irgendwann einmal muß die betreffende rezessive Eigenschaft doch durch Mutation entstanden sein. Wir kommen bald darauf zurück.

Wenn nun aber wirklich eine rezessive Mutante entstanden ist, wie wird sie denn zuerst bemerkbar werden? Überlegen wir uns einmal, wann und wie die Mutation eintreten kann. Wenn wir von den Fällen im Pflanzenreich absehen, in denen ein Zweig oder eine Knospe an einer Pflanze mutiert (die sogenannte Knospenmutation), muß der Mutationsvorgang ja in den Geschlechtszellen stattfinden und da wird wohl kein Unterschied zwischen weiblichen und männlichen Geschlechtszellen sein. Da ist es ferner möglich, daß nur in einer einzigen Geschlechtszelle die mutative Veränderung sich ereignet, oder es mag in mehreren gleichzeitig passieren. Sodann kann das Ereignis in reifen Geschlechtszellen eintreten, die sich nicht mehr teilen, aber auch in jungen Geschlechtszellen, die sich noch teilen werden und daher eine entsprechende Zahl mutierter Zellen hervorgehen lassen. Da es nun sehr unwahrscheinlich ist, daß gleichzeitig männliche und weibliche Geschlechtszellen mutiert haben und noch unwahrscheinlicher, falls es doch einmal der Fall sein sollte, daß je eine mutierte Ei- und Samenzelle zur Befruchtung kommen, so dürfte eine mutierte Geschlechtszelle sich in der Regel mit einer nicht mutierten vereinigen. Es wird somit ein Bastard erzeugt, der aber im Falle völliger Dominanz der Stammeigenschaft nicht bemerkt werden kann. Dieser Bastard wird nun, außer bei selbstbefruchtenden Pflanzen, in der Regel nicht seinesgleichen zur Vereinigung bei der Fortpflanzung finden, sondern die Stammform mit dem Ergebnis, daß zur Hälfte reine Dominante (die Stammform), zur Hälfte Heterozygote erzeugt werden. Jetzt erst sind genug Heterozygote da, um es wahrscheinlich werden zu lassen, daß sich zwei Heterozygote zur Fortpflanzung vereinigen, mit dem Ergebnis einer einfachen Mendelspaltung in der nächsten Generation. Jetzt erst erscheinen $^1/_4$ rein Rezessive, also die rezessiven Mutanten; vier Generationen nachdem der Mutationsvorgang eingetreten war, kann er bestenfalls erst bemerkt werden.

Es lohnt sich vielleicht, einmal zu überlegen, welche Wahrscheinlichkeit demnach vorliegt, daß beim Menschen etwaige rezessive Mutationen sichtbar werden. Eine Frau produziert bei vorsichtiger Berechnung mindestens 500 befruchtungsfähige Eier und für die einzelne Befruchtung stehen Millionen von Samenzellen zur Verfügung. Daß bei einer Nachkommenzahl von sagen wir vier und bei der Annahme, daß solche Mutation häufig eintritt, die Wahrscheinlichkeit eine sehr große sei, daß aus einer mutierten Geschlechtszelle ein Kind entsteht, kann wohl niemand behaupten. Wenn dieser Fall aber doch eintritt, dann kann die rezessive Mutation ja nur herausspalten, wenn zwei Heterozygote zusammenkommen, also zufällig in zwei Familien die gleiche Mutation eingetreten ist oder unter den Nachkommen des Ausgangsindividuums Verwandtenehen stattfinden und daraus die genügende Kinderzahl hervorgeht.

Ursachen der Mutation und Mutationstypen.

Nun liegt sicher schon lange auf den Lippen eines jeden Lesers die Frage: was verursacht die Entstehung der Mutation, warum verändert sich plötzlich ein Erbfaktor so, daß er, nach der Wirkung zu schließen, zu etwas ganz anderem geworden ist?

Seien wir ehrlich: Wir wissen noch sehr wenig, was die spontanen Mutationen bedingt. Man hat an äußere Ursachen wie kosmische Strahlen gedacht, an innere Ursachen wie allerfeinste Temperaturschwankungen oder mechanische Fehler bei der Bildung der Tochterchromosomen. Eine wirkliche Einsicht in diesen Grundvorgang der Vererbung können wir kaum erwarten, bevor wir eine genaue Kenntnis der chemischen Natur eines

Erbfaktors haben. Inzwischen aber ist eine Methode bekannt geworden, im Experiment nach Willen Mutanten zu erzeugen, und die genaue Beleuchtung der Ergebnisse erlaubt schon einige Schlüsse auf den Mutationsvorgang. Die Mittel, mit denen künstlich Mutation bei Tieren und Pflanzen aller Sorten hervorgebracht werden kann durch direkte Einwirkung auf die Chromosomen der Geschlechtszellen, sind: Röntgenstrahlen und alle andern Strahlungen, wie Gammastrahlen, Neutronen, ultraviolettes Licht, ferner extreme, fast tödliche Temperaturschocks; ferner gewisse Gifte wie z. B. Senfgas. Diese experimentell erzeugten Mutanten unterscheiden sich in nichts von den natürlichen. Wir werden später noch einmal auf dies zurückkommen.

Wenn wir uns nun wieder der kleinen Taufliege erinnern, deren Kreuzungen uns zu so interessanten Ergebnissen über die Lage der Erbfaktoren in den Chromosomen führten, so benutzten wir zu den Experimenten allerlei verschiedene Rassen, die sich in mendelnden Erbfaktoren unterschieden. Jetzt sind wir nun so weit, sagen zu können, daß das bisher als Rassen bezeichnete in Wirklichkeit solche Mutanten waren. Die berühmten Arbeiten mit der Taufliege begannen mit der Zucht der normalen in der Natur vorkommenden Tierchen, die ein paar hundert Eier legen, aus denen sich schon in zwei Wochen wieder fortpflanzungsfähige Fliegen entwickeln. So konnten in jetzt über 40 Jahren über 1000 Generationen mit Millionen von Individuen gezüchtet werden. Was das bedeutet, geht etwa aus dem Vergleich mit der sogenannten Weltgeschichte hervor, die sich nur auf etwa hundert Generationen von Menschen bezieht. In diesen Zuchten traten nun von Zeit zu Zeit Mutanten auf, die, sobald sie erkannt wurden, ausgesucht und rein weitergezüchtet wurden und dann zu den früher geschilderten Versuchen verwandt werden konnten. Wie schon erwähnt, wurden allein bei dieser Fliege bis jetzt an die 1000 verschiedene Mutanten beobachtet und auf ihr Erbverhalten untersucht. Da gibt es Mutanten, die sich von der Stammform hauptsächlich in der Augenfarbe unterscheiden, also statt roten hellrote, gelbe, weiße Augen besitzen; solche, deren Unterscheidungsmerkmal die Augenform trifft, also statt runden Augen bandförmige, oder völliges Fehlen der Augen, oder absonderliche Anordnung der einzelnen Teile des Auges; Mutation

der Körperfarbe zu gelb oder schwarz statt grau; Mutation
der Flügellänge oder Flügelform zu Stummelflügeln, Flügel-

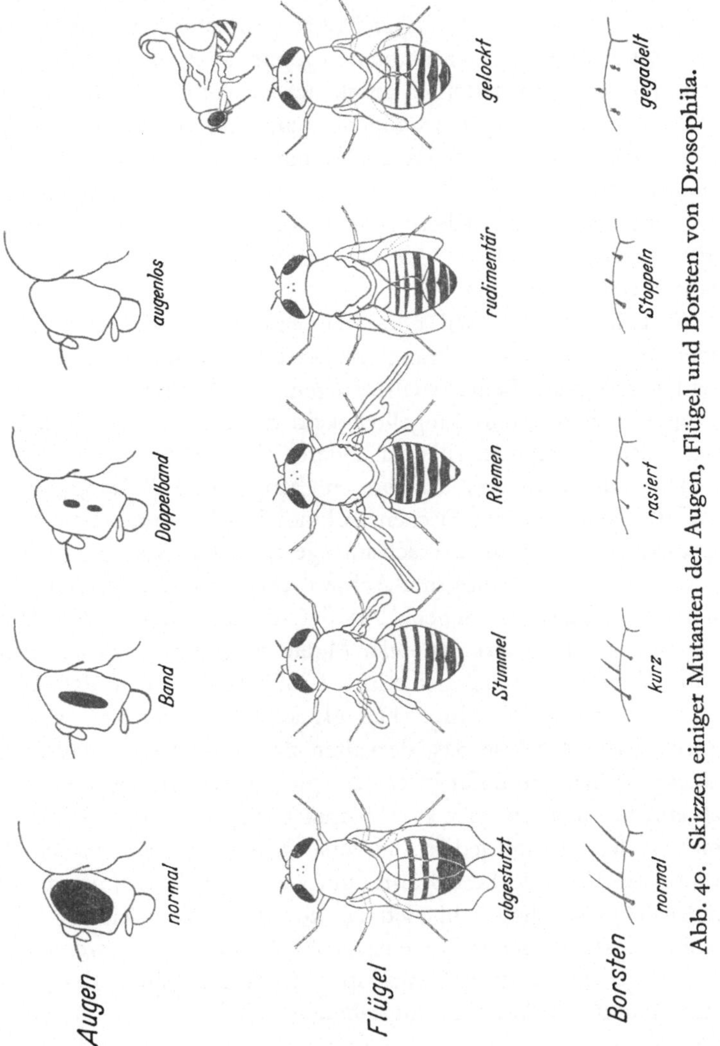

losigkeit, keulenförmigen Flügeln; Mutation der auf dem Körper
sitzenden Härchen nach Zahl und Form; Mutation der Beine
zu Dachsbeinen oder verdoppelten Beinen. In Abb. 40 sei eine

kleine Auswahl solcher Mutanten abgebildet. Bei keinem anderen Tier oder Pflanze konnte man bisher so viele Mutanten untersuchen. Aber andererseits gibt es auch kein Tier oder Pflanze, mit dem ein Forscher länger gearbeitet hätte, ohne daß ihm das Auftreten von Mutanten begegnet wäre, und je näher der einzelne sein Arbeitsobjekt kennt, um so häufiger beobachtet er auch Mutanten, an deren allgemeinem Vorkommen also nicht gezweifelt werden kann. Ebensowenig kann es einem Zweifel unterliegen, daß alle die Erbeigenschaften, die wir bisher im Vererbungsexperiment betrachteten, also etwa die verschiedenen Farben und Haarfarben der Meerschweinchen, einmal als Mutanten entstanden sind.

Es fällt nun auf, daß unter den erwähnten Mutanten recht viele sind, die man als krankhaft bezeichnen muß. Dackelbeine und verdoppelte Beine, weiße Augen und Augenlosigkeit, verkrüppelte Flügel und Flügellosigkeit, das sind doch alles keine normalen Charaktere. Nichts anderes aber beobachten wir bei den Mutanten anderer Tierformen, Mops- und Bulldoggköpfe bei Hunden, Rindern, Fischen, Albinos in allen möglichen Tiergruppen, Tanzmäuse, die sich infolge eines Defektes im Gleichgewichtsorgan stets um ihre Achse drehen, Sechsfingrigkeit und Klumpfuß beim Menschen. An der Tatsache des krankhaften und abnormen Charakters vieler Mutanten ist also nicht zu zweifeln. Vom Standpunkt der reinen Erblichkeitslehre ist das allerdings höchst gleichgültig. Die Mutanten ermöglichen es uns, durch Bastardanalyse das Verhalten der normalen Erbfaktoren zu erschließen und dafür ist es ganz gleichgültig, ob die Mutation zu einem normalen oder krankhaften Ergebnis führt. Es ist das nicht anders, als mit jedem Tierversuch, bei dem man absichtlich abnorme Zustände herbeiführt, um aus ihrem Studium auf das normale Geschehen schließen zu können. Den gleichen Tatsachen kommt aber sofort eine große Bedeutung zu, wenn wir sie von einem anderen Gesichtspunkt aus betrachten, dem Gesichtspunkt der Abstammungslehre.

Mutation und Abstammungslehre

Jedermann kennt heute das Wesen der von Darwin neu begründeten Abstammungslehre, die besagt, daß die Fülle der

Lebewesen, die die Erde bevölkern, nicht immer so beschaffen war wie das heute der Fall ist, sondern daß sich Verwickelteres allmählich aus Einfacherem entwickelt hat. Den Vorgang dieser Entwicklung stellt sich nun Darwin so vor: Die Nachkommen ein und desselben Elternpaares sind nicht alle untereinander gleich, sondern sie sind alle ein wenig verschieden, sie variieren. Manche von diesen Variationen mögen sich nun gegenüber dem in der Natur stets tobenden Kampfe um die Nahrung und den Wohnraum als günstig erweisen, ihrem Besitzer vorteilhaft sein. Die Besitzer der vorteilhaften Variation haben eine bessere Aussicht, den Kampf ums Dasein zu bestehen, als ihre Geschwister, kommen zur Fortpflanzung, vererben ihre günstigen Eigenschaften auf die Nachkommen, bei denen dann wieder der gleiche Vorgang stattfindet, die Auslese der günstigsten Varianten. So werden allmählich die Formen verändert und passen sich dabei gleichzeitig auf das beste den äußeren Verhältnissen an, wie wir das tatsächlich ja feststellen können. Die Auslese resp. das Überleben der bestangepaßten im Kampfe ums Dasein und die Variation, die für diesen Auslesevorgang das Material liefert, sind es demnach, auf denen die allmähliche Umwandlung der Arten beruht.

Wir wissen nun schon aus unseren früheren Erörterungen, daß der Begriff des Variierens bei Darwin nicht ganz klar ist. Wir sahen, daß es eine Art von Variation gibt, die durch die Einwirkung der äußeren Umgebung auf den Organismus bedingt ist, die aber nicht erblich ist. Eine Auslese solcher Variationen, sei es durch die Natur, sei es durch den Züchter, ändert nichts an der Erbbeschaffenheit, wie wir das ja so genau am Beispiel der Bohnen studierten. Dann wieder fanden wir eine Variation, eine Verschiedenheit der Nachkommenschaft, wenn die Eltern erblich unrein waren, heterozygot, somit eine Bastardspaltung unter der Nachkommenschaft auftritt. Auch in diesem Fall spricht Darwin von Variation. Und nun ist uns wieder eine andere Art von Variation begegnet, die Mutation, durch die einzelne Individuen plötzlich ganz abweichend werden. Auch sie würde Darwin als Variation bezeichnen und unter den gleichen Gesichtspunkten betrachten.

Als man nun die Erscheinung der Mutation kennengelernt hatte, glaubten viele Forscher, daß hier tatsächlich ein Weg beobachtet worden sei, auf dem sich die Arten verändern, nicht in allmählicher Änderung durch Auswahl günstiger Varianten, sondern plötzlich, sprunghaft, ohne irgendeine Beziehung zur Anpassung. Natürlich, wenn eine plötzlich entstandene Mutante in der Natur erscheint, so wird sie der harten Prüfung der Außenwelt ausgesetzt und muß beweisen, ob sie lebensfähig ist. Ist sie es nicht, dann wird sie unerbittlich wieder ausgemerzt. Ist sie aber erhaltungsfähig, dann ist sie es von Anfang an, ohne allmähliche Umbildung zum Besserangepaßtsein. Daraus aber ergibt sich für die Entstehung der Anpassungen wieder eine ganz andere Vorstellung als die Darwinsche, die wir uns am einfachsten an einem Beispiel klarmachen.

Auf den sturmumbrausten Kergueleninseln, wie auch auf anderen isolierten Inseln, gibt es ausschließlich flügellose Insekten; also Fliegen, Käfer, Schmetterlinge haben keine oder ganz verkrüppelte Flügel und können nicht fliegen. Die Darwinistische Erklärung dafür wäre nun die: Unter den, sagen wir Schmetterlingen, die ursprünglich die Inseln bewohnten, gab es eine gewisse Variation in der Flügelgröße. Da diejenigen, die kürzere Flügel hatten, schlechter fliegen konnten und daher weniger flogen, waren sie nicht so sehr wie die guten Flieger der Gefahr ausgesetzt, vom Sturm ins Meer verschlagen zu werden, sie pflanzten sich also sicherer fort und gaben wieder schlechten Fliegern den Ursprung. Das gleiche wiederholte sich und so wurde im Laufe vieler Generationen eine flügellose Rasse herangezüchtet. Der Mutationist aber würde sagen: Es gibt überall, auch im Festland, Arten von flügellosen Schmetterlingen. Bei der Taufliege sehen wir sogar im Zuchtglas, daß Flügellosigkeit als Mutation auftreten kann. Nun müssen solche abgelegenen Inseln wie die Kerguelen ja einmal von dem nächsten Festland her mit Lebewesen besiedelt worden sein, die mit Treibholz, zwischen den Klauen oder dem Gefieder von Vögeln eingeschleppt wurden. Kamen so geflügelte Insekten, so wurden sie bald wieder ausgerottet, da sie vom Sturm ins Meer getrieben wurden. Kam aber zufällig einmal eine flügellose Mutante, so konnte sie sich in der unwirtlichen Wohnstätte einnisten. Zuerst also war die völlig zufällige und regellose Mutation da. Dann fand diese eine Wohnstätte, die zu ihren Besonderheiten paßte, und so wurde sie erhalten. Die Mutationslehre läßt also das Neue sprunghaft und ohne Übergänge entstehen und das gute Angepaßtsein ist nicht die Folge eines allmählichen Umbildungsvorganges, sondern die zufällig vorhandene Voraussetzung für die Annahme einer bestimmten Lebensweise. Man spricht daher auch von mutativer Präadaptation (Adaptation = Anpassung) für eine leere Nische der Umgebung. In der Regel wird das Subjekt dieser Präadaptation nicht eine einfache Mutante sein, sondern eine Mendelsche Rekombination von mehreren Mutanten, die in der Population einer Art (d. h. der Masse aller Individuen) immer wieder herausspaltet und so zur Einwanderung in eine neue Nische verfügbar ist, wenn die Gelegenheit sich bietet.

Nun aber kehren wir zu dem Ausgangspunkt dieser Betrachtung zurück, der vielfach krankhaften Natur der im Versuch beobachteten Mutanten. Tatsächlich kann die große Mehrzahl der in den Versuchen beobachteten Mutationen als Vorstufe zu einer Bildung neuer Arten kaum in Betracht kommen. Denken wir etwa an Albinos oder Schecken vieler Säugetiere. Sie würden in der freien Natur wohl bald von ihren Feinden, wenn nicht gar von ihren eigenen Artgenossen ausgetilgt werden. Tatsächlich sehen wir, daß die betreffenden Wildformen eine ziemlich einheitliche charakteristische Wildfarbe besitzen, die sie in ihrer Umgebung nicht weiter auffallen läßt. Der Mensch aber, dem die Zucht von Besonderheiten Freude macht, wählt sich gerade solche Mutanten aus und züchtet sie sorgfältig, indem er sie vor der Vernichtung im natürlichen Zustand schützt. Nicht anders ist es mit der Fülle von Mutanten der Taufliege und wohl auch der meisten Pflanzen. Sie sind krankhafte Sackgassen, die in der Regel in der Natur nicht erhaltungsfähig sind. In der Regel; denn es mag auch im Naturzustand Situationen geben, in denen eine abnorme Mutante Erhaltungswert hat. Wir könnten uns z. B. ausmalen, daß in Zeiten sehr scharfer Verfolgung durch andere Raubtiere eine dackelartige Mutante eines Wildhundes mit der Fähigkeit in engen Erdröhren zu hausen, tatsächlich erfolgreich wäre und erhalten bliebe, ebenso wie eine flügellose Mutante einer Fliege, die zufällig nach den Kerguelen verschlagen wurde. Aber noch etwas anderes kommt hinzu, was wir bisher noch nicht erwähnten. Wir wiesen zwar darauf hin, daß

homozygote dominante Mutationen gewöhnlich nicht lebensfähig
sind. Dem muß noch zugefügt werden, daß die große Mehrzahl
aller Mutanten weniger lebenskräftig sind als die Stammart. Es
scheint, daß die Veränderung im Chromosom, die wir an einer
vielleicht ganz gleichgültigen äußeren Eigenschaft, wie Körper-
färbung, erkennen, doch eine tiefgreifende Wirkung auf den
ganzen Organismus ausübt, die ihn weniger lebensfähig macht.
So kommen denn wohl die beobachteten Mutanten, so wichtig
sie für die Erforschung des Vererbungsvorganges sind, für die
Artbildung kaum oder nur wenig in Betracht.

Sind aber nun die besprochenen, sozusagen groben Mutanten
die einzigen nachweisbaren erblichen Veränderungen der Erbmasse, d. h. der Gesamtheit der Erbfaktoren sowie anderer
vielleicht noch unbekannter Erbstoffe? Es ist eine Erfahrung
aller Erblichkeitsforscher, daß sie im Anfang bei ihrem Objekt,
welches es auch sein mag, nur die auffallenden, von der Stammform stark abweichenden Mutanten bemerken. Je mehr sich aber
der Blick schärft und je feiner die Methoden der Unterscheidung
werden, um so deutlicher zeigt sich, daß es auch häufig Mutanten
gibt, die sich nur ganz wenig von der Stammart unterscheiden,
so wenig, daß sie meist übersehen werden. Vergleicht man nun
in der Natur lebende nahe verwandte Arten, so findet man, daß
sie sich in der Regel nicht so voneinander unterscheiden, wie
Mutante und Stammart, also in einer oder wenigen deutlichen
Unterschieden, sondern daß sie in vielen, vielleicht allen, Charakteren ein ganz klein wenig verschieden sind. Es liegt daher nahe
anzunehmen, daß sie durch viele ganz kleine Mutationsschritte
entstanden, die in verschiedene Richtung gingen und vielleicht
ungezählte Male nicht zusammenpaßten, bis einmal eine Kombination solcher kleinster Mutanten sich fand, die lebensfähig war.
Es ist klar, daß eine solche Anschauung gar nicht verschieden von
Darwins Vorstellung ist; nur ist das Wesen der Variation, die
mutative Veränderung der Erbfaktoren, die allein zu Neuem
führen kann, jetzt klar gefaßt und damit Darwins Bild geklärt
und geläutert. So hat also die im Gegensatz zum Darwinismus
entstandene Mutationslehre allmählich wieder zu Darwin zurück-
geführt und man spricht deshalb auch von Neu-Darwinismus,
dem viele Erbforscher huldigen. Aber es soll nicht verhehlt

werden, daß es auch Forscher gibt, die glauben, daß durch Auswahl kleinster Mutanten und ihre Anhäufung durch Zuchtwahl zwar die ersten bescheidenen Schritte in der Umwandlung der Arten erklärt werden können, daß aber die großen Ereignisse der Umwandlung der Arten, die zu ganz neuen Strukturen und verwickelten Anpassungen führen, nur verstanden werden können, wenn gelegentlich Großmutationen in einem Schritt grundlegende Veränderungen bedingen. Doch dies sind besondere Probleme der Abstammungslehre, die wir hier nur andeuten können. Wir werden sie später nochmals erwähnen.

Noch eine Form von Mutation sollte nicht unerwähnt bleiben, weil sie möglicherweise eine Bedeutung für die Entstehung neuer Formen hat, die aber noch nicht ganz geklärt ist. Gerade auf diesem Gebiet, wie überhaupt in der Vererbungswissenschaft, schreitet die Wissenschaft mit Riesenschritten vorwärts und jeder Tag kann neue Überraschungen bringen. Wir meinen die Entstehung von Mutanten durch Verdoppelung eines oder aller Chromosomen. Es kommt gelegentlich vor, daß plötzlich Individuen entstehen, die genau die doppelte Chromosomenzahl besitzen, wie die Ausgangsform. Im Pflanzenreich, wo dies ein nicht allzu seltener Vorgang zu sein pflegt, entstehen dann Riesenformen. Das kommt daher, daß innerhalb einer Art die Größe der Zelle direkt von ihrer Chromosomenzahl abhängt. Wenn man also auf irgendeinem Wege — und es gibt deren mehrere — imstande ist, die Chromosomenzahl der Zellen zu verändern, dann werden die betreffenden Zellen entsprechend größer oder kleiner. Im Falle der Chromosomenverdoppelung werden also die Zellen doppelt so groß und es wächst eine Riesenform heran. Das bekannteste Beispiel, die Nachtkerze mit ihrer Riesenmutante ist in Abb. 41 dargestellt. Es ist sehr gut möglich, daß auf diesem Weg gewisse Pflanzenarten entstanden sind, da es auffällig häufig vorkommt, daß nahe verwandte Pflanzen Chromosomenzahlen besitzen, die sich wie die Zahlen zwei, vier, acht verhalten. Tatsächlich spielen derartige Veränderungen der Zahl einzelner Chromosomen oder ganzer Chromosomensätze jetzt eine beträchtliche Rolle in der pflanzlichen Vererbungslehre. Doch sind dies bereits Einzelheiten, die an der Grenze dessen liegen, was den Laien an der Vererbungslehre interessiert. Doch wir werden im letzten Kapitel des Buches noch ein wenig mehr davon hören.

Wie steht es nun mit der Mutation beim Menschen? Wir wiesen schon darauf hin, wie schwer es sein dürfte, sie exakt zu beobachten. Und doch dürfte sie auch hier oft genug vor-

Abb. 41. Lamarcks Nachtkerze und ihre Riesenmutante.

kommen und vielleicht auch eine gewisse Rolle in der Entwicklung des Menschengeschlechts gespielt haben. Wenn wir von Parallelen bei anderen Säugetieren schließen dürfen, so gibt es eine ganze Menge von Erbcharakteren des Menschen, die einmal als Mutation aufgetreten sein müssen. Also etwa Albinismus und Scheckung (die bei Negern vorkommt), die verschiedenen Haarformen wie welliges, gekräuseltes, seidiges, langes Haar und Haarlosigkeit; die Haarfarben von schwarz, wohl der ursprünglichen Farbe, bis weiß-blond; die Hautfarbe von der wahrscheinlich

146

ursprünglich schwarzen Farbe bis zu weiß; die vielen Abnormitäten wie Sechsfingrigkeit, Klumpfuß und alle möglichen abnormen erblichen Veränderungen von Skelett, Muskeln, Nervensystem, Haut. Wollten wir aber nach Fällen suchen, in denen sich das Auftreten der Mutation einwandfrei feststellen ließe, also unter Ausschaltung aller früher besprochenen Fehlerquellen, dann ist die Ausbeute eine sehr geringe. Von dominanten Mutanten, die ja einwandfreier sind, wird für den sogenannten Spaltfuß behauptet, daß die Mutation etwa dreißigmal beobachtet sei. Der berühmte „Stachelschweinmensch" Edward Lambert, der seine merkwürdige hornige Hautbeschaffenheit mehreren Generationen als Dominante weitervererbte, soll aus ganz normaler Familie stammen, wäre also eine Mutante. Wir haben die Schwierigkeiten der Entscheidung in solchen Fällen ja schon genau kennengelernt, und wollen daher zum Schluß nur noch eine Schwierigkeit nennen, die die ganze menschliche Vererbungslehre trifft, die in dem bekannten Rechtssatz ausgedrückt ist: Pater incertus, mater certa[1].

Letalmutation.

Zum Schluß dieses Abschnittes müssen wir auf eine Einzelheit des Mutationsvorganges noch zurückkommen, die größeres allgemeines Interesse beanspruchen muß, nämlich auf die mutative Entstehung sogenannter Sterblichkeitsfaktoren. Dies ist eine Art Verlegenheitsbezeichnung für solche Erbfaktoren, deren Anwesenheit — gewöhnlich nur in homozygotem Zustand — den betreffenden Organismus lebensunfähig macht. Solche Faktoren mögen also ganz allgemein die Ordnung der Lebensvorgänge stören, sie mögen eine Abnormität in frühen Entwicklungsstadien bedingen, die bereits den jungen Keim tötet, kurz sie bedingen irgend etwas zu irgendeiner Zeit zwischen Befruchtung und Vollendung der Entwicklung, das den Organismus abtötet. Die Einzelheiten dieser Wirkung mit allen Vorgängen von früher Vernichtung bis zu völliger Entwicklung aber Lebensunfähigkeit sind sehr interessant. Die Anwesenheit solcher Sterblichkeitsfaktoren erkennt man zunächst daraus, daß bei einem Vererbungsexperiment eine bestimmte Klasse von Individuen fehlt.

---

[1] Die Mutter ist sicher, der Vater ungewiß.

So gibt es etwa gelbblättrige Pflanzen, die man nie reinzüchtend erhalten kann. Der Grund ist der, daß der Faktor, der die Gelbblättrigkeit bedingt, gleichzeitig ein solcher Sterblichkeitsfaktor ist, der in homozygotem Zustand die jungen Keimlinge tötet. Pflanzt man also heterozygote gelbe Pflanzen fort, so sollte es ja eine Spaltung geben in $^1/_4$ homozygotgelbe, $^1/_2$ hererozygotgelbe (gelb ist dominant) und $^1/_4$ grüne. Tatsächlich aber entstehen $^2/_3$ heterozygotgelbe und $^1/_3$ grüne, die homozygotgelben fehlen. Oder ein ganz ähnliches Beispiel von Säugetieren: gelbe Mäuse sind nur heterozygot lebensfähig, homozygotgelbe sterben bereits im Mutterleib ab.

Bei der Taufliege nun, bei der sich der Mutationsvorgang so genau verfolgen läßt und jedem Faktor, wie wir sahen, sein Platz im Chromosom angewiesen werden kann, zeigte es sich, daß außerordentlich häufig die Mutation solche Sterblichkeitsfaktoren hervorbringt. Das heißt natürlich nichts anderes, als daß die als Mutation bezeichnete Veränderung eines Erbfaktors sehr häufig die Leistung, die der betreffende Faktor im ganzen zu vollbringen hat, so schädigt, daß nun die geordnete Entstehung des Ganzen nicht mehr möglich ist. Ohne Zweifel werden sich auch beim Menschen viele solcher Faktoren finden. So ist ein Fall der Kurzfingrigkeit in einer norwegischen Familie untersucht, der sich viele Generationen forterbte. Einmal trat im Stammbaum auch eine Verwandtenehe ein, als deren Folge nun ein in dem betreffenden Faktor homozygotes Kind entstehen konnte. Ein verkrüppeltes Kind ohne Finger und Zehen entstand, das nach einem Jahr starb und wahrscheinlich den Faktor, der Kurzfingrigkeit bedingt, in homozygotem Zustand besaß, wo er als Sterblichkeitsfaktor wirkt. Das stimmt mit einer häufig gemachten Erfahrung überein, nämlich, daß viele dominante Mutanten nur in heterozygotem Zustand lebensfähig sind. Eine Regel gibt es aber dafür nicht. So finden wir etwa bei der Taufliege viele solche Fälle und die rezessiven Mutanten sind auch zahlenmäßig häufiger. Aber bei Hühnern gibt es sehr viele dominante und homozygot lebensfähige Mutanten. Natürlich läßt sich keine klare Grenzlinie ziehen zwischen solchen Sterblichkeitsfaktoren, die den Organismus vor der Geburt zerstören, und den Krankheitsfaktoren, die es erst später oder erst sehr spät tun. Es ist klar, daß die

Anwesenheit solcher Mutanten für die praktische Vererbungslehre, also Pflanzen- und Tierzucht und die Lehre von den menschlichen Erbkrankheiten sehr wichtig ist. In der Tierzucht ist es öfters möglich gewesen, solche Mutanten, die ja den Ertrag erniedrigen (sagen wir etwa durch totgeborene Kälber) durch richtige Auswahl der Zuchttiere aus den Herden zu entfernen. Beim Menschen bezwecken die sogenannten eugenischen Maßnahmen durch Aufklärung oder Heiratsverbote usw. das gleiche zu tun, wenn solche Faktoren, etwa für Bluterkrankheit oder Glioma der Netzhaut in der betreffenden Familie bekannt sind.

Hier müssen wir nochmals mit einem Wort auf die durch Bestrahlung hervorgerufene künstliche Mutation zurückkommen. Es ist eine Tatsache, daß die jetzt besprochenen tödlichen — letalen — Mutanten auch nach künstlicher Mutationserzeugung besonders zahlreich sind. Heutzutage sind nun viele Menschen in zeugungsfähigem Alter Bestrahlungen mit Röntgenstrahlen oder sogar den mächtigen Strahlen, die beim Atomzerfall auftreten, ausgesetzt. Das bedeutet eine erhöhte Rate von Letalmutationen, wenn die Bestrahlungsdosis hoch genug ist. Schutzmaßnahmen zur Verhinderung solcher Schädigung werden daher eifrig diskutiert und gefordert.

VIII. Geschlechtschromosomen und geschlechtsgebundene Vererbung.

Nun können wir wieder zu der Schilderung der verschiedenen Arten von Mendelscher Vererbung zurückkehren und einen sehr bemerkenswerten Typus studieren, der, wie erwartet, auf merkwürdigen Chromosomenverhältnissen beruht. Erinnern wir uns noch einmal an einige der Hauptpunkte der Chromosomenlehre. Da wissen wir, daß die Chromosomenzahl in allen Zellen eines bestimmten Lebewesens eine konstante ist. Die einzige Ausnahme von dieser Regel bilden die reifen Geschlechtszellen, in denen die Chromosomenzahl durch die so oft besprochenen Reifeteilungen auf die Hälfte herabgesetzt ist. Da nun bei der Befruchtung männliche und weibliche Geschlechtszellen von jeder Chromosomensorte je eines mitbringen und die Befruchtung in der Vereinigung von Eizellkern und Samenzellkern besteht, so muß die typische Chromosomenzahl von aus Befruchtung entstammenden Lebewesen immer eine gerade sein.

Wie erstaunt war man daher, als man in den unreifen Samenzellen, zunächst von Wanzen und Heuschrecken, eine ungerade Zahl vorfand. Nach mancherlei Irrwegen wurde dieser Befund genau ausgearbeitet und die erstaunliche Tatsache festgestellt, daß man hier dem Mechanismus der Geschlechtsbestimmung auf die Spur gekommen war, d. h. dem Mechanismus, der dafür sorgt, daß in der Regel bei allen Tieren und Pflanzen, die zwei Geschlechter besitzen, die gleiche Zahl männlicher und weiblicher Nachkommen erzeugt werden.

Der Zyklus der Geschlechtschromosomen.

Betrachten wir nun zunächst die Tatsachen an Hand des klassischen Beispiels der Wanzen. In Abb. 42 sind die Befunde zu einem übersichtlichen Bild zusammengestellt. Oben haben wir die männliche und weibliche Wanze und in sie hinein wurde ein für alle Zellen ihres Körpers typischer Zellkern mit seinem Chromosomenbestand gezeichnet. Da zeigt uns also das Weibchen in allen Zellen acht Chromosomen, die sich im Beispiel durch ihre Größe unterscheiden und sich in vier Paare anordnen lassen, die durch verschiedene Schraffierung hervorgehoben sind. Wir wissen natürlich von früher her, daß diese Paare aus je einem vom Vater und je einem von der Mutter stammenden Partner bestehen. In der Richtung des Pfeils folgt nun rechts von oben nach unten die Darstellung der Reifeteilungen des Eies, die sich in nichts von früheren Schilderungen unterscheidet. Also die väterlichen und mütterlichen Chromosomen legen sich paarweise zusammen und treten so gepaart in die Teilungsspindel der Reifeteilung ein. Die Reifeteilung entfernt dann die ganzen Chromosomen eines jeden Paares voneinander und es entstehen zwei reife Zellen, die beide von jeder Chromosomensorte je eines besitzen, im ganzen vier. So sehen somit sämtliche Eizellen aus.

Links oben ist nun das Männchen dargestellt und wir erkennen sofort, daß hier der Fall mit der ungeraden Chromosomenzahl vorliegt: es hat in all seinen Zellen nur sieben Chromosomen. Weibchen und Männchen unterscheiden sich also durch verschiedene

Chromosomenzahl in diesem Fall, das Männchen besitzt in all
seinen Zellen ein Chromosom weniger! Betrachten wir nun
die Chromosomen näher, so finden wir, daß das große hufeisenförmige in einem Paar vorhanden ist, ebenso das kleine hufeisen-

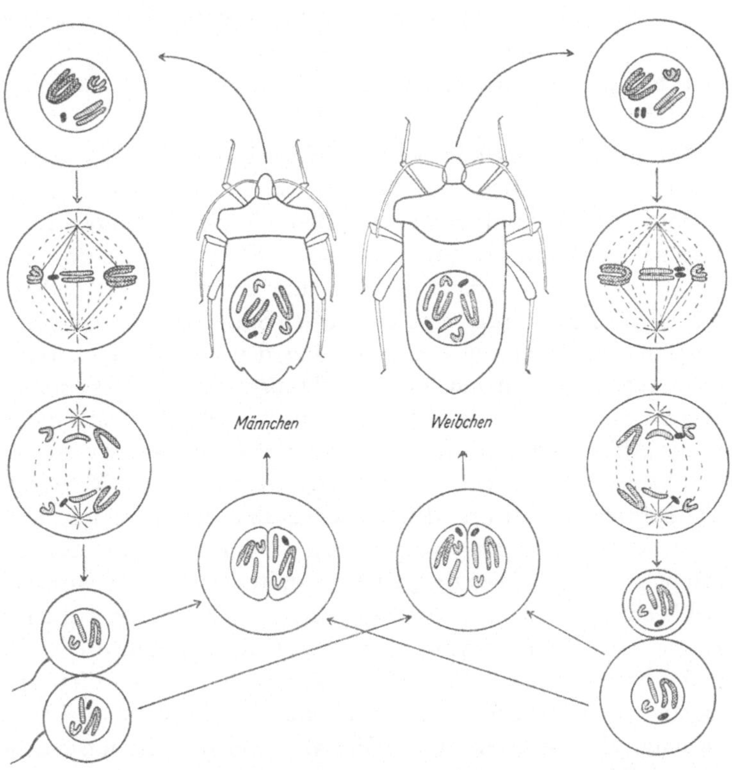

Abb. 42. Darstellung des Verhaltens der Geschlechtschromosomen einer
Wanze. Links dem Pfeil vom Männchen folgend die Samenreifung,
rechts die Eireifung, unten die beiden Befruchtungsarten.

förmige und der gebogene Stab, daß dagegen das kleinste, das
in der Abbildung schwarz gezeichnet wurde, nur einmal vorhanden ist. Als man dies zuerst entdeckte, nannte man dies Einzel-
chromosom wegen seiner Rätselhaftigkeit das X-Chromosom.
Verfolgen wir nun die Samenreifung beim Männchen von links
oben nach unten, so finden wir wieder, wie sich die Chromosomen

zur Vorbereitung der Reifeteilung paaren. Aber das X-Chromosom ist ja allein und kann sich daher auch nicht mit einem Partner zusammenlegen. So muß es denn einzeln in die Reifeteilung eintreten. Wenn nun je ein Partner der Chromosomenpaare in dieser Teilung nach je einem Pol wandert, geht das X-Chromosom allein und ungeteilt nach einem der beiden Pole mit. Somit entstehen durch die Reifeteilung zwei Sorten von Samenzellen, eine mit X-Chromosom, eine ohne X-Chromosom, erstere mit vier, letztere mit drei Chromosomen.

Wir erinnern uns nun, daß alle Eier gleich waren, alle vier Chromosomen hatten, darunter das kleine schwarze, das X-Chromosom. Kommt es nun zur Befruchtung, so können diese Eier natürlich von den Samenzellen mit X- und von denen ohne X-Chromosom befruchtet werden und wenn kein besonderer Grund vorliegt, warum eine der beiden Sorten von Samenzellen, die ja in gleicher Anzahl vorhanden sind, den Vorzug haben sollte, dann werden beide Arten von Befruchtung gleich oft vorkommen. So gibt es also erstens eine Befruchtung — siehe die Pfeile unten in der Abbildung — Ei mit vier Chromosomen, nämlich $3 + X$, und Samenzelle mit vier Chromosomen, ebenfalls $3 + X$; Resultat: befruchtetes Ei und damit alle aus ihm durch Teilung hervorgehenden weiteren Körperzellen mit acht Chromosomen, nämlich $6 + 2X$. Dies aber, wissen wir, ist die Chromosomenzahl des Weibchens. Sodann aber gibt es eine Befruchtung zwischen Ei mit vier Chromosomen, nämlich $3 + X$, und Samenzelle mit drei Chromosomen (ohne X). Resultat: befruchtete Eier und daraus hervorgehende Individuen mit sieben Chromosomen, darunter ein X-Chromosom. Dies aber war die Chromosomenzahl des Männchens. Mit anderen Worten: die beiden Sorten von Samenzellen sind geschlechtsbestimmend; die mit X-Chromosom bestimmt ein Weibchen, die ohne X-Chromosom bestimmt ein Männchen. Das X-Chromosom ist ein Geschlechtschromosom. Sind zwei X vorhanden, entsteht ein Weibchen, ein X aber bedingt ein Männchen.

Das ist nun sicher eine ganz erstaunliche Erkenntnis, die sich aber seit ihrer Entdeckung tausendfach bewahrheitete. Solche Geschlechtschromosomen sind seitdem in allen möglichen Tiergruppen bis hinauf zum Menschen nachgewiesen worden und auch für eine Reihe von getrennt-geschlechtlichen Pflanzen kennt man sie, so daß kein Zweifel daran bestehen kann, daß tatsächlich solche Geschlechtschromosomen dafür verantwortlich sind, daß in der Regel eine Hälfte der Nachkommenschaft männlich, die andere weiblich ist. Im einzelnen kommen dann aber allerlei kleine Varianten im Aussehen und Benehmen der Geschlechtschromosomen vor, was ja nicht erstaunlich ist, da auch die anderen Chromosomen bei verschiedenen Tier- und Pflanzenformen allerlei Verschiedenheiten zeigen. Von diesen kleinen Abweichungen ist die wichtigste und am häufigsten vorkommende die folgende: In unserem Beispiel hatte das männliche Geschlecht ein Chromosom weniger als das weibliche, da es nur ein Geschlechtschromosom oder X-Chromosom besaß und dies X-Chromosom hat keinen Partner. Sehr häufig nun haben beide Geschlechter die gleiche Chromosomenzahl; bei genauem Zusehen bemerkt man aber, daß zwar im weiblichen Geschlecht sämtliche Chromosomen sich zu genau gleichen Paaren anordnen lassen, wie auch in unserem bisherigen Beispiel, daß aber im männlichen Geschlecht eines der Paare aus zwei ungleich großen Partnern besteht. Das eine Chromosom dieses Paares — dies sind jetzt wieder die Geschlechtschromosomen — gleicht genau den X-Chromosomen des Weibchens, das andere aber ist kleiner oder zeigt eine sonstwie verschiedene Form. Wir nennen diesen abweichenden Partner des X-Chromosoms das Y-Chromosom und somit besitzt in diesem Fall das Männchen ein X- und ein Y-Chromosom, das Weibchen aber zwei X-Chromosomen. Im übrigen verläuft aber alles genau wie in unserem Beispiel, d. h. wir müssen überall da, wo wir dort „kein X-Chromosom" sagten, jetzt sagen ein Y-Chromosom. Das Männchen bildet also hier auch wieder zwei Sorten von Geschlechtszellen, indem in der Reifeteilung das X- von dem Y-Chromosom getrennt wird, nämlich Zellen mit X und solche mit Y. Bei der Befruchtung gibt es dann befruchtete Eier mit zwei X und solche mit X Y. Erstere sind wieder Weibchen, letztere Männchen. Die Samenzellen mit Y-Chromosom — genau wie im vorigen Beispiel die ohne X — sind männchenbestimmend. Zu diesem Typus in bezug auf die Geschlechtschromosomen gehört auch der Mensch und in Abb. 43 sind die Chromosomen in den Samenzellen des Menschen mit dem charakteristischen X Y-Paar abgebildet. Aber auch die Taufliege gehört hierher, wie Abb. 33 zeigte: das Weibchen links hat zwei stabförmige X-Chromosomen, das Männchen rechts ein ebensolches X- und ein hakenförmiges Y-Chromosom.

Wesentlich merkwürdiger aber ist das folgende: Wir haben es bisher so dargestellt, als ob immer das männliche Geschlecht ein X-Chromosom habe, das weibliche deren zwei. Tatsächlich ist das auch bei vielen Tiergruppen der Fall, bei Wanzen und Heuschrecken, bei Fischen und Fröschen, bei Säugetieren, dem Menschen und fast allen untersuchten Pflanzen. Merkwürdigerweise gibt es aber einige Tiergruppen, die Schmetterlinge und Vögel und einige andere unter den Pflanzen, wie die Erdbeeren, bei denen es umgekehrt ist. Hier hat das Weibchen nur ein X-Chromosom, das Männchen aber deren zwei. Alles weitere verläuft wie in unseren bisherigen Beispielen, nur ist stets männliches und weibliches Geschlecht zu vertauschen. Also das Männchen bildet nur eine Sorte von

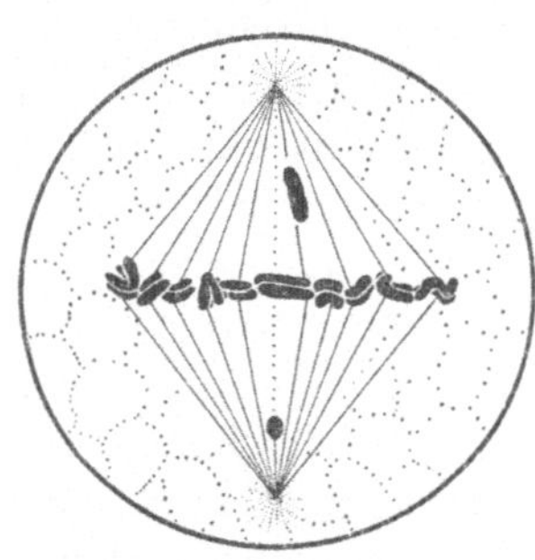

Abb. 43. Die Geschlechtschromosomen in der Reifeteilung der Samenzellen des Menschen. Das große X- (oben) und das kleine Y-Chromosom (unten) gehen voraus zum Pol.

Samenzellen, alle mit X-Chromosom, das Weibchen aber bildet zwei Sorten von Eizellen, solche mit X und solche ohne X (oder mit Y), also weibchenbestimmende und männchenbestimmende Eier. Für diese merkwürdige Umkehrung und warum sie gerade bei Schmetterlingen und Vögeln vorkommt, fehlt bisher der Wissenschaft eine vernünftige Erklärung, sie muß einfach als Tatsache hingenommen werden.

Ehe wir nun in der Betrachtung der Geschlechtschromosomen fortfahren, sei eine kleine Zwischenbemerkung eingeschaltet. Es gibt wohl wenige Dinge, über die in weiten Kreisen so phantastische Vorstellungen herrschen, wie gerade über das Problem der Geschlechtsbestimmung. Wie oft begegnet man solchen lächerlichen Ideen, wie etwa, daß das Kind nach dem willensstärkeren oder leidenschaftlicheren der Eltern in seinem Geschlecht schlage. Niemand, der sich über die Wirkung und das automatische nach den Gesetzen des Zufalls arbeitende Wesen des Geschlechtschromosomenmechanismus klar geworden ist, wird wohl noch für solche Phantasiegebilde Spielraum haben. Damit ist natürlich nicht gesagt, daß der Mechanismus unabänderbar ist. Wenn etwa von den in gleicher Zahl gebildeten männchen- und weibchenbestimmenden Samenzellen die eine Sorte leichter Schädigungen ausgesetzt ist oder sonst irgendwie in ihrer Lebenszeit bis zur Befruchtung benachteiligt ist, dann wird die andere Sorte häufiger zur Befruchtung kommen, also mehr Nachkommen des einen als des anderen Geschlechts erscheinen. Es bestehen also Möglichkeiten, den automatischen Mechanismus zu beeinflussen, aber eben nur im Rahmen des gegebenen 2 X-1 X-Chromosomenmechanismus.

Fälle von gerichtetem X-Chromosomenmechanismus.

Kehren wir nun nochmals zu den Geschlechtschromosomen zurück, um zu sehen, wie in einigen besonderen Fällen ihre geschlechtsbestimmende Natur in Erscheinung tritt. Jedermann kennt wohl die Lebensgeschichte der Bienen. Im Bienenstock gibt es unfruchtbare Weibchen, die Arbeiterinnen, fruchtbare Weibchen, die Königin und zu bestimmten Zeiten Männchen, die Drohnen. Die Königin kann nun Eier legen, die sich ganz ohne Befruchtung entwickeln — die sogenannte Jungfernzeugung — und daraus entstehen immer Drohnen, Männchen. Legt sie aber befruchtete Eier, so entwickeln sich daraus stets Weibchen, Königinnen oder Arbeiterinnen. Das scheint doch ganz gegen alles zu sein, was wir soeben erfuhren. Nun, betrachten wir einmal die Geschlechtszellen und ihre Chromosomen. Da finden wir, daß das Weibchen 32 Chromosomen besitzt, unter denen zwei, die sich aber nicht genau unterscheiden lassen, die X-Chromosomen sein müssen. Das Männchen hat aber nur 16 Chromosomen. Das ist auch begreiflich, denn nach den Reifeteilungen haben die Eier ja nur 16 Chromosomen und da die Männchen sich ohne Befruchtung daraus entwickeln, so bleibt es bei den 16 Chromosomen, unter denen dann ein X-Chromosom ist. Nun sind wir natürlich auf die Reifeteilung der Samenzellen neugierig, da doch ihre Chromosomenzahl von Anfang an schon nur die halbe, nämlich 16 ist. Tatsächlich machen nun diese Samenzellen im Gegensatz zu allen anderen Lebewesen keine Reifeteilung durch; sie haben also sämtliche 16 Chromosomen, darunter ein X und sind somit weibchenbestimmend. So wird hier in der merkwürdigsten Weise durch Jungfernzeugung der Männchen und Ausfall der Reifeteilung der Samenzellen das alte Schema aufrechterhalten: zwei X = Weibchen, ein X = Männchen.

Vielleicht noch verblüffender ist es, wie der Geschlechtschromosomenmechanismus in einigen verwickelten Fällen arbeitet, von denen auch einer angeführt werden soll. Bei einer ganzen Reihe von Tieren und besonders solchen aus dem Reich der Insekten verläuft der Lebenszyklus nicht so einfach wie gewöhnlich derart, daß Eltern immer wieder Kinder ihresgleichen erzeugen, sondern es hat sich ein verwickelterer Lebenszyklus ausgebildet, der im Zusammenhang mit besonderen Lebensbedingungen steht, auch mit dem Wechsel der Jahreszeiten. Im Rahmen eines solchen Zyklus liegen dann oft merkwürdige Besonderheiten in bezug auf das Geschlecht vor. Als Beispiel solchen Verhaltens seien die Rebläuse genannt. Im Frühjahre schlüpft aus einem überwinterten Ei immer ein weibliches Tier aus, es gibt also um diese Zeit überhaupt keine Männchen. Irgend etwas muß also dafür gesorgt haben, daß aus den überwinterten Eiern nur Weibchen entstehen können. Diese Weibchen legen nun Eier, die sich ohne Befruchtung entwickeln und aus ihnen entstehen wiederum ausschließlich Weibchen. Diese legen wieder unbefruchtete Eier und wiederum entwickeln sich nur Weibchen und so geht es den ganzen Sommer über weiter. Da erscheinen plötzlich im Herbst aus den genau wie vorher unbefruchtet sich entwickelnden Eiern eines Weibchens sowohl Weibchen als Männchen! Diese Weibchen werden nun befruchtet und die befruchteten Eier, die sie ablegen, sind die Eier, von denen wir ausgingen, die überwinternden Eier, aus denen im Frühjahr wieder nur Weibchen ausschlüpfen. Das sind merkwürdige Dinge, noch merkwürdiger aber, daß hier die Geschlechtschromosomen auch beteiligt sein sollen.

Betrachten wir also einmal die Chromosomenverhältnisse an Hand von Abb. 44. Das Frühjahrsweibchen, von dem wir

ausgingen, besitzt in all seinen Zellen sechs Chromosomen. Wir
haben das wieder so dargestellt, daß in die Andeutung der Reblaus ein Kern mit seinen Chromosomen eingezeichnet wurde.
Dies ist das als Stammutter bezeichnete Tier in der Mitte des
Bildes. Von den sechs Chromosomen sind zwei schwarz gezeichnet

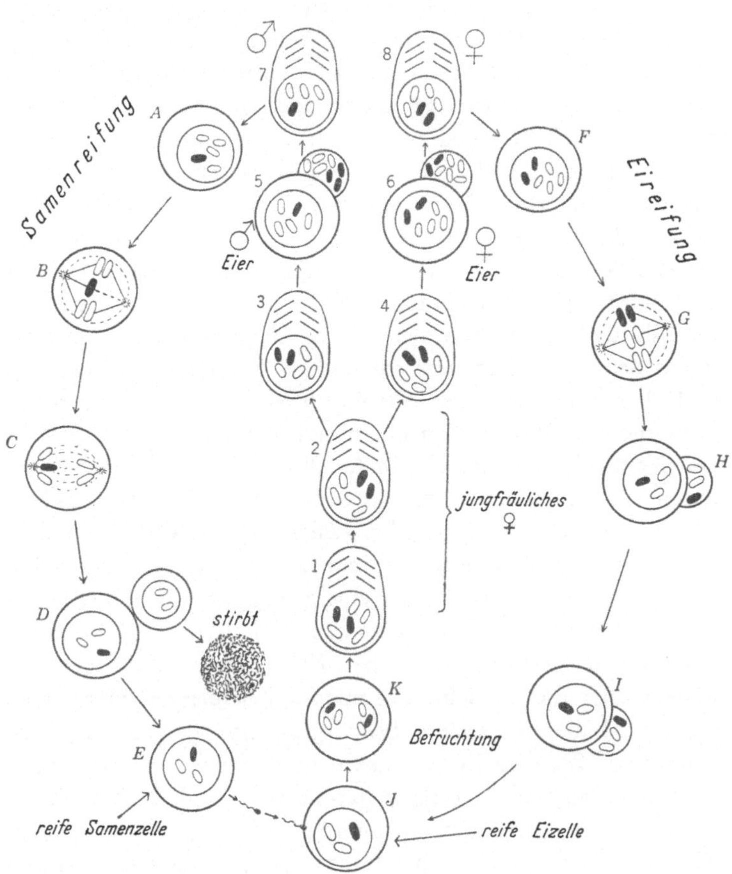

Abb. 44. Die Geschlechtschromosomen im Lebenszyklus der Blatt- und
Rebläuse beginnt mit Nr. 1, dem überwinterten Weibchen. 2—4 jung-
fräulich erzeugte Weibchen, 5 u. 6 die Chromosomen in Eiern, die jung-
fräulich ♀ und ♂, die Geschlechtstiere hervorgehen lassen. 7 u. 8 die
Geschlechtstiere. Links A—E Samenzellbildung im Männchen, rechts
F—J Eizellbildung im Weibchen, K Befruchtung.

und das sind die beiden Geschlechtschromosomen des Weibchens. Dies erzeugt nun jungfräulich wieder Weibchen mit genau der gleichen Chromosomenbeschaffenheit (das nächste Bild in der Richtung des Pfeils). Wie ist das möglich? In den Reifeteilungen des Eies sollte doch eigentlich die Chromosomenzahl auf die Hälfte herabgesetzt werden, und da das Ei nicht befruchtet wird, so müßte es doch bei dieser halben Zahl bleiben. Des Rätsels Lösung liegt darin, daß das jungfräulich sich entwickelnde Ei überhaupt keine Reifeteilungen durchmacht. Somit bleibt die Chromosomenbeschaffenheit unverändert und da zwei X-Chromosomen ein Weibchen bedingen, so entsteht aus dem unbefruchteten Ei wieder ein Weibchen. So geht es also den ganzen Sommer weiter. Im Herbst, hörten wir, erzeugen nun solche Weibchen, die natürlich immer noch ihre sechs Chromosomen haben, darunter zwei X-Chromosomen, sowohl Männchen als Weibchen, und zwar wieder ohne Befruchtung. Was geht da in ihren Eiern vor? Im Bild finden wir nun zwei solche Weibchen dargestellt, von denen das eine Männchen, das andere Weibchen erzeugen soll; und über ihnen ihre Eier, aus denen Männchen resp. Weibchen hervorgehen. Wir müssen uns nun von einem früheren Kapitel her daran erinnern, daß die Reifeteilungen in den Eiern sich dadurch ein wenig von denen in den Samenzellen unterscheiden, daß von den zwei entstehenden Zellen die eine klein ist und zugrunde geht und ferner, daß immer zwei Reifeteilungen stattfinden, von denen aber die eine eine ganz gewöhnliche Zellteilung ist, die nichts an der Chromosomenzahl ändert. Nun, bei diesen jungfräulich sich entwickelnden Eiern findet die eigentliche Reifeteilung, die die Chromosomenzahl halbieren würde, nicht statt, wohl aber die andere Teilung, die eine gewöhnliche Zellteilung ist. Bei dem Ei nun, aus dem sich ein Weibchen wieder entwickelt, zeigt diese Teilung gar nichts besonderes. Im Ei verbleiben die sechs Chromosomen und die kleine, zugrunde gehende Zelle bekommt auch sechs durch eine gewöhnliche Chromosomenteilung. Anders aber in dem Ei, aus dem ein Männchen werden soll. Dieses wirft bei dieser Teilung eines der beiden Geschlechtschromosomen hinaus: im Ei bleiben nur fünf Chromosomen, darunter ein X-Chromosom, und in die zugrunde gehende kleine Zelle kommen sieben, also drei X-Chromosomen. Aus diesem Ei entwickelt sich also ein Männchen, denn es hat nur ein X-Chromosom, und wir haben wieder den alten Fall, ein X = Männchen, zwei X = Weibchen.

Nun kommt der eigenartige Schlußstein. Aus den befruchteten Eiern dieses Pärchens entwickeln sich wieder nur Weibchen, die Stammutter des nächsten Jahres. Was geht da in den Geschlechtszellen vor? Der rechte Kreis zeigt uns die Reifeteilungen in den Eiern dieses Weibchens, die befruchtet werden sollen, und wir erkennen sofort, daß es typische Reifeteilungen sind, durch die die Chromosomenzahl von sechs auf drei halbiert wird. Alle Eier haben also drei Chromosomen, darunter ein X-Chromosom. Der linke Halbkreis zeigt dann die Reifeteilungen in den Samenzellen des Männchens. Auch sie verlaufen so, wie wir es nun schon genau kennen, d. h. es werden zwei Sorten von Samenzellen gebildet, solche mit drei Chromosomen, davon ein X-Chromosom, und solche mit zwei Chromosomen, ohne X-Chromosom. Nach unseren bisherigen Kenntnissen wären also die ersteren weibchenbestimmend, die letzteren männchenbestimmend. Tatsächlich entstehen aber nur Weibchen. Warum, zeigt eine genaue Untersuchung, die lehrt, daß die männchenbestimmenden Samenzellen ohne X-Chromosom von Anfang an schon etwas kleiner sind und bald nach der Reifeteilung zerfallen. So bleiben nur die weibchenbestimmenden Samenzellen mit drei Chromosomen übrig, und die Befruchtung ergibt das überwinternde Ei mit sechs Chromosomen, der weiblichen Zahl. So erweist sich denn das Verhalten der Geschlechtschromosomen auch in diesem verwickelten Fall in Übereinstimmung mit allen Erwartungen.

Geschlechtsgebundene Vererbung.

Wir haben nun bisher die Geschlechtschromosomen nur in ihrem Verhalten als Chromosomen betrachtet. Nach allem, was wir über die Chromosomen als Erbträger schon wissen, müssen wir nun annehmen, daß auch in ihnen sich bestimmte Erbfaktoren befinden. Das muß zunächst schon einmal für ihr Eingreifen in die Geschlechtsbestimmung zutreffen. Ohne daß wir hier auf die Einzelheiten der Theorie der Geschlechtsbestimmung eingehen, können wir uns darüber die folgende Vorstellung machen. Ein jedes Ei kann sich an sich sowohl zu einem Weibchen wie zu einem Männchen entwickeln. In den Geschlechtschromosomen liegen nun Geschlechtsentscheidungsfaktoren, die so arbeiten, daß zwei von ihnen die Entscheidung zugunsten der Weiblichkeit herbeiführen, einer aber zugunsten der Männlichkeit. Der Kürze halber nennen wir diese Entscheidungsfaktoren einfach die Geschlechtsfaktoren. Die Geschlechtschromosomen enthalten also stets einen Geschlechtsfaktor. Es ist nun kein Grund vorhanden, warum in ihnen nicht auch noch andere Erbfaktoren liegen sollen, ebenso wie in den anderen Chromosomen. Tatsächlich ist das der Fall, und an und für sich haben solche im Geschlechtschromosom gelegenen Erbfaktoren keinerlei Besonderheiten gegenüber den in den anderen Chromosomen gelegenen Erbfaktoren. Aber können die Einzelheiten, wie solche Faktoren vererbt werden, genau die gleichen sein, wie bei den in den gewöhnlichen Chromosomen gelegenen Erbfaktoren, die einfach mendeln? Sicher nicht. Denn die gewöhnlichen Chromosomen werden ja einfach auf die Nachkommenschaft übertragen und jedes Individuum, welchen Geschlechts es auch sei, erhält von Vater und Mutter je ein Chromosom jeder Sorte. Anders aber bei den Geschlechtschromosomen. Das Männchen (das Ein-X-Geschlecht) bekommt von der Mutter zwar ein X-Chromosom, vom Vater aber keines; das Weibchen (das Zwei-X-Geschlecht) aber bekommt je ein X-Chromosom von Vater und Mutter. Ein im X-Chromosom gelegener Erbfaktor kann daher vom Vater zwar auf seine Töchter übertragen werden, nicht aber auf seine Söhne, wie das folgende Schema anschaulich macht.

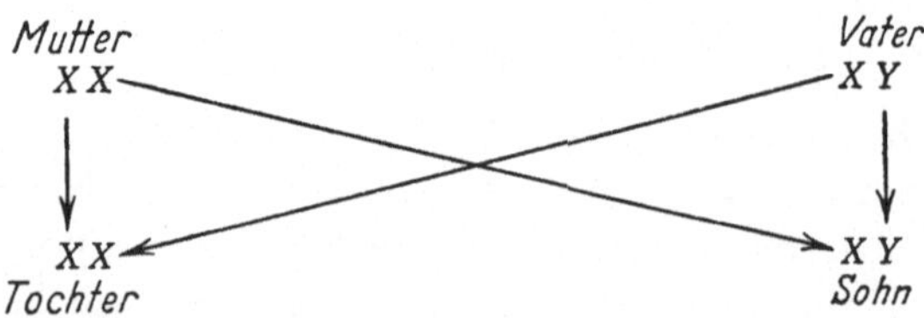

Dieser besondere Erbgang, den demnach im X-Chromosom gelegene Erbfaktoren zeigen müssen, wird als *geschlechtsgebundene Vererbung* bezeichnet, und wir haben schon einmal einen solchen

Fall erwähnt, nämlich die Vererbung der Bluterkrankheit, ohne daß wir dort schon eine Erklärung dafür geben konnten. Jetzt sind wir nun so weit, auch diesen Fall verstehen zu können.

In Abb. 45 sei noch einmal der ideale Stammbaum dieser Krankheit wiedergegeben, der ebensogut für jede andere geschlechtsgebundene Eigenschaft auch gelten könnte. Beim Menschen ist eine andere solche Eigenschaft eine Art von Rotgrünblindheit, und so wollen wir zur Abwechslung jetzt den Stammbaum auf die Vererbung dieser Farbenblindheit beziehen ohne darauf einzugehen, daß es mehr als eine Art erblicher Farbenblindheit gibt.

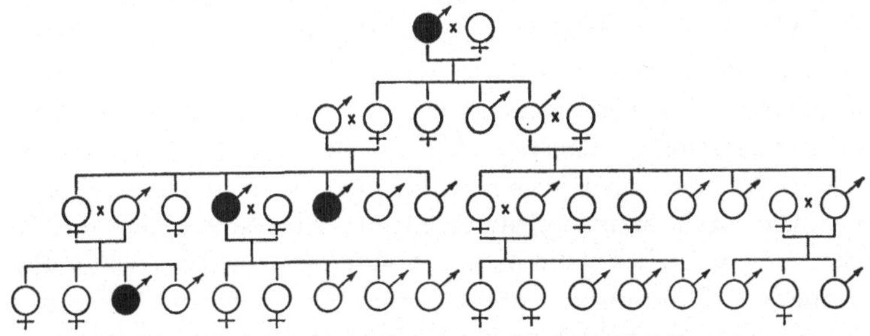

Abb. 45. Stammbaum der Bluterkrankheit.

Der Erbgang war also der folgende: Nur ganz selten werden Frauen von der betreffenden Krankheit oder Abnormität befallen, die sich in der Regel auf die Männer beschränkt. Die Erklärung für diese Tatsache ist sehr einfach: Die Krankheit beruht auf einem rezessiven Erbfaktor, der im X-Chromosom gelegen ist. Da der Mann nur ein X-Chromosom hat, so zeigt er immer die Erkrankung, wenn das X-Chromosom den betreffenden Erbfaktor enthält. Die Frau aber hat zwei X-Chromosomen. Wenn eines davon den rezessiven Faktor für die Erkrankung enthält, das andere aber den zugehörigen dominanten Faktor für normale Augen, dann ist die Frau natürlich normal, da ja der dominante Faktor die Wirkung des rezessiven Partners nicht zur Geltung kommen läßt. Nur wenn beide X-Chromosomen der Frau den rezessiven Faktor enthalten, wenn sie also in bezug auf diesen geschlechtsgebundenen Faktor homozygot ist, kann auch sie krank resp. farbenblind sein. Bei der Besonderheit der menschlichen Vererbung, die wir früher ausführlich besprachen — sie ist meist das Ergebnis einer Rückkreuzung —, sind aber die rezessiv-homozygoten nur selten zu erwarten.

Heiratet nun ein farbenblinder Mann eine gesunde Frau, so sehen alle Kinder die Farben richtig, ihr Auge ist farbentüchtig, wie man gewöhnlich sagt. Warum? Der Vater bildet Samenzellen ohne X-Chromosom und solche mit X-Chromosom, das den Erbfaktor für Farbenblindheit enthält, wir wollen jetzt kurz sagen ein „farbenblindes X-Chromosom", was wohl niemand miß-verstehen wird. Die Frau liefert Eier, alle mit X-Chromosom, das den Faktor für normale Augen enthält; wir sagen wieder kurz „normale X-Chromosomen". Die Samenzelle ohne X-Chromosom ist männchenerzeugend, der Sohn bekommt also sein einziges X-Chromosom von der Mutter, es ist ein normales X. Bei den Söhnen des kranken Vaters ist daher in diesem Fall die Krank-heitsanlage völlig verschwunden, sie besitzen kein krankes X mehr. Mit normalen Frauen verheiratet, können sie daher nur normale Nachkommenschaft erzeugen. Die Samenzellen mit X aber sind weibchenbestimmend. Somit erhalten die Töchter ein krankes X-Chromosom vom Vater und ein „normales" von der Mutter. Da der Erbfaktor für Farbenblindheit aber rezessiv ist, so sind diese Töchter wieder farbentüchtig; aber sie besitzen das eine „kranke" X-Chromosom in jeder Zelle und können es daher auf ihre Kinder übertragen.

Heiratet ein solches — heterozygotes — Mädchen jetzt einen gesunden resp. farbentüchtigen Mann, so werden jetzt wieder die Hälfte ihrer Söhne farbenblind. Warum? Die Mutter besitzt ein „normales" und ein „farbenblindes" X-Chromosom, ist so-mit heterozygot, ein Bastard. Sie bildet also, wie uns wohl-bekannt, zwei Sorten von Eizellen, solche mit dem „normalen" X-Chromosom und solche mit dem „farbenblinden" X-Chromo-som. Der normale Vater bildet auch zwei Sorten von Samenzellen, solche mit normalem X — weibchenbestimmende — und solche ohne X, männchenbestimmende. Somit sind vier Sorten von Befruchtungen denkbar:

1. Ei mit normalem X von Samenzelle mit normalem X;
2. Ei mit normalem X von Samenzelle ohne X;
3. Ei mit farbenblindem X von Samenzelle mit normalem X;
4. Ei mit farbenblindem X von Samenzelle ohne X.

162

Nr. 1 und 3 haben zwei X, sind also Töchter; Nr. 2 und 4 haben ein X, sind demnach Söhne. Nr. 1 ist eine normale Tochter mit zwei normalen X, die somit auch die Abnormität nicht mehr weiter übertragen kann. Nr. 3 ist ebenfalls eine normale Tochter, aber mit einem normalen und einem farbenblinden X-Chromosom, also heterozygot, Trägerin des rezessiven Charakters, den sie somit wieder auf die Hälfte ihrer Söhne vererben kann. Nr. 2 ist ein normaler Sohn mit einem normalen X-Chromosom und Nr. 4 ist ein farbenblinder Sohn mit einem „farbenblinden" X-Chromosom.

Intermezzo, den Menschen betreffend.

Es lohnt sich wohl, hier den Gang der Darstellung der Gesetzmäßigkeiten ein wenig zu unterbrechen und zu versuchen, sich über einige der Folgen klar zu werden, die ein solcher Erbgang mit sich bringt, zumal es eine ganze Reihe von Krankheiten und Abnormitäten beim Menschen gibt, die geschlechtsgebunden vererbt werden. Für den der Gesetzmäßigkeit Unkundigen scheint zunächst hier eine ganz unregelmäßige Vererbung vorzuliegen: Individuen, die die betreffende Abnormität besitzen, haben völlig normale Nachkommenschaft, andere, die völlig normal sind, haben kranke Nachkommenschaft. Dann wieder scheinen alle Frauen gegen die Erkrankung gefeit und plötzlich erscheinen doch kranke Frauen (die homozygot rezessiven — zwei kranke X —, die besonders bei Verwandtenehen eine große Wahrscheinlichkeit des Erscheinens haben). Ja, bei der Besonderheit der menschlichen Vererbung, nämlich den Folgen der geringen Kinderzahl, kann der Erbgang noch verworrener erscheinen. Wenn etwa die heterozygote Tochter eines Bluters, die zur Hälfte kranke Söhne hervorbringen soll, nur einen oder zwei Söhne hat, mögen diese zufällig beide gesund sein. Eine heterozygote Schwester dieser Söhne mag wieder nur einen gesunden Sohn haben und so mag das mehrere Generationen weitergehen, bis schließlich wieder einmal ein kranker Mann erscheint. Die Krankheit schien in der Familie erloschen und nun ist sie doch noch da. Das trifft natürlich ebenso, wie wir früher hörten, für jeden rezessiven Charakter zu, hier aber noch durch die Geschlechtsgebundenheit besonders verwickelt. Diese kurzen

Bemerkungen zeigen schon, wie sehr man sich hüten muß, etwa zu sagen: ich kenne einen Fall, in dem diese Gesetze nicht stimmen. Ein genaues Stammbaumstudium über viele Generationen wird meist die Unrichtigkeit solcher Annahme nachweisen.

Das führt nun zu einem anderen Punkt, der wieder hauptsächlich für den Menschen gilt; im Tier- oder Pflanzenexperiment hat es ja der Forscher in der Hand, Schwierigkeiten durch eigens dazu angestellte Versuche zu beseitigen. Auf das Vorhandensein eines bestimmten Erbfaktors schließt man ja aus dem Auftreten einer Eigenschaft, die sich als erblich erweist. Nun ist es sehr gut denkbar, daß ein und dieselbe sichtbare Eigenschaft durch die Wirkung ganz verschiedener Erbfaktoren zustande kommt. Einzelheiten dieses Problems werden im nächsten Abschnitt besprochen werden. Hier handelt es sich nur um einen Punkt. Nehmen wir etwa an, eine bestimmte Krankheit sei dadurch bedingt, daß in einem bestimmten Organ Zellgruppen zugrunde gehen. Die direkte Ursache dafür mag sehr verschieden sein: eine Störung in der Blutversorgung mag die Zellen zum Ersticken bringen, eine Störung im Nervensystem mag ihre Ernährung verhindern, eine übermäßige Kalkablagerung mag sie arbeitsunfähig machen. Jede dieser hier angenommenen drei Schädigungen mag von einem anderen Erbfaktor bedingt sein, und trotzdem erscheint das Ergebnis dem Arzt unter dem gleichen Krankheitsbild. So mag es sich also ereignen, daß einmal gefunden wird, daß eine bestimmte Krankheit sich als dominante vererbt, der nächste Beobachter findet eine rezessive Vererbung und der dritte eine geschlechtsgebundene. In Wirklichkeit handelt es sich dann — natürlich richtige Beobachtung und Analyse vorausgesetzt — um von dem Standpunkte der Erblichkeitslehre verschiedene Krankheiten, die nur alle äußerlich unter dem gleichen Krankheitsbild erscheinen. Der Arzt vermag sie dann nicht zu unterscheiden, wohl aber der Erblichkeitsforscher. Sind diesem doch entsprechende Fälle aus dem Tierexperiment genau bekannt. Besonders bei der so oft erwähnten Taufliege, bei der sich ja die einzelnen Erbfaktoren genau auf einen bestimmten Platz eines bestimmten Chromosoms beziehen lassen, kennt man eine Menge nachweisbar verschiedener Erbfaktoren, die trotzdem gleiche oder ähnliche Außeneigenschaften bedingen. Alle diese Überlegungen zeigen immer wieder, wie vorsichtig man mit Urteilen in der menschlichen Vererbungslehre sein muß, und wie sorgfältig man sich an die Ergebnisse der experimentierenden Vererbungslehre halten muß, um nicht in Trugschlüsse zu verfallen.

Aber nun müssen wir doch etwas Gutes über die menschliche Vererbungslehre zufügen. Trotz aller ihrer Schwierigkeiten hat die menschliche Vererbungslehre auch einige sehr günstige Seiten. Das eine ist die Tatsache, daß der Mensch das bei weitem am besten bekannte Lebewesen ist und daher vieles in ihm genau bekannt ist, was man z. B. an einer Taufliege nur mit größter Mühe erforschen konnte. Um nur ein Beispiel zu nennen: Der Stoffwechsel des Menschen ist für den Arzt so wichtig, daß er in allen chemischen Einzelheiten auf das genaueste erforscht ist. Dabei stieß man auf eine ganze Anzahl von Erbkrankheiten (z. B. die Zuckerkrankheit), bei denen ein mendelnder Erbfaktor es bedingt, daß der normale Chemismus des Stoffwechsels falsch arbeitet, z. B. bei dem chemischen Abbau eines Stoffes an einer bestimmten Stelle stecken bleibt, so daß anstatt des normalen Endprodukts ein ganz falscher Stoff in den Harn ausgeschieden wird. Solche Fälle können chemisch sehr genau verfolgt werden, und tatsächlich brachten sie eine genaue Kenntnis der Beziehungen zwischen Erbfaktoren und chemischen Auf- oder Abbaureaktionen, lange bevor die Erbforscher geplante Versuche über diese Beziehungen an Pflanzen ausführen konnten.

Der zweite bemerkenswerte Vorzug der menschlichen Vererbungslehre ist der Besitz eines vorzüglichen Werkzeugs zur Entscheidung der Frage erblich oder nichterblich in zweifelhaften Fällen. Dieses Werkzeug ist die Zwillingsforschung. Jeder Laie weiß jetzt, daß es zwei Sorten von Zwillingen gibt, zweieiige und eineiige, auch identische genannt. Die ersteren stammen von zwei befruchteten Eiern und können daher so verschieden sein wie irgend zwei Kinder eines Ehepaares; das schließt auch das Geschlecht ein. Eineiige Zwillinge stammen aber von einem einzigen befruchteten Ei , das an einem unbekannten Punkt der Entwicklung in zwei oder drei Embryonen zerfällt. Da alle ihre Chromosomen von dem einzigen Kern einer befruchteten Eizelle abstammen, sind diese eineiigen Zwillinge erblich völlig gleich, identisch. Tatsächlich sind eineiige Zwillinge (oder Viel-linge) die einzigen menschlichen Wesen, die genau die gleiche Erbbeschaffenheit haben. Daraus folgt, daß eine erbliche Eigenschaft bei beiden auftreten muß (es sei denn, daß die Außenwelteinflüsse sie unterdrücken könnten). Jedermann weiß, daß dies für Geschlecht, Gesichtszüge, Haarfarbe usw. zutrifft. Sie ähneln sich nicht wie ein Ei dem andern, sondern wie ein Ei sich selbst. Es trifft aber auch für weniger in die Augen stechende Züge zu, und man kennt viele wirklich erstaunliche Übereinstimmungen, z. B. daß zwei Zwillinge im gleichen Alter an genau der gleichen, vielleicht höchst seltenen Erbkrankheit erkranken, selbst wenn sie ihr Leben lang weit voneinander getrennt waren. Die Erfahrungen mit identischen Zwillingen erlauben der Außenwelt nur eine sehr bescheidene Wirkung im Vergleich mit der Erbanlage.

Nochmals geschlechtsgebundene Vererbung.

Kehren wir nun wieder zur geschlechtsgebundenen Vererbung zurück, deren einfachsten Fall wir soeben kennenlernten, und von der wir nun wissen, daß sie darauf beruht, daß die betreffenden Erbfaktoren im Geschlechtschromosom gelegen sind. Man könnte vielleicht meinen, daß solche Erbfaktoren irgendwie besonderer Art seien, daß sie vielleicht in irgendeiner Beziehung zum Geschlecht stehen. Das ist aber nicht der Fall. Es scheint vielmehr, daß irgendein Erbfaktor ebensogut im Geschlechtschromosom seinen Sitz haben kann, wie in einem anderen Chromosom. In gut durchgearbeiteten Fällen, wie bei der Taufliege, kennen wir daher ebenso viele Faktoren im X-Chromosom, wie in einem der anderen Chromosomen. Tatsächlich ist das erste der vier Chromosomen dieses Insektes, dessen Faktorenlandkarte wir in Abb. 39 abgebildet haben, das Geschlechtschromosom. Natürlich gelten dann auch alle die Gesetze, die wir über die Erbfaktoren innerhalb eines Chromosoms kennenlernten, genau so für die Erbfaktoren innerhalb eines X-Chromosoms. Also auch sie müssen gemeinsam vererbt werden, wenn nicht ein Faktorenaustausch zwischen den beiden X-Chromosomen des Weibchens stattfindet. Auch dieser Faktorenaustausch erfolgt genau wie bei den anderen Chromosomen und erlaubt somit eine Karte auch des X-Chromosoms aufzunehmen, wie wir nun schon sahen.

Als wir das Verhalten der Geschlechtschromosomen besprachen, erwähnten wir die merkwürdige Tatsache, daß bei Schmetterlingen und Vögeln, umgekehrt wie bei den meisten anderen
Lebewesen, das weibliche Geschlecht ein X-Chromosom besitzt,
also zwei Sorten von Eiern bildet, das männliche Geschlecht
aber zwei X-Chromosomen zeigt, daher nur eine Sorte von
Samenzellen bildet. Es ist klar, daß bei diesen Tieren dann auch
die geschlechtsgebundene Vererbung anders verlaufen muß,
und zwar müssen wir, um den richtigen Ablauf zu bekommen,
überall in unserer Darstellung der menschlichen Fälle für Mann
— Frau, für Frau — Mann, für Sohn — Tochter und für Tochter
— Sohn setzen, um eine entsprechende Schilderung durchzuführen, die für Schmetterlinge und Vögel zutrifft. Tatsächlich war
der erste Fall einer geschlechtsgebundenen Vererbung, der genau
untersucht wurde, ein solcher bei Schmetterlingen und aus ihm
konnte auf das Vorhandensein von zwei Sorten von Eizellen
gegenüber einer Sorte von Samenzellen geschlossen werden,
bevor man etwas von dem Verhalten der Geschlechtschromosomen wußte. Erst später fand man die Erklärung der geschlechtsgebundenen Vererbung durch die Lagerung der betreffenden
Faktoren im X-Chromosom. Dann wurden die Fälle der geschlechtsgebundenen Vererbung bei Insekten und Säugetieren
näher bekannt und schließlich wurde auch gezeigt, daß tatsächlich
bei Schmetterlingen, wie erwartet, das Weibchen nur ein X-
Chromosom besitzt. Doch damit sei es genug von diesen interessanten Tatsachen, in denen weitere Einzelheiten zu bringen, den
Leser schließlich verwirren würde. Denn schon die hier mit-
geteilten Grundtatsachen verlangen zu ihrem Verständnis von
dem Laien ein gut Teil von Aufmerksamkeit und Gedanken-
arbeit.

IX. Das Zusammenarbeiten der Erbfaktoren.

Allgemeines über Gen und Charakter.

In unseren bisherigen Erörterungen betrachteten wir das Verhältnis zwischen den in den Chromosomen gelegenen Erbfaktoren und den von ihnen bedingten erblichen Eigenschaften
sozusagen ganz naiv, indem wir einfach einem jeden Erbfaktor

eine Eigenschaft zuordneten oder, anders ausgedrückt, indem wir uns den einzelnen Erbfaktor als einen Repräsentanten einer Erbeigenschaft innerhalb der Geschlechtszellen resp. ihrer Chromosomen vorstellten. Würde man eine solche Vorstellung sich nun folgerichtig weiter ausmalen, so käme man zu einem merkwürdigen Bild vom Lebewesen und seinen Erbeigenschaften. Das Lebewesen erschiene uns als eine Art von Mosaik aus Erbeigenschaften, die einzeln und selbständig nebeneinander stehen, so daß schließlich ein Organismus so zusammengesetzt wäre, wie ein Mosaikbild aus seinen einzelnen Steinchen. Wenn man nun bedenkt, daß ein Organismus doch ein Ganzes ist, das als Ganzes arbeitet und in dem die Teile sich dem Ganzen unterordnen, erscheint eine solche Vorstellung doch recht roh. Tatsächlich ist dies auch nicht die Vorstellung, zu der die Lehre von den mendelnden Erbfaktoren geführt hat, wobei wir ganz von dem mehr philosophischen als naturwissenschaftlichen Problem absehen, welches Verhältnis das Ganze zu seinen Teilen hat. Das Zusammenarbeiten der Erbfaktoren muß vielmehr so vorgestellt werden, daß die Gesamtheit der Erbfaktoren bei der Hervorrufung einer jeden Eigenschaft mitwirkt, und daß der einzelne Erbfaktor, den uns das Mendelexperiment einer bestimmten Eigenschaft zuordnen lehrt, nur bei der letzten Entscheidung mitwirkt. Wir werden dies bald verstehen, wenn wir nun einige Tatsachen mendelnder Vererbung kennenlernen, die uns die Erbfaktoren in ihrem Zusammenspiel zeigen.

Zusammenspiel der Gene.

Wir beginnen mit einem berühmten Fall, der seinerzeit zum erstenmal die Aufmerksamkeit auf diese Dinge lenkte, der Vererbung einiger Kammformen bei Hühnern. Von solchen Formen des Kammes, wie sie bei häufig gezüchteten Hühnerrassen vorkommen, wollen wir vier betrachten, die in Abb. 46 abgebildet sind. Da gibt es den einfachen hohen Zackenkamm, der den typischen Hühnerkamm darstellt; dann gibt es eine Art krüppelhaften Kammes, der nur aus einer Anzahl erbsenförmiger Warzen besteht und Erbsenkamm genannt wird; ferner haben wir einen nach hinten zuckerhutförmig vorspringenden Kamm mit Warzen und Runzeln an der Basis, der höchst poetisch als Rosenkamm bezeichnet wird, und endlich einen klumpigen, halbkugeligen Kamm, der wegen seiner Ähnlichkeit mit einer Nuß Walnußkamm heißt. Alle diese Kämme züchten bei gewissen Rassen rein. Bastardieren wir nun Erbsenkammhühner mit solchen mit einfachem Kamm, so zeigen alle F_1-Bastarde Erbsenkamm, der sich somit als dominant erweist. In der F_2-Generation erhalten wir eine einfache Mendelspaltung in drei Erbsenkamm: ein einfacher

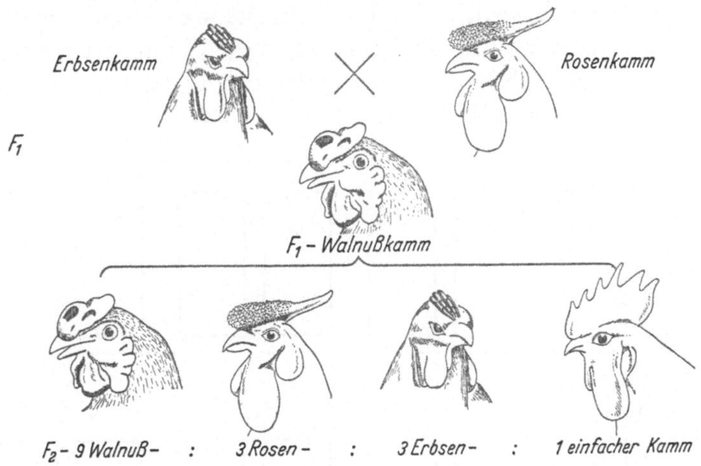

Abb. 46. Vererbung bei der Kreuzung von Erbsenkamm- und Rosenkammhühnern.

Kamm, also ein ganz gewöhnlicher Mendelfall. Ganz entsprechend verläuft eine Kreuzung zwischen Rosenkamm und einfachem Kamm. Auch hier dominiert der Rosenkamm und in F_2 gibt es eine einfache Mendelspaltung. Nun kreuzen wir eine Erbsenkammrasse mit einer Rosenkammrasse, und die Bastarde zeigen alle — einen Walnußkamm. Merkwürdig, aber noch merkwürdiger die zweite Bastardgeneration, denn hier erscheinen jetzt vier verschiedene Kammsorten, Walnußkamm, Erbsenkamm, Rosenkamm und einfacher Kamm, und zwar im Verhältnis von $\frac{9}{16} : \frac{3}{16} : \frac{3}{16} : \frac{1}{16}$ der Individuen. Wo kommt nun der Walnußkamm in F_1 her, und wo der einfache Kamm in F_2? Das Zahlenverhältnis der vier Formen der zweiten Bastardgeneration zeigt uns ohne weiteres, daß eine Mendelspaltung mit zwei Erbfaktorenpaaren vorliegt, die unabhängig mendeln, also in verschiedenen Chromosomen gelegen sind. Eine Erklärung mit Hilfe zweier Faktoren kann daher folgendermaßen gegeben werden: Der Erbsenkamm wird bedingt durch die Anwesenheit eines dominanten Faktors, den wir E nennen wollen; der zugehörige rezessive Faktor e bedingt einen einfachen Kamm. Ebenso wird der Rosenkamm bedingt durch einen dominanten Faktor R und der zugehörige rezessive Faktor r bedingt auch einen einfachen Kamm. R und E liegen in verschiedenen Chromosomen, die wir Chromosomen 1 und 2 nennen wollen. In bezug auf diese Chromosomenpaare und die darin enthaltenen Faktoren können die Hühner also folgendermaßen beschaffen sein:

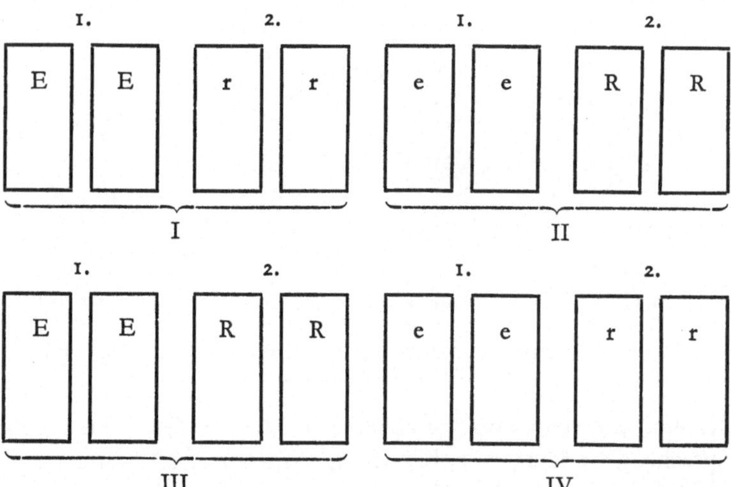

Wir haben dabei nur die vier homozygoten Möglichkeiten berücksichtigt, da die Heterozygoten wegen der Dominanz äußerlich nicht von den Homozygoten verschieden sind. Nr. 1 hat also in einem Chromosomenpaar den Erbsenkammfaktor, im anderen einen für einfachen Kamm. Es ist ein Erbsenkammhuhn. Nr. II hat im Chromosomenpaar 2 den Rosenkammfaktor, im Paar 1 aber den Faktor für einfachen Kamm; es ist ein Rosenkammhuhn. Nr. III hat sowohl den Rosenkamm- wie den Erbsenkammfaktor und deren gemeinsame Wirkung ruft den Walnußkamm hervor. Nr. IV endlich hat in beiden Chromosomen-

paaren die rezessiven Faktoren für einfachen Kamm, es ist ein
Huhn mit einfachem Kamm. Wenn wir nun nur die Erbfaktoren schreiben, so lautet die Kreuzung:

Erbsenkamm × Rosenkamm

E E r r × e e R R

Walnußkamm

E e R r

Dieser Bastard bildet, wie wir früher genau erörterten, vier Sorten
von Geschlechtszellen, nämlich E R, E r, e R, e r und diese vereinigen sich bei der Befruchtung zu 16 verschiedenen Sorten von
F_2-Tieren, die wir in der früher genau erklärten Weise aufschreiben. Da alle Individuen mit E und R Walnußkamm haben, alle
mit E und r Erbsenkamm, die mit e und R Rosenkamm und die
mit e und r einfachen Kamm, so erhalten wir, wie das Schema
auf Seite 172 zeigt, tatsächlich die Spaltung in diese vier Typen
im Verhältnis von 9:3:3:1.

Was können wir nun aus diesem Beispiel über das Zusammenarbeiten der Erbfaktoren lernen? Da haben wir zunächst die beiden Erbfaktoren für einfachen Kamm e und r , die in verschiedenen Chromosomen liegen. Können wir nun sagen, der einfache
Kamm wird durch zwei Erbfaktoren verursacht? Sicher nicht!
Wenn wir die Kreuzung Erbsenkamm × einfachen Kamm ausführen, und wie erwähnt eine einfache Mendelspaltung erhalten, so müssen wir diese Kreuzung also schreiben E E × e e,
vorausgesetzt, daß wir gar nichts vom Rosenkamm wissen, und
wir kommen zur Überzeugung, daß der einfache Kamm nur von
einem Faktor, nämlich e verursacht wird. Kreuzen wir Rosenkamm mit einfachem Kamm, ohne etwas von der Existenz des
Erbsenkammes zu wissen, so stellen wir nunmehr fest, daß der
einfache Kamm von einem einzigen Faktor bedingt wird, nämlich r.
Kreuzen wir schließlich Rosenkamm × Erbsenkamm und erhalten in der zweiten Bastardgeneration in einem Sechzehntel
der Individuen einfachen Kamm, geschrieben e e r r, so müssen
wir jetzt schließen, daß der einfache Kamm von zwei Erbfaktoren
e und r bedingt wird. So könnten wir nun weiter gehen und noch
andere Kammformen finden, die über den einfachen Kamm
dominant sind und wieder in einem andern Chromosom gelegen

171

sind. Dann wäre der einfache Kamm nicht von einem oder zwei
Erbfaktoren bedingt, sondern von vielen. Wie lösen sich nun
diese Widersprüche, und was folgt daraus? Ein klein wenig
Überlegung zeigt, daß wir einen Erbfaktor nur dann als vorhanden
nachweisen können, wenn wir ihn heterozygot bekommen können und dann eine Mendelspaltung finden. Angenommen,

E R E R Walnußkamm 1	E r E R Walnußkamm 2	e R E R Walnußkamm 3	e r E R Walnußkamm 4
E R E r Walnußkamm 5	E r E r Erbsenkamm 1	e R E r Walnußkamm 6	e r E r Erbsenkamm 2
E R e R Walnußkamm 7	E r e R Walnußkamm 8	e R e R Rosenkamm 1	e r e R Rosenkamm 2
E R e r Walnußkamm 9	E r e r Erbsenkamm 3	e R e r Rosenkamm 3	e r e r Einfacher Kamm

ein einfacher Kamm würde durch die Zusammenarbeit von 50
Erbfaktoren bedingt a a, b b, usw. Wenn es nun nur Hühner mit
einfachem Kamm gäbe, so könnten wir niemals feststellen, ob
diese Eigenschaft 1 oder 10 oder 50 Erbfaktoren ihr Wesen verdankt. Einer dieser Faktoren , nämlich e, soll nun — das ist ganz
willkürlich angenommen — im Chromosom Nr. 1 der Hühner
genau in der Mitte der Länge des Chromosoms liegen. Finden
wir nun eine andere Hühnerrasse, bei der an der genau gleichen
Stelle des Chromosoms Nr. 1 e zu E mutiert hat (dominante
Mutation), dessen Anwesenheit den sonst entstehenden einfachen
Kamm in einen Erbsenkamm abändert, dann können wir nach
einer Kreuzung und Mendelspaltung mit Sicherheit die Anwesenheit des Faktorenpaares E—e feststellen, aber nur dieses
einen Paares. Von den übrigen 49, deren Anwesenheit wir vor-
aussetzten, wissen wir nichts, und wir können daher nur sagen,
e bedingt den einfachen Kamm. Richtigerweise müßten wir aber
sagen, daß e den einfachen Kamm bedingt, wenn alle 49 anderen,

uns aber unbekannten Faktoren, auch vorhanden sind. Denselben Gedankengang können wir natürlich auch für r durchführen und ebenso für e und r. Wir sehen also dies: wenn wir sagen, ein Faktor bestimmt eine Eigenschaft, so ist dies nur eine vereinfachte Ausdrucksweise. Es müßte stets zugefügt werden: vorausgesetzt, daß alle anderen uns vielleicht unbekannten Faktoren vorhanden sind. Im Beispiel bedingt e den einfachen Kamm, vorausgesetzt, daß die anderen Faktoren, z. B. a a b b usw. auch vorhanden sind, von denen wir jetzt schon einen kennen, nämlich r, dessen Ersatz durch R zu einem Rosenkamm führt. Über diesen Punkt muß man sich völlig klar sein, um nicht ganz falsche Vorstellungen von den Erbfaktoren zu bekommen.

Dazu kommt noch eines: Wir sagten soeben, daß eine Erbeigenschaft von vielen, wenn auch meist unbekannten Erbfaktoren bedingt wird. Man könnte nun meinen, daß das ja zu einer phantastischen Menge von Erbfaktoren führt, da ja schließlich eine Erbeigenschaft nur einen winzigen Bruchteil aller Erbeigenschaften darstellen kann. So ist das aber nicht zu verstehen. Wenn wir an den Hühnerkamm denken, so muß, damit es ein einfacher Kamm wird, um es grob auszudrücken, überhaupt ein Kamm gebildet werden, aber auch überhaupt ein Kopf, Haut, Bindegewebe usw. Alle Erbfaktoren aber, die mit der Entwicklung dieser Teile zu tun haben, beeinflussen natürlich auch die Entwicklung des Kammes, so daß schließlich mehr oder minder jeder Einzelcharakter von der Mitarbeit aller Erbfaktoren abhängig ist. So ist tatsächlich der Organismus nicht eine Art von Mosaikbild aus einzelnen zusammengesetzten Bausteinen, sondern ein verwickeltes Gewebe aus zahllosen Fäden gewebt, „wo ein Schlag tausend Verbindungen schlägt".

Das wird uns noch klarer werden, wenn wir nun eine Reihe weiterer Fälle von Zusammenarbeiten von Erbfaktoren betrachten, die uns gleichzeitig aber auch das Verständnis für scheinbar verwickelte Erberscheinungen eröffnen werden. Schon die Kreuzung zwischen Erbsen- und Rosenkamm zeigte uns in dem Walnußkamm in F_1, daß nach einer Bastardierung scheinbar ganz neue unerwartete Eigenschaften auftreten können. Derartige Erscheinungen sind weit verbreitet und sind ja auch dem Laien aus seiner nächsten Umgebung bekannt, wo die Erscheinung dann zu der erstaunten Frage führt: Wo das Kind nur diese Eigenschaft her hat! In mehr wissenschaftlicher Form sind solche Erscheinungen unter dem Namen „Atavismus" bekannt. Nach einer bewußten oder auch unbewußten Kreuzung treten Individuen auf, die nicht ihren Eltern gleichen, sondern der alten Ahnenform der Rasse. Man sagte dann, daß aus unbekannten Gründen die uralte Ahnenform plötzlich durchschlägt und benutzt diese Erscheinung auch als einen Beweis für die Richtigkeit der Abstammungslehre. Ja, ein solcher Fall ist direkt klassisch, nämlich das Auftreten von Tauben mit der Flügelzeichnung der wilden Felstaube in Kreuzungen zahmer Taubenrassen. Stützte doch Darwin darauf hauptsächlich seine Beweisführung, daß die Zuchtrassen der Haustaube alle von der wilden Taube abstammen. Die Mendelforschung hat nun solche Erscheinungen in einfachster Weise durch das Zusammenarbeiten von Erbfaktoren erklärt.

Ein bekannter Fall ist der folgende: Beim Kreuzen zweier weißer Hühnerrassen erhielt man in F_1 Tiere von der Farbe der wilden Hühner, von denen wohl die Haushühner abstammen, also zwei weiße Eltern gaben bunte Nachkommenschaft. In der zweiten Bastardgeneration aber traten bunte und weiße im Verhältnis von $\frac{9}{16} : \frac{7}{16}$ auf. Die Mendelsche Erklärung, deren Richtigkeit natürlich durch Rückkreuzungen und die Zucht weiterer Bastardgenerationen bewiesen werden kann, ist nun die: Zur Hervorbringung eines bunten Gefieders sind mindestens zwei dominante Faktoren nötig, deren Wirkung wir uns durch Vergleich mit einem chemischen Vorgang vorstellen können. Ein beliebter Versuch ist es, zwei farblose Flüssigkeiten zusammenzugießen, wobei eine gefärbte Flüssigkeit entsteht. Wir können das so, ohne Anwendung chemischer Kenntnisse, erklären, daß die eine farblose Flüssigkeit die chemische Grundlage eines Farbstoffes enthält, die andere einen Verwirklichungsstoff, der mit der Farbgrundlage zusammen erst Farbe erzeugt. Wenn wir nun einen Erbfaktor haben, dessen Wirkung es ist, in dem Gefieder einen Stoff von der Natur der Farbgrundlage zu bilden; wenn wir weiter einen Erbfaktor haben, dessen Wirkung es ist, in den Federn einen Stoff von der Natur des Verwirklichungsstoffes zu erzeugen, so kann jeder einzelne dieser Faktoren allein keine

Farbe bedingen, wohl aber beide zusammen. Ein Huhn also, das den ersten Faktor besitzt ohne den zweiten ist weiß; ein Huhn, das den zweiten ohne den ersten besitzt, ist ebenfalls weiß; werden die beiden aber gekreuzt, so kommen beide Faktoren zusammen und Farbe erscheint. In unserem Fall erscheint nun die Farbe des Wildhuhns mit dem ganzen verwickelten Zeichnungs- und Färbungsmuster dieses prächtigen Vogels. Das ist nun wieder ein Beispiel für das, was wir gerade vorher so ausführlich erörtert haben. Die weißen Hühner besitzen nämlich alle die Erbfaktoren, die nötig sind, um die ganze Wildzeichnung hervorzubringen, nur der eine Faktor (Farbgrundlage oder Verwirklichungsfaktor) fehlt ihnen. Wenn wir also von den zwei Faktoren reden, die bei der Kreuzung zusammen kommen, so haben wir stillschweigend dazu zu ergänzen, „sowie alle anderen hier nicht berücksichtigten, weil bei beiden Eltern vorhandenen, Zeichnungs- und Färbungsfaktoren".

Was nun die F_2-Spaltung in neun farbige: sieben weiße betrifft, so erklärt sie sich ja leicht. Bei einer Spaltung mit zwei Faktorenpaaren erhalten wir ja bekanntlich $\frac{9}{16}$ Individuen mit beiden Dominanten, je $\frac{3}{16}$ mit der einen oder anderen Dominanten und $\frac{1}{16}$ reine Rezessive. Da hier nur dann Farbe entsteht, wenn beide dominante Faktoren anwesend sind, so können nur $\frac{9}{16}$ gefärbt sein, $\frac{7}{16}$ aber sind weiß.

Aus solchen Ergebnissen lassen sich nun einige interessante Rückschlüsse auf menschliche Verhältnisse ziehen, deren genaue Erbanalyse ja so schwer ist, daß wir hauptsächlich auf Rückschlüsse aus dem Tierexperiment angewiesen sind. Sicherlich sind auch viele menschliche Erbeigenschaften durch das Zusammenarbeiten mehrerer Erbfaktoren (in dem uns jetzt geläufigen Sinne) bedingt, und zwar dürfte das besonders für viele geistigen und seelischen Eigenschaften zutreffen. Wie oft stellt man mit Verwunderung fest, daß geistig hochstehende Eltern unbedeutende Kinder haben, oder daß von wenig musikalischen Eltern hochmusikalische Kinder stammen. In anderen Fällen aber vererbt sich sichtlich musikalisches Talent durch viele Generationen, wie bei der Familie Bach, oder ebenso mathematisches Talent, wie bei der Bernouilli-Familie. Solche Unregelmäßigkeiten erklären sich natürlich dadurch, daß solche

Talente nicht einfach vererbt werden, sondern zu ihrer Erzeugung des Zusammenwirkens einer ganzen Serie von Erbfaktoren bedürfen. Da nun enge Inzucht beim Menschen nicht geübt wird, somit die Wahrscheinlichkeit des Zusammentreffens der nötigen Erbfaktoren von beiden Eltern (homozygot) sehr gering ist, so tritt immer wieder eine weitgehende Spaltung ein, und die Nachkommen gleichen nicht mehr den Eltern. Das zu vermeiden, ist natürlich beim Menschen schwer. Immerhin gibt es ein Mittel, das nicht ganz so erfolgreich ist wie systematische Inzucht, nämlich sorgfältige Heiratsauswahl. Wenn Generationen lang geistig hochstehende Männer ebensolche Frauen heiraten, so ist die Wahrscheinlichkeit eine große, daß viele der zugrunde liegenden Erbfaktoren homozygot werden und damit eine Dynastie von Talent gezüchtet wird. Rein vererbungswissenschaftlich hatten die alten Pharaonen recht, bei denen immer Bruder und Schwester heiraten mußten, natürlich unter der Voraussetzung, daß ihr königlicher Anspruch auf höhere Beschaffenheit ihrer Erbeigenschaften berechtigt war. Auf gleicher Grundlage dürfte sich natürlich auch die Seltenheit des Genies erklären, das zur Erbgrundlage einer großen Zahl verschiedener Faktoren bedarf, die nicht oft zusammentreffen. Ja, man könnte sich sogar vorstellen, daß zur Erzeugung eines Genies gewisse Erbfaktoren, die gewöhnlich gemeinsam vererbt werden, weil sie im gleichen Chromosom liegen, durch einen Faktorenaustausch voneinander getrennt werden müssen, damit die Hemmnisse für die Entstehung eines Genies beseitigt werden. Doch sind dies reine Hypothesen, die wegen der Unmöglichkeit des Experiments nicht bewiesen werden können.

Kehren wir nun wieder zu dem Zusammenarbeiten der Erbfaktoren zurück und lernen noch ein paar Versuche kennen, die uns das Bild abschließen, und zwar wollen wir die Vererbung der Fellfarbe bei verschiedenen Mäuserassen betrachten, die geeignet ist, klare Vorstellungen über das Zusammenarbeiten der Erbfaktoren zu vermitteln. Von zahmen Mäusen werden ja, ebenso wie von Kaninchen und Meerschweinchen, von Liebhabern eine Menge von Rassen gezüchtet, die sich hauptsächlich durch ihre Farbe unterscheiden. Da gibt es graue, schwarze, schokoladebraune, silberfarbige, gelbe, gescheckte, weiße und viele andere.

All diese Rassen hat man nun gekreuzt und auf ihre Erbfaktoren untersucht und dabei ein sehr hübsches Bild erhalten, dessen Hauptzüge wir betrachten wollen. Der Ausgangspunkt für all diese Rassen ist die wildfarbige graue Maus, deren Haarfarbe dadurch zustande kommt, daß im einzelnen Haar der schwarze und gelbe Farbstoff in Ringen angeordnet ist. Eine andere beliebte Rasse ist die weiße Maus, die ein richtiger Albino ist, d. h. in ihrem Körper kann kein schwarzer Farbstoff gebildet werden, so daß nicht nur die Haare weiß sind, sondern auch die Augen farbstofffrei sind und daher rötlich schimmern. (Auch beim Menschen gibt es solche Albinos, auch Kakerlaken genannt, ein Charakter, der sich als einfaches Mendelsches Rezessiv vererbt.) Kreuzt man nun solche Albinos mit grauen Mäusen, so sind in F_1 alle Jungen grau, und in F_2 tritt unter Umständen eine einfache Mendelspaltung in drei graue: eine weiße auf, so daß man sagen könnte, grau beruht auf einem dominanten Faktor, sagen wir G, und Albinismus auf einem rezessiven Faktor g. Wiederholen wir nun diesen Versuch mit anderen Ausgangstieren, so mag es sich ereignen, daß wir in der zweiten Bastardgeneration ein ganz anderes Resultat erhalten. Es treten nämlich außer grauen und weißen auch noch schwarze Mäuse auf, und zwar werden es genau $\frac{9}{16}$ graue, $\frac{3}{16}$ schwarze und $\frac{4}{16}$ Albinos sein. Dieses Zahlenverhältnis zeigt uns sofort, daß jetzt zwei Erbfaktorenpaare beteiligt sein müssen, und wir vermuten, daß der Erbfaktor, der die schwarze Farbe bedingt, irgendwie in dem Albino enthalten gewesen sein muß, ohne sich auswirken zu können. Wir erinnern uns nun von den Hühnerkreuzungen her, daß das Auftreten einer Farbe auf dem gemeinsamen Wirken von zwei Erbfaktoren beruhen kann, einem Faktor für die Farbgrundlage und einem Farbenverwirklichungsfaktor. Fehlt aber einer von beiden, so muß ein Albino entstehen. Wenn nun hier im Mäusebeispiel der Albino durch das Fehlen des Farbverwirklichungsfaktors bedingt ist, so mag ein solcher Albino den Farbgrundlagefaktor, etwa für schwarze oder irgendeine andere Farbe, besitzen und in eine Kreuzung mitbringen. Wird mit einer farbigen Maus gekreuzt, so bringt diese natürlich den Farbverwirklichungsfaktor mit in die Kreuzung, und daher kann in der F_2-Generation dieser mit dem vom Albino eingeführten Faktor,

z. B. für schwarz, zusammenkommen und so schwarze Farbe erzeugen. In einfacher Form können wir uns dies wieder in der Form des so oft benutzten Schemas verdeutlichen. Also die graue Maus besitzt den Farbverwirklichungsfaktor, den wir mit C bezeichnen wollen; der Albino besitzt ihn nicht resp. sein Rezessiv, das wir c nennen. Die graue Maus besitzt den Faktor, der den Haarfarbstoff in Ringeln anordnet, kurz der Graufaktor G genannt, der Albino besitzt ihn nicht, resp. sein Rezessiv g; der Albino aber besitzt den Schwarzfaktor N, der aber auch bei der grauen Maus vorhanden sein muß, da sie sonst nicht grau wäre. Denn G bedingt nur dann graue Farbe, wenn alle möglichen anderen Faktoren auch vorhanden sind, zu denen unter anderem auch der Schwarzfaktor N behört. Die graue Maus heißt also N N G G C C, und der Albino N N g g c c. Da N N in beiden homozygot vorhanden ist, spaltet es nicht, und wir haben eine Spaltung mit zwei Faktorenpaaren. Wir brauchten also eigentlich N N gar nicht mitzuschreiben, wir tun es nur, weil wir ja gerade vom Zusammenarbeiten der Faktoren reden. F_1 ist N N G g C c, also wegen der Dominanz von G und C wieder grau. F_2 gibt dann die folgende Spaltung, da die F_1-Tiere vier Sorten von Geschlechtszellen bilden, nämlich N G C, N G c, N g C, N g c. Alle Tiere mit dem Graufaktor G und dem Verwirklichungsfaktor C sind grau; alle ohne den Verwirklichungsfaktor C sind Albinos, und alle, die zwar C haben, aber kein G und natürlich N, sind schwarz.

N G C N G C grau	N G C N g C grau	N G C N G c grau	N G C N g c grau
N g C N G C grau	N g C N g C schwarz	N g C N G c grau	N g C N g c schwarz
N G c N G C grau	N G c N g C grau	N G c N G c albino	N G c N g c albino
N g c N G C grau	N g c N g C schwarz	N g c N G c albino	N g c N g c albino

Dies zeigt uns somit drei Erbfaktoren zusammenarbeitend zur Verwirklichung der drei Rassen, nämlich C G N zusammen bedingen grau; C g N bedingen zusammen schwarz, und c G N oder c G n bedingen einen Albino; letzterer kann also unsichtbar den Schwarzfaktor, den Graufaktor oder beide enthalten.

Untersuchen wir nun weitere Rassen in einer Kreuzungsanalyse, so finden wir z. B. einen rezessiven Faktor, der Scheckung bedingt, den wir t nennen wollen. Da in unserem letzten Beispiel keine Schecken auftraten, so müssen beide Eltern für den dominanten Partner des Scheckungsfaktors t, nämlich T, der völlige Ausfärbung bedingt, homozygot gewesen sein. Den vorher gebrauchten Formeln müßte also eigentlich immer T T zugefügt werden. Dann wieder finden wir einen rezessiven Erbfaktor, dessen Anwesenheit alle Farben verdünnt erscheinen läßt: grau wird zu hellgrau, schwarz zu dem was die Züchter blau nennen, usw. Wir können also von dem rezessiven Verdünnungsfaktor s sprechen oder auch von seinem dominanten Partner, dem Farbsättigungsfaktor S. Jetzt müssen wir also den obigen Formeln noch S S zufügen, da nur die richtigen satten Farben erscheinen. Es ist wohl nicht nötig, das für weitere Faktoren durchzuführen, denn das Prinzip wird wohl jetzt schon klar sein: Der Erbfaktor G bedingt nicht die graue Wildfarbe, sondern G ist ein Faktor, der dann Wildfarbe bedingt, wenn noch viele andere Faktoren vorhanden sind, von denen wir jetzt N, C, T, S kennen. Ist G vorhanden, aber n statt N, dann sind die Tiere zimtfarbig, mit c statt C sind sie Albinos, mit t statt T sind es Schecken, mit s statt S sind sie hellgrau usw. Ebenso bedingt N nicht schwarze Farbe, sondern nur wenn g da ist statt G, ferner C T S. Man müßte also immer, wenn man Erbformeln schreibt, zufügen: plus dem homozygoten Rest. Wie groß aber dieser Rest ist, weiß niemand, denn wir kennen ja nur die Faktoren, die wir in heterozygotem Zustand erhalten können, wie schon früher ausgeführt. Kennen wir sehr viele Faktoren, wie hier im Mäusebeispiel, so können wir eine Tabelle aufstellen, aus der das Aussehen der verschiedenen Faktorenkombinationen hervorgeht, also mit G, S, C usw., ohne g aber mit C, ohne g aber ohne C und S usw. Eine solche Tabelle für die Farbrassen der Mäuse würde heute schon recht verwickelt aussehen, und so wollen wir

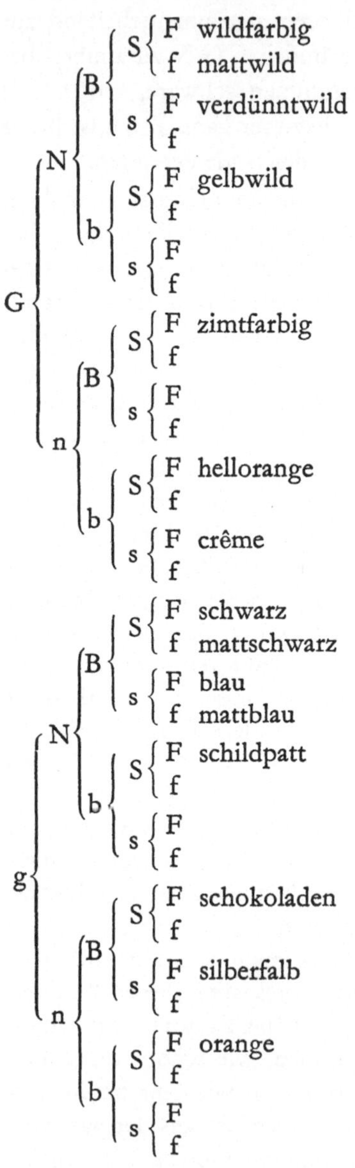

zunächst alle Schecken weglassen (mit Faktor t), ferner alle Albinos (mit Faktor c) und noch manche andere, also annehmen, daß es ganzfarbige Tiere mit TT und CC sind, und nur fünf weitere Faktoren berücksichtigen: nämlich den uns bekannten Graufaktor G, den Schwarzfaktor N, einen Braunfaktor B, dessen Partner b die Farben gelblich macht, den Sättigungsfaktor S und einen Faktor F, der allen Farben Glanz gibt, während f sie matt erscheinen läßt. Die verschiedenen Kombinationen dieser Faktoren sehen dann folgendermaßen aus, wobei wir nur einige der markantesten Farben angeben, die leicht unterschieden werden können (siehe nebenstehendes Schema).

In ähnlicher Weise wurde eine Erbanalyse bei vielen Tieren und Pflanzen durchgeführt, die stets in der gleichen Weise das Zusammenarbeiten der Erbfaktoren zeigte. Wenn man sich nun noch vorstellt, daß vielfach keine Dominanz herrscht, sondern die Heterozygoten sich von den reinen Dominanten auch äußerlich unterscheiden, dann kann man sich wenigstens in der Phantasie eine Vorstellung bilden von dem, was man auch die Faktorenlehre der Vererbung genannt hat.

X. Summieren der Erbfaktoren.

Die Erörterungen des letzten Abschnittes zeigten uns, wie die verschiedenartigsten Erbfaktoren zusammenarbeiten, um eine Eigenschaft hervorzubringen, und daß der eine Erbfaktor, den wir im gewöhnlichen Sprachgebrauch der Vererbungslehre einer Eigenschaft zuordnen, nur der Faktor ist, der sozusagen in dem verwickelten Zusammenspiel das letzte Wort zu sprechen hat. Nun müssen wir eine andere, sehr wichtige Art des Zusammenspiels von Erbfaktoren kennenlernen, die darin besteht, daß eine bestimmte Erbeigenschaft das Ergebnis des Vorhandenseins einer mehr oder minder großen Anzahl von Erbfaktoren ist, von denen jeder eine bestimmte Teilwirkung hat und deren Wirkung sich summiert, weshalb wir auch von summierenden Faktoren reden wollen. (Der wissenschaftliche Kunstausdruck dafür heißt „polymere" oder „multiple" Faktoren, neuerdings auch Polygene genannt.) Es sind besonders Eigenschaften quantitativer Natur, wie Größenwuchs, Länge, Gewicht von Teilen, die auf diese Weise vererbt werden, und da dies gerade die Erbeigenschaften sind, die für die praktische Züchtung von besonderer Bedeutung sind, so kommt dieser Vererbungsart große Wichtigkeit zu. Wir werden sie sogleich verstehen, wenn wir uns an einem praktischen Beispiel die Folgerungen klarmachen.

Grundtatsachen.

Nehmen wir einmal an, wir hätten zwei Rassen von Hunden, eine kleine und eine große, von denen wir durch lange Zucht wissen, daß der betreffende Größenwuchs erblich ist, also etwa Dackel und Dogge. Wenn dieser Größenwuchs nun von summierenden Faktoren bedingt ist, so heißt das folgendes: Auf Grundlage der allgemeinen Erbkonstitution, die beiden Rassen gemeinsam ist (und daher gewöhnlich bei Vererbungsversuchen weiter nicht erwähnt wird, da ja nur die Unterschiede interessieren), erreichen beide Rassen die Größe der kleineren Rasse, sagen wir 40 cm Rückenlänge. Bei der Dogge kommen nun dazu noch Erbfaktoren, die den größeren Wuchs bedingen, und zwar sollen es drei Paar Zuwachsfaktoren sein, die insgesamt einen Zuwachs von 60 cm bedingen, so daß die Dogge eine Rückenlänge von 1 m hätte. Diese drei Paar Erbfaktoren sind summierender Natur,

d. h. ein jeder Erbfaktor sorgt für sich allein für einen Längenzuwachs von 10 cm und ihre Wirkung summiert sich. Wenn wir diese drei Faktorenpaare A A B B C C nennen, so bedingt also sowohl A wie B wie C jeder für sich einen Zuwachs von 10 cm. Es hat also die in allen drei Faktoren homozygote Form A A B B C C einen Zuwachs von 60 cm und erreicht daher die Größe $40 + 60 = 100$ cm; die in A und B homozygote, in C heterozygote Form A A B B C c oder ebenso A a B B C C oder A A B b C C hat nur fünf Zuwachsfaktoren und wird $40 + 50 = 90$ cm groß; die Formen A A B B c c, A A b b C C, a a B B C C haben nur vier Zuwachsfaktoren und werden daher $40 + 40$ cm groß usw., bis A a b b c c, a a B b c c, a a b b C c, die nur einen Zuwachsfaktor haben und daher $40 + 10 = 50$ cm groß werden. Die rezessive Form a a b b c c aber ist in unserem Beispiel der Dackel ohne Zuwachsfaktoren, der somit auf 40 cm bleibt.

Betrachten wir nun einmal die Folgen der Kreuzung zweier solcher Rassen, die sich durch drei Paare summierender Erbfaktoren unterscheiden. (Um Irrtümern vorzubeugen, sei übrigens bemerkt, daß die Kreuzung Dackel × Dogge nur zum Zweck einer verständlicheren Darstellung angenommen wurde, ob sie in Wirklichkeit so verläuft, d. h. mit drei Paar summierenden Faktoren, ist nicht bekannt; es mögen ebensogut 2 oder 20 Paare sein, was erst zu untersuchen wäre, wie es für zahlreiche andere Fälle im Tier- und Pflanzenreich tatsächlich untersucht ist.) Die Kreuzung können wir also folgendermaßen schreiben:

Dackel × Dogge

a a b b c c × A A B B C C

F_1 Bastard = A a B b C c

Der F_1-Bastard besitzt also drei Zuwachsfaktoren, ist somit $40 + 30 = 70$ cm groß, und steht somit genau in der Größe zwischen den beiden Eltern von 40 resp. 100 cm. In F_2 hieraus müssen wir dann eine Spaltung mit drei Faktorenpaaren nach dem wohlbekannten Schema bekommen. Es werden acht Sorten von Geschlechtszellen gebildet (vorausgesetzt, daß A, B, C in verschiedenen Chromosomen liegen), und bei der Befruchtung 64 Kombinationen nach dem folgenden uns wohlbekannten Schema (siehe nächste Seite).

A B C A B C 6	A B c A B C 5	A b C A B C 5	a B C A B C 5	A b c A B C 4	a B c A B C 4	a b C A B C 4	a b c A B C 3
A B C A B c 5	A B c A B c 4	A b C A B c 4	a B C A B c 4	A b c A B c 3	a B c A B c 3	a b C A B c 3	a b c A B c 2
A B C A b C 5	A B c A b C 4	A b C A b C 4	a B C A b C 4	A b c A b C 3	a B c A b C 3	a b C A b C 3	a b c A b C 2
A B C a B C 5	A B c a B C 4	A b C a B C 4	a B C a B C 4	A b c a B C 3	a B c a B C 3	a b C a B C 3	a b c a B C 2
A B C A b c 4	A B c A b c 3	A b C A b c 3	a B C A b c 3	A b c A b c 2	a B c A b c 2	a b C A b c 2	a b c A b c 1
A B C a B c 4	A B c a B c 3	A b C a B c 3	a B C a B c 3	A b c a B c 2	a B c a B c 2	a b C a B c 2	a b c a B c 1
A B C a b C 4	A B c a b C 3	A b C a b C 3	a B C a b C 3	A b c a b C 2	a B c a b C 2	a b C a b C 2	a b c a b C 1
A B C a b c 3	A B c a b c 2	A b C a b c 2	a B C a b c 2	A b c a b c 1	a B c a b c 1	a b C a b c 1	a b c a b c 0

Zählen wir nun in diesem Schema die Zahl der Zuwachsfaktoren aus (wie dies ja in jedem Quadrat geschehen ist), so finden wir, daß unter den 64 F_2-Kombinationen:

1	sechs Zuwachsfaktoren besitzt, also	100 cm	lang	ist	
6	fünf	„	„	„	90 cm „ „
15	vier	„	„	„	80 cm „ „
20	drei	„	„	„	70 cm „ „
15	zwei	„	„	„	60 cm „ „
6	einen	„	„	„	50 cm „ „
1	null	„	„	„	40 cm „ „

Die F_2-Individuen würden sich also folgendermaßen auf die verschiedenen Größen verteilen:

Zuwachsfaktoren:	6	5	4	3	2	1	0
Größenklasse:	100	90	80	70	60	50	40
Individuenzahl:	1	6	15	20	15	6	1

Suchen wir uns dies einmal vorzustellen. Wir erhalten also 64 Hunde in sieben verschiedenen Größen von Dackel- bis Doggengröße. Theoretisch sind diese sieben Gruppen genau 10 cm voneinander verschieden. In Wirklichkeit kann man das aber nicht erwarten, wie wir das ja im Anfang dieses Buches ausführlich erörterten. Denn die typische, durch die erbliche Anlage bedingte Größe wird ja infolge der Wirkungen der Außenwelt, Ernährung, Temperatur usw. nur im Durchschnitt von den Einzelindividuen erreicht, während das einzelne Individuum bald etwas zu groß, bald etwas zu klein ausfallen mag, wie wir das so ausführlich an den Bohnenbeispielen erörterten. D. h. also, daß im wirklichen Versuch zwischen den einzelnen Größenklassen alle Übergänge vorkommen, somit die 64 F_2-Hunde eine ununterbrochene Stufenleiter zwischen Dackel- und Doggengröße bilden. Auf den ersten Blick ist somit von einer scharfen Spaltung gar nichts zu sehen. Betrachten wir nun weiter diese Reihe, so sehen wir, daß die meisten Individuen, nämlich 20, genau die mittlere Größe wie die F_1-Bastarde haben, nämlich 70 cm, die wenigsten Individuen, nämlich je eines, die Elterngröße von 40 resp. 100 cm zeigen, und daß für die dazwischenliegenden Größen die Zahlen erst ansteigen 6, 15 — und dann wieder genau so abfallen — 15, 6. Der aufmerksame Leser erinnert sich nun, daß diese Zahlenreihe uns schon begegnete, als wir an dem Beispiel des Zufallsapparates mit den Schrotkugeln die Wirkung des Zufalls erörterten. Dort sahen wir, daß Individuen von ganz genau gleichem Vererbungstyp durch die Wirkung der Außenbedingungen in ihrem äußeren Erscheinungstyp verschieden wurden und weiter, daß von einer großen Zahl solcher erblich gleichen Individuen die meisten einer mittleren Klasse in ihrer Erscheinung angehörten, und die Abweichungen von dieser idealen Mittelklasse nach beiden Seiten seltener und seltener wurden, je weiter man sich von dem Mittel entfernte. Im Idealfall aber zeigte eine solche „Variationsreihe” genau die gleichen Individuenzahlen, wie wir sie oben kennenlernten. Wir finden mit anderen Worten hier nun als Wirkung einer besonderen Art von Mendelspaltung für den äußeren Anblick genau die gleiche Erscheinung, die wir früher als Wirkung von Außenbedingungen innerhalb einheitlicher Erbbeschaffenheit kennenlernten. Welch eine Quelle von Irrtümern und Verwechslungen! Wir werden bald darauf noch einmal zurückkommen.

Gar merkwürdig ist eine weitere Folgerung aus der Spaltung mit drei summierenden Erbfaktoren. Wir sahen, daß von den $64 F_2$-Hunden 20 von der Größe 70 cm waren, also genau zwischen den beiden Eltern standen und somit auch genau so aussahen, wie die F_1-Bastarde. Hätten wir nun vielleicht nur einen F_2-Wurf mit sechs Hunden großgezogen, wie wäre uns dann wohl der Vererbungsfall erschienen? Da die Wahrscheinlichkeit vorliegt, daß 50 von 64 Individuen der Größenklasse 60—80 angehören, so ist bei nur sechs Tieren fast mit Sicherheit anzunehmen, daß sie alle dieser Klasse angehören. Die F_2-Tiere würden also genau wie die F_1-Tiere aussehen, höchstens wären die Größenschwankungen nach oben und unten etwas größer. Man würde dann vielleicht aus dem Versuch den Schluß ziehen, daß hier überhaupt keine Mendelspaltung stattgefunden habe, sondern daß der Mischtypus von F_1 sich auch in F_2 weitererhalten habe. Tatsächlich sind ernste Forscher auch diesem Irrtum verfallen, bevor man die Erscheinung der summierenden Erbfaktoren kennen und verstehen gelernt hatte. Wie leicht ein solcher Irrtum aber möglich ist, wird klar, wenn wir uns nun einmal vorstellen, daß eine Eigenschaft von mehr als drei Paar summierenden Faktoren bedingt sei, z. B. von sechs Paar. Nehmen wir wieder das Hundebeispiel und stellen uns also vor, die Größendifferenz zwischen Dackel und Dogge von 60 cm beruhe auf sechs Paar summierender Faktoren, deren jeder einen Zuwachs von 5 cm bedinge, also den Faktoren A A B B C C D D E E F F. In F_2 müssen wir dann eine Spaltung mit sechs Faktorenpaaren bekommen. Um sie aufzuschreiben, müßten wir eine Zeichnung mit 4096 Quadraten machen. Zählen wir diese nun aus, so erhalten wir bei gleichem Verfahren wie im letzten Beispiel die folgende F_2-Spaltung:

Zahl der Zuwachsfaktoren:

12   11   10   9   8   7   6   5   4   3   2   1   0

Größe der F_2-Tiere cm:

100   95   90   85   80   75   70   65   60   55   50   45   40

Zahl unter 4096 Tieren:

1   12   66   220   495   792   924   792   495   220   66   12   1

Das bedeutet nun, daß wir, um überhaupt mit nennenswerter Wahrscheinlichkeit von jeder Sorte Individuen zu bekommen, mindestens 4096 F_2-Tiere aufziehen müssen. Hier sind nun in den Klassen von der Größe 60—80 cm nicht weniger als 3498 von 4096 Tieren. Wenn wir also ein paar hundert Tiere aufziehen, was doch bei Hunden immerhin ein Versuch großen Stils wäre, so fielen sie mit größter Wahrscheinlichkeit alle in die mittleren Klassen und von einer Mendelspaltung wäre keine Spur zu bemerken.

Beweis für die Erklärung.

Es haben sich nun Leute mit nur oberflächlicher Kenntnis dieser Dinge gefunden, die meinten, diese summierenden Faktoren seien eine Art von Deus ex machina, mit dem man einfach jeden widerspenstigen Fall, der nicht recht mit einer einfachen Mendelspaltung zu erklären sei, einer solchen Erklärung zugänglich machen könne, wenn man nur die nötige Zahl von summierenden Faktoren annimmt. So müssen wir denn zusehen, ob es nicht weitere Folgerungen gibt, deren Erfüllung in einem richtig durchgeführten Versuch tatsächlich das Vorhandensein summierender Faktoren beweist. Solcher Folgerungen gibt es in der Tat eine ganze Reihe, ja es gibt sogar mathematische Methoden, nach denen man aus den Versuchsergebnissen die Zahl summierender Faktoren berechnen kann. Betrachten wir nun einmal einige solche Folgerungen.

Wir erinnerten bereits daran, daß die F_1-Tiere, die in ihrer Größe zwischen den Eltern stehen, also 70 cm Größe haben, natürlich nicht nun alle genau 70 cm groß sind, sondern daß sie um das Mittel 70 in gewissen Grenzen so schwanken, daß die Zahl der Tiere, die weniger oder mehr messen, immer kleiner wird, je größer die Differenz zu 70 wird. Eine größere Zahl von

F_1-Tieren mag also vielleicht folgende Maße zeigen, wenn wir jetzt zentimeterweise messen:

Länge in cm:	66	67	68	69	70	71	72	73	74
Anzahl F_1-Tiere:	2	9	12	17	35	18	13	8	1

Ziehen wir nun eine große Zahl von F_2-Tieren, aber nicht so viele tausende, daß bei sechs Paaren von Zuwachsfaktoren alle Typen erscheinen können, so mögen nach den vorhergehenden Ausführungen die Größen von 60—80 cm vertreten sein, und wir erhalten vielleicht die folgenden F_2-Tiere:

Länge:	60	61	62	63	64	65	66	67	68	69	70
	71	72	73	74	75	76	77	78	79	80	
Anzahl:	2	7	11	27	48	96	112	180	240	300	339
	285	260	129	101	88	43	31	18	4	1	

wobei wir ganz willkürliche Zahlen angenommen haben aber von der Art, wie sie tatsächlich in Experimenten erhalten werden. Vergleichen wir nun das Resultat von F_1 und F_2, so sehen wir sofort, daß in F_2 eine viel größere Variation herrscht als in F_1, ohne daß die Elterngrößen erreicht werden. Begegnen wir daher einer solchen Erscheinung, so werden wir sofort vermuten, daß hier summierende Faktoren dahinter stecken.

Bleiben wir wieder bei unserem letzten Hundebeispiel mit sechs Paaren von Zuwachsfaktoren, von denen ein jeder einen Zuwachs von 5 cm bedingt in der Spaltung in F_2 in Individuen von 60—80 cm. Solche nun von 60 cm müssen also vier Zuwachsfaktoren besitzen ($40 + 4 \times 5$). Sie können damit in vier der Faktoren heterozygot sein oder auch in zweien heterozygot, einem homozygot oder in zweien homozygot, also heißen: Aa Bb Cc Dd ee ff oder AA Bb Cc dd ee ff oder AA BB cc dd ee ff usw. Nehmen wir nun an, wir wählen von Aa Bb Cc Dd ee ff zwei Tiere heraus und ziehen von ihnen die dritte Bastardgeneration. Da e und f homozygot vorhanden sind, so gibt es jetzt nur eine Spaltung mit den vier Faktoren A B C D, und die Erwartung für die dritte Bastardgeneration wäre jetzt aus einem Schema mit 256 Quadraten auszuzählen und wäre:

Zahl der Zuwachsfaktoren:	8	7	6	5	4	3	2	1	0
Größe in cm:	80	75	70	65	60	55	50	45	40
Zahl F_3-Tiere:	1	8	28	56	70	56	28	8	1

Während in F_2 die kleineren Tiere, sagen wir von 50 cm, nur 66 unter 4096 wahrscheinliche Möglichkeiten hatten zu erscheinen, also etwa eine Erwartung von 1 in 62, haben jetzt in der aus den kleinsten F_2-Tieren gezogenen F_3-Generation die Tiere von 50 cm Größe 28 von 256 wahrscheinlichen Möglichkeiten aufzutreten, also etwa eine Erwartung von 1 in 9. Es ist somit in einer solchen F_3-Generation auch bei nicht allzugroßen Individuenzahlen möglich, eine Annäherung an die ursprüngliche Elterngröße zu erhalten. Mit jeder neuen Generation, die wieder aus den kleinsten Tieren gezogen wird, steigert sich diese Möglichkeit. Wenn wir also den Verdacht haben, daß summierende Faktoren einer Eigenschaft zugrunde liegen, weil in F_2 zwar keine Spaltung gefunden wird, aber eine größere Variabilität als in F_1, so müssen wir die kleinsten resp. größten Individuen zur Zucht einer dritten oder vierten usw. Generation aussuchen. Bekommen wir dann immer größere Annäherung, ja Erreichung des ursprünglichen kleinen resp. großen Elterntyps, so können wir mit Sicherheit auf summierende Faktoren schließen. Je öfter wir diese Auswahl zur Zucht einer neuen Generation treffen müssen, bis wir schließlich unser Ziel erreichen, um so größer wird die Zahl der summierenden Faktoren gewesen sein. Tatsächlich hat man mit dieser Methode in vielen Fällen exakt nachweisen können, daß solche quantitativen Eigenschaften wie Größenwuchs durch eine Reihe summierender Faktoren verursacht waren.

Multiple Faktoren und Züchtung.

Es ist klar, daß die Erkenntnis der besprochenen Erscheinungen nicht nur im Interesse wissenschaftlicher Erkenntnis von Bedeutung ist, sondern daß sie gerade für die Anwendung der Vererbungslehre auf Probleme des praktischen Lebens, besonders in Tier- und Pflanzenzucht von größter Bedeutung sind, da ja gerade die praktisch bedeutungsvollen Erbeigenschaften der Nutztiere und -pflanzen solche quantitative Eigenschaften sind, die meist von summierenden Faktoren bedingt werden. In welcher Weise der Züchter dann beim Arbeiten mit solchen Eigenschaften vorzugehen hat, ergibt sich ohne weiteres aus unseren Erörterungen. Eine Folgerung aber, die von allgemeinem Interesse ist, soll noch gezogen werden. Angenommen, wir besitzen eine große und eine kleine Rasse, deren verschiedene Größe auf summierenden Faktoren beruht. In unseren bisherigen Beispielen haben wir nun immer angenommen, daß die große Rasse alle dominanten Wachstumsfaktoren besitzt und die kleine Rasse gar keine, also nur die zugehörigen Rezessiven. Es ist nun doch sehr gut denkbar, daß eine große Rasse vorwiegend, aber nicht ausschließlich, dominante Wachstumsfaktoren besitzt, ebenso eine kleine Rasse vorwiegend, aber nicht ausschließlich, rezessive Faktoren. Wenn wir also bei unserem alten Beispiel mit den sechs Faktorenpaaren für je 5 cm Zuwachs bleiben, mag der Ausgangspunkt eines Versuches eine große Rasse von der Formel aa bb CC DD EE FF sein, die also vier Paar dominante und zwei Paar rezessive Faktoren besitzt, somit $40 + 40 = 80$ cm groß ist; ferner eine kleine Rasse von der Formel AA BB cc dd ee ff, die also vier Paar rezessive aber auch zwei Paar dominante Faktoren besitzt, somit 60 cm groß ist. Werden diese nun gekreuzt, so können ja in F_2 auch die Formen von der Formel AA BB CC DD EE FF, also 100 cm groß, und solche von der Formel aa bb cc dd ee ff, also 40 cm groß entstehen, wenn auch nur je eine unter 4096 sein wird. Mit anderen Worten: es können aus einer solchen Kreuzung sowohl größere als kleinere Formen als die ursprünglichen Eltern hervorgehen, also eine züchterische Verbesserung auf diesem Wege erzielt werden. Solche Fälle sind tatsächlich bei Kreuzungen von Hühnerrassen gefunden worden.

Nunmehr sind wir an einem Punkt angelangt, an dem es uns möglich ist, für eine Erscheinung, die uns ganz im Anfang dieses Buches beschäftigte, die richtige Erklärung zu geben. Wir sahen damals zunächst, daß bei einer ganz reinen Rasse — jetzt können wir dafür sagen, bei einer ganz homozygoten Rasse — eine Erbeigenschaft wie Größe nicht bei allen Einzelindividuen völlig gleich ist, sondern daß eine regelmäßige Schwankung um einen mittleren Wert vorhanden ist, der Art, daß die mittleren Individuen die häufigsten sind, die kleinsten und größten die seltensten, und wir konnten diese Erscheinung, die wir zunächst an Bohnen studierten, in Form einer symmetrischen Kurve ausdrücken (s. Abb. 6). Wir sahen sodann, daß die Ursachen dieser Erscheinungen die Wirkungen der Außenwelt waren, die nach den Gesetzen des Zufalls das Wachstum mehr oder weniger vom idealen Erfolg, dem mittleren Typus, wegzogen. Wir sahen sodann, daß innerhalb einer solchen Rasse die Auswahl der größten oder kleinsten zur Fortpflanzung gar keinen Erfolg hat. Jetzt wissen wir, daß eine solche reine Rasse homozygot ist und daher der Erbbeschaffenheit nach immer nur Gleiches wieder erzeugen kann. Sodann führten wir den Versuch aus, mehrere solcher reinen Rassen zu mischen, und zwar führten wir das sowohl mit den Bohnen durch als auch dem angenommenen Beispiel einer Mischung afrikanischer Negerrassen verschiedener Größe. Wir sahen dann, daß auch ein solches Gemisch von Rassen eine ebensolche Kurve gibt, wie die Eigenschaften in einer Rasse, so daß man ohne einen Vererbungsversuch gar nicht entscheiden kann, ob man die nichterbliche Außenweltwirkung auf eine homozygote Eigenschaft vor sich hat oder das bunte Gemisch einer vielfach heterozygoten Bevölkerung. Damals konnten wir nicht weiter erklären, warum in einem solchen Gemisch die betreffende Erbeigenschaft, nämlich Größe, sich in der gleichen Art von Kurve darstellen ließ, wie die Variation innerhalb einer reinen Rasse. Jetzt können wir dies verstehen. Denn wenn wir ein solches Gemenge von vielen reinen Rassen erblich verschiedener Größen machen, so ist dies nichts anderes als die Erzielung einer Bastardierung mit summierenden Faktoren. Wenn etwa die pygmäenhaften Neger für die Eigenschaft Körpergröße die Erbformel aa bb cc dd hätten, die riesengroßen Dinkas die Formel AA BB CC DD, andere Rassen ferner AA bb cc dd, AA BB cc dd, AA BB CC dd, und alle diese Rassen gemischt werden, so werden sich schließlich in der entstehenden Bevölkerung alle denkbaren Kombinationen dieser vier Faktorenpaare finden, genau wie in einer F_2 aus der größten und kleinsten Rasse. Ja, unter bestimmten Versuchsbedingungen werden auch die Zahlen für die verschiedenen Faktorenzusammenstellungen die gleichen sein wie in einer F_2-Generation, d. h. die verschiedenen Größen in einer solchen Bevölkerung werden sich folgendermaßen verteilen im Durchschnitt von 256 Individuen:

Kleinste			mittlere			größte		
0	1	2	3	4	5	6	7	8 Wachstumsfaktoren
1	8	28	56	70	56	28	8	1 Individuen.

Das ist aber genau die gleiche symmetrische Verteilung, wie wir sie bei der Zufallskurve finden. Es ist also das Vorhandensein summierender Faktoren und ihre wahllose Durcheinanderbastardierung, die die Gleichheit dieser Kurve mit der Zufallskurve innerhalb der reinen Rasse bedingt.

Natürlich wird es nun auch klar, weshalb innerhalb einer solchen gemischten Bevölkerung die Auswahl der größten oder kleinsten Individuen zur Nachzucht erfolgreich ist. Wir haben ja genau erörtert, wie durch Auswahl in F_2, F_3 usw. immer mehr der summierenden Faktoren homozygot gemacht werden können. Eine erfolgreiche Auswahl kann also so lange ausgeführt werden, bis alle dominanten oder alle rezessiven Faktoren homozygot sind. Dann läßt sich der Typus der Bevölkerung durch Auswahl nicht mehr weiter verschieben.

Vererbung der Körpergröße.

Nach diesen allgemeinen Erörterungen ist es vielleicht interessant, noch etwas Näheres über die Körpergröße, besonders beim Menschen, zu hören. Es zweifelt wohl niemand daran, daß diese erblich ist, denn jedermann kennt große Rassen oder richtiger Völkergruppen wie die Schotten oder Dinkaneger, kleine Völker, wie Italiener und Japaner, Zwergvölker, wie die Akka und Negritos. Auch kennt wohl ein jeder irgendeine Familie, in der Eltern und Kinder riesengroß oder besonders klein sind, und allbekannt ist ja, daß der Preußenkönig Friedrich Wilhelm I. seine „langen Kerle" mit großen Frauen verheiraten wollte, um riesige Soldaten heranzuziehen. Will man sich nun aber ein genaueres Bild machen, so kommen nicht nur die allgemeinen Schwierigkeiten der menschlichen Vererbungsforschung in den Vordergrund, sondern auch andere, die daraus entspringen, daß die Körpergröße ja nicht ausschließlich von Erbverhältnissen abhängig ist. Da ist z. B. eine merkwürdige Beziehung zur Ernährung, abgesehen davon, daß Unterernährung in der Jugend natürlich wachstumshemmend wirken kann, wenn auch weniger als man geneigt wäre anzunehmen. Es gibt gewisse chemische Bestandteile der Nahrung, die man Vitamine nennt, deren Gegenwart für ein normales Wachstum nötig ist. Fehlen sie, so hört das Wachstum nahezu auf, wenn nicht überhaupt schwere Krankheitserscheinungen auftreten. Diese Art der Wachstumsbeeinflussung dürfte allerdings bei Untersuchungen innerhalb einer normalen Bevölkerung keine solche Bedeutung haben, daß dadurch die Erblichkeitsverhältnisse verdunkelt werden. Etwas wichtiger, vom Standpunkt der Vererbungslehre, ist ein anderer Einfluß auf das Wachstum, nämlich der, der von der Schilddrüse ausgeübt wird. Dieses merkwürdige Organ produziert dauernd im Körper einen Stoff, dessen Hauptbestandteil Jod ist, der einen ganz merkwürdigen Einfluß auf den gesamten Chemismus des Körpers ausübt und vor allem auch für das normale Wachstum unerläßlich ist. Schädigungen der Schilddrüse führen also zu Wachstumsstörungen, vor allem Zwergwuchs und ein großer Teil der in allerlei Vorführungen gezeigten Zwerge sind solcher Art (es gibt auch andere Ursachen und sogar Erbanlagen scheinen dabei beteiligt zu sein). Sodann gibt es im Gehirn eine Drüse, deren innere Ausscheidung ebenfalls mit dem Wachstum zu tun hat und deren Schädigung umgekehrt zu Riesenwuchs führt. Es ist klar, daß solche Dinge streng ausgeschieden werden müssen, wenn man die Frage der Vererbung des normalen Größenwuchses betrachten will.

Wenn man nun die Körpergröße einer menschlichen Bevölkerung messend untersucht — Bevölkerung, nicht Rasse, denn es gibt beim Menschen wohl kaum noch reine Rassen, sondern nur komplizierte Bastardgemenge, wie wir später noch erörtern werden — so zeigt sich, daß die Messungen uns wieder das typische Bild einer um einen Mittelwert herum symmetrisch angeordneten Variation ergeben, wie sie uns nun schon wohlbekannt ist. Ein wirkliches Beispiel sieht so aus, wie es in Abb. 47 dargestellt ist. Es wurden etwa 25 000 Soldaten gemessen und in Größenklassen von je 2,5 cm beginnend mit 1 m 50 cm eingeteilt. Die Zahlen der Individuen, die in die einzelnen Klassen fallen, sind in per Mille angegeben. Man sieht ohne weiteres eine typische symmetrische Verteilung um eine Mittelklasse von 167,5 cm, in der sich die meisten Individuen finden, während die kleinsten und die größten Individuen am seltensten sind. Es gibt nun zwei Möglichkeiten: entweder ist die ganze Bevölkerung, der die Soldaten entstammen, eine erblich einheitliche Rasse in bezug auf Körpergröße; dann ist diese Variation nichts anderes als die nicht vererbbare Zufallswirkung der äußeren Umstände

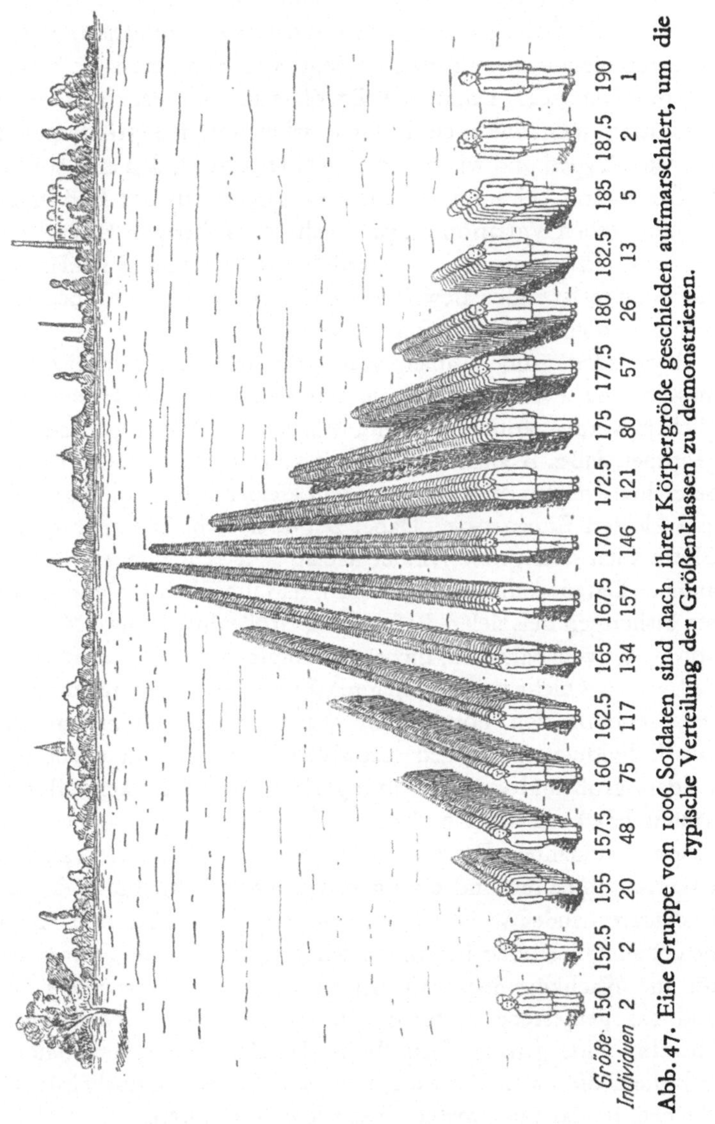

Abb. 47. Eine Gruppe von 1006 Soldaten sind nach ihrer Körpergröße geschieden aufmarschiert, um die typische Verteilung der Größenklassen zu demonstrieren.

und es wäre nicht möglich, durch Auswahl der größten oder kleinsten Individuen eine große oder kleine Bevölkerung zu züchten. Oder aber die Bevölkerung ist ein Bastardgemenge aus vielen erblich verschiedenen Größen. Wenn dann die verschiedenen erblichen Größentypen durch verschiedene Zusammensetzungen von summierenden Faktoren bedingt sind, dann muß die regellos durcheinander heiratende Bevölkerung im ganzen ebenso beschaffen sein, wie eine F_2-Generation aus den größten und kleinsten Typen und wir haben ja gerade erörtert, daß eine solche F_2-Generation bei summierenden Faktoren auch das Bild einer symmetrischen Variation zeigt. Nach den bisherigen Erörterungen wird jetzt niemand daran zweifeln, daß die letztere Erklärung die richtige ist. Der Beweis dafür konnte tatsächlich auch gebracht werden, und zwar folgendermaßen:

Es wurden große Zahlen von Individuen familienweise gemessen, und zwar möglichst so, daß mehrere Generationen verglichen werden konnten. Dann wurden die Messungen so angeordnet, daß z. B. alle Nachkommen von zwei sehr großen Eltern betrachtet wurden oder von zwei sehr kleinen Eltern, oder großen und kleinen Eltern usw. Dabei zeigte es sich, daß sehr große Eltern auch stets große Kinder haben, sehr kleine dagegen nicht immer. Daraus kann man schließen, daß umgekehrt wie in unseren bisherigen Beispielen, bedeutende Größe durch eine Häufung von rezessiven Faktoren, nicht von dominanten verursacht wird, daß wir also nicht von dominanten Zuwachsfaktoren reden müssen, sondern von dominanten Wachstumshemmungsfaktoren. Die Individuen mit vielen rezessiven Faktoren sind daher besonders groß und erzeugen ihresgleichen, wenn sie keine dominanten Faktoren mehr enthalten. Die kleinsten Individuen mit vielen dominanten Faktoren können aber eher noch rezessive Faktoren enthalten und erzeugen daher nicht nur ihresgleichen. In entsprechender Weise läßt sich aus der früher erörterten Theorie der summierenden Faktoren leicht ableiten, was die Erwartung für die Nachkommenschaft bei verschiedener Elterngröße ist, und das gemessene Material stimmt mit diesen Erwartungen überein. Eine genaue Feststellung der Zahl der summierenden Faktoren, die da in Betracht kommen, läßt sich natürlich nicht machen, da dazu planmäßige Experimente gehören.

Endlich sei noch ein Fall von Vererbung mit summierenden Faktoren beim Menschen erwähnt, der wohl allgemeines Interesse beansprucht, nämlich die Vererbung der Hautfarbe bei Kreuzungen zwischen Negern und Weißen, über die viele falsche Vorstellungen gang und gäbe sind. Weißer Vater und rein schwarze Mutter erzeugen bekanntlich den mittelbraunen Mulatten. Die volkstümliche Auffassung ist, daß deren Nachkommenschaft Mulatten bleiben, daß dagegen aus der Fortpflanzung zwischen Mulatten und Weißen ein $1/_4$-Blut, der Quarteron entsteht, ebenso zwischen Neger und Mulatten ein $3/_4$-Blut oder Sambo. Jeder mitteldunkle Neger ist also ein Mulatte, jeder relativ helle ein Quarteron. Tatsächlich sind nun aber die Kinder von zwei Mulatten nicht gleich, wenn große Zahlen betrachtet werden, sondern sie zeigen eine beträchtliche Schwankung zwischen hell und dunkel. Die größere Variabilität in F_2 lernten wir aber bereits als ein Zeichen des Vorhandenseins summierender Faktoren kennen und tatsächlich hat die genauere Untersuchung solche aufgezeigt. Das wurde so ausgeführt, daß die Hautfarbe in einer Mischbevölkerung (vor allem auf den Inseln Bermuda und Jamaika) mit Hilfe des Farbkreisels gemessen wurde, einem Instrument, das durch Vergleich die relative Mischung von schwarz, rot, gelb, weiß in der Farbe feststellen läßt; natürlich wurde dabei vor allem auf Messungen von Familien genau bekannter Herkunft gesehen, soweit das in einer solchen Bevölkerung überhaupt möglich ist. Dabei zeigte es sich, daß wahrscheinlich zwei Paar Verdunklungsfaktoren die Farbe der Negerhaut bedingen, also AA BB, während die weiße Haut aa bb ist. Der Mulatte hätte also zwei Verdunklungsfaktoren, der Quarterone einen und der Sambo drei. Die Erwartungen für die Nachkommenschaft aus verschiedenen derartigen Mischehen läßt sich daraus leicht ableiten. In der Regel übrigens neigen solche Farbigen dazu, Leute gleicher Hautfarbe zu ehelichen, besonders liebt das helle Element nicht sehr das dunkle.

Es kann wohl keinem Zweifel unterliegen, daß es auch erbliche Krankheiten beim Menschen gibt, die von summierenden Faktoren bedingt sind. Sie dürften wegen der Seltenheit der richtigen Faktorenkombination im allgemeinen für nicht erblich gehalten werden. Je mehr Faktoren in Betracht kommen, um so aussichtsloser dürfte ein wirklicher Nachweis durch Stammbaumstudium sein. Es zeigt sich eben immer wieder, ein wie schlechtes Objekt für Vererbungsstudien der Mensch ist und daß man zufrieden sein kann, wenn es hier und da gelingt, die an anderen Objekten erarbeiteten Gesetzmäßigkeiten auf den Menschen anzuwenden.

XI. Multiple Allele.

Grundtatsachen.

Alle Tatsachen der Vererbung, die wir bis jetzt studierten, bezogen sich auf Genpaare am gleichen Ort eines Paars homologer Chromosomen. Wir studierten Paare von Allelen, von denen das eine aus dem anderen durch Mutation entstanden war. Also hatte A zu a, B zu b mutiert, so daß ein Paar von Allelen zustande kam, etwa das Gen für schwarz zu dem für weiß, das für normale Flügel zu dem für Stummelflügel. Nun fand man, daß ein und dasselbe Gen zu mehreren verschiedenen Zuständen mutieren kann. So kann das Gen für normale rote Augen bei der Taufliege nicht nur zu dem rezessiven Gen für weiße Augen mutieren, sondern auch zu einer ganzen Reihe anderer Augenfarbenmutanten, die dazwischen liegende Farbtöne bedingen, wie hochrot, kirschrot, aprikosenfarbig, creme und viele andere. Diese Gene werden nun multiple Allele genannt, ein Name, der leider sehr ähnlich klingt wie der für multiple Faktoren, die ja etwas ganz anderes sind, wie das vorhergehende Kapitel zeigte. Solche multiplen Allele, verschiedene Mutationsstufen ein und desselben Gens, sind nun für viele Gene bekannt, ja sogar für alle, die genügend studiert wurden und in manchen Fällen mögen es Reihen von Dutzenden multipler Allele sein.

Charakterisierung.

Wir wollen nun ein paar der typischen Eigenschaften solcher Allelreihen betrachten. Zunächst betreffen multiple Allele den gleichen Entwicklungsvorgang, der zu einer sichtbaren Eigenschaft führt, aber in verschiedenem Maß. Nehmen wir als Beispiel das Paar normal und stummelflügelig bei Drosophila. Viele multiple Allele dieses Paars Vg—vg sind bekannt, die alle den Flügel stutzen, nur in verschiedenem Ausmaß, wie die Namen andeuten: eingeknipst, abgezwickt, beschnitten, riemenförmig, stummelflügelig und flügellos. So können in der Regel die Produkte einer Reihe von multiplen Allelen in eine auf- oder absteigende, quantitative Ausdrucksreihe angeordnet werden.

Im Mendelschen Kreuzungsversuch verhalten sich multiple Allele natürlich sehr einfach. Da nur ein Punkt im Chromosom beteiligt ist, so kann ein Chromosomenpaar nie mehr als zwei Allele enthalten, und jede Kreuzung muß daher eine einfache Mendelspaltung geben. Wenn wir die multiplen Allele von A als A_1, A_2, A_3 ... a bezeichnen, so gibt F_2 von AA × aa natürlich 1 AA:2 Aa:1 aa, F_2 von $A_1 A_1$ × aa gibt 1 $A_1 A_1$:2 A_1a:1 aa, oder F_2 von $A_1 A_1$ × $A_2 A_2$ gibt 1 $A_1 A_1$:2 $A_1 A_2$:1 $A_2 A_2$. Dies macht es natürlich leicht, solche Allele zu erkennen.

Eine interessante Frage ist es, wie multiple Allele durch Mutation entstehen. Die Beobachtung zeigt, daß das normale Allel, sagen wir A in einem Schritt direkt zu einem der multiplen Allele mutieren kann; so $A \rightarrow a$ oder $A_1 \rightarrow A_2$ oder $A \rightarrow A_3$. Ein höheres Allel kann ebenso weiter mutieren zu einem niederen, also $A_1 \rightarrow A_2$, $A_1 \rightarrow a$, $A_1 \rightarrow A_3$. Aber es kommt fast nie vor, daß ein niederes zu einem höheren mutiert, also $A_3 \rightarrow A_1$ oder $a \rightarrow A$.

Obwohl also multiple Allele sehr einfach sind vom Standpunkt mendelnder Vererbung, so haben sie doch eine große Bedeutung. Es ist leicht einzusehen, daß ein systematisches Studium des Effekts verschiedener Kombinationen multipler Allele auf die Ausprägung des Charakters uns etwas lehren kann über die Art, wie das Gen den sichtbaren Charakter kontrolliert. Es kommt ferner vor, daß in der Natur eine sehr variable Art gefunden wird und es sich herausstellt, daß alle Varianten durch verschiedene multiple Allele eines Paars verursacht sind. Das ist z. B. der Fall für die sehr variable Zeichnung auf den Flügeln des Marienkäferchens. So können multiple Allele für die Diskussion von Abstammungsfragen wichtig werden. Vielleicht am interessantesten sind aber die multiplen Allele, die chemische Eigenschaften des Bluts der Wirbeltiere bedingen, die sogenannten Blutgruppen.

Die Blutgruppen.

Diese haben jetzt eine solche Bedeutung erlangt und werden so häufig in der Öffentlichkeit erwähnt, daß wir wenigstens die Haupttatsachen schildern wollen. Sie beruhen alle auf einer wichtigen chemischen Eigenschaft des Blutes (nicht nur des Menschen), Schutzstoffe gegen die giftige Wirkung fremden Eiweißes hervorzubringen. Ein Spezialfall dieser Eigenschaft des Blutes ist es, daß die roten Blutkörperchen ein Eiweiß enthalten, das, wenn es in das Blut einer anderen Art eingeführt wird, dieses veranlaßt, einen Gegenstoff zu bilden. Mischt man nun diesen Gegenstoff mit Blut der Art, gegen die der Gegenstoff gebildet wurde, dann backen dessen Blutkörperchen zusammen. Der Kunstausdruck ist: Die Blutkörperchen agglutinieren. Es zeigte sich nun, daß eine solche Agglutination manchmal auch stattfand, wenn Blut verschiedener Individuen der gleichen Art, also zweier verschiedener Menschen gemischt wurde. Die Blutflüssigkeit (Serum) des einen enthielt also einen Gegenstoff für die Blutkörperchen des andern. Als dies weiter verfolgt wurde, zeigte sich erstens, daß verschiedene Menschen sich verschieden verhalten. In ihren Blutkörperchen findet sich entweder ein Stoff A oder ein Stoff B, oder beide Stoffe A und B oder keiner von ihnen, 0 genannt. Ein Individuum mit A in den Blutkörperchen hat natürlich keinen Gegenstoff für A in der Blutflüssigkeit, da ja sonst seine eigenen Blutkörperchen zusammenbacken würden. Aber seine Blutflüssigkeit enthält den Gegenstoff für B. Wenn deshalb diese Blutflüssigkeit mit dem Blut von Individuen der Gruppe B oder A B zusammengebracht wird, d. h. mit Individuen, die in ihren Blutkörperchen entweder den Stoff B oder die Stoffe A und B haben, dann erfolgt Agglutination. Entsprechend ist es mit B-Individuen, deren Blut mit der Flüssigkeit von A und A B reagiert. 0-Blut muß dann beide Gegenstoffe haben und A B-Blut keinen. So kann denn für jedes Individuum seine „Blutgruppe" festgestellt werden, wenn die nötigen Blutflüssigkeiten (Seren) zur Verfügung stehen. Die zweite Entdeckung war, daß diese Blutgruppen erblich sind. Nach mancherlei Irrwegen zeigte es sich, daß nur ein Punkt in einem Chromosom in Betracht kommt und daß deshalb die Blutgruppen auf einem System multipler Allele beruhen, von der Art, wie es soeben beschrieben wurde. Wir haben also an einem Punkt eines Chromosomenpaares das Erbfaktorenpaar für den A-Typ und nicht —A-Typ, das letztere von den Blutgruppenforschern 0 genannt. Derselbe Faktor kann auch in einem andern Zustand sein, der als B bezeichnet wurde (der Vererbungsforscher würde für dies multiple Allel lieber A_1 sagen). Daraus folgt, daß ein Individuum nur sein kann (wenn wir wieder wie früher die beiden Chromosomen eines Paares durch die Lage über oder unter einem Bruchstrich ausdrücken) $\frac{A}{A}$ oder $\frac{A}{0}$ oder $\frac{A}{B}$ oder $\frac{B}{B}$ oder $\frac{B}{0}$ oder $\frac{0}{0}$. Daraus folgt, daß wir die Nachkommen einer jeden Kombination von Eltern voraussagen können, da ja eine einfache Mendelspaltung stattfinden muß. Wenn z. B. die Mutter $\frac{A}{0}$ ist und der Vater $\frac{B}{0}$, dann haben wir die Kreuzung $\frac{A}{0} \times \frac{B}{0}$. Die Geschlechtszellen der Mutter sind zur Hälfte A, zur Hälfte 0, die des Vaters zur Hälfte B, zur Hälfte 0 und die Kinder sollen zu gleichen Teilen sein, d. h. je ein Viertel, A0, B0, AB und 00. Diese Erwartung bestätigte sich in dieser wie in jeder anderen Kombination. Es ist ohne weiteres klar, daß hier eine Möglichkeit gegeben ist, einen Vaterschaftsnachweis zu führen. Wenn z. B. die Mutter $\frac{A}{0}$ ist und ein Kind $\frac{A}{B}$ geboren wird, dann kann nur ein Mann, der B hatte, der Vater sein.

Seit diesen ersten Entdeckungen wurden neue multiple Allele dieser Serie von Erbfaktoren entdeckt, so daß noch mehr Kombinationen geprüft werden können. Es wurden auch ähnliche Gruppen in anderen Chromosomen gefunden, z.B. das sogenannte M-N-System mit mehreren Allelen, so daß nun sehr feine Unterscheidungen der Blutbeschaffenheit möglich sind, was wieder solche Vaterschaftsnachweise sehr zuverlässig macht und auch außerdem eine große Bedeutung für die praktische Heilkunde (Bluttransfusionen) hat. Von besonderem Interesse ist es auch, daß die Anwesenheit der A-, B-usw. Faktoren typisch verschieden ist in verschiedenen Menschengruppen, ohne daß eine klare Regel sichtbar wird. So findet man z. B. bei amerikanischen Indianern sehr viel 0, bei Westeuropäern viel A, in Indien viel B. Besonders interessant ist es, daß unter allen Tieren nur die Menschenaffen die gleichen Blutgruppen haben wie der Mensch. So ist etwa A sowohl beim Gorilla wie beim Schimpansen gefunden worden.

Hier haben wir nun Erbfaktoren vor uns, deren Wirkung niemals sichtbar werden könnte, wenn nicht die Serumforscher Mischungen von Blut gemacht hätten. Offenbar haben diese Faktoren eine Wirkung, nämlich die Produktion besonderer Eiweißstoffe im Blut, die für das Individuum weiter keine Bedeutung hat. Aber vor einigen Jahren wurde eine neue Blutgruppe entdeckt, für die das nicht zutrifft, der berühmte Rhesusfaktor Rh. Er ist so bemerkenswert, daß wir ihn kurz kennenlernen müssen. Wenn Blut eines Rhesusaffen einem Meerschweinchen eingespritzt wird, so bildet dieses, wie immer, die Gegenstoffe gegen Rhesusblut. Erstaunlicherweise reagieren diese Stoffe aber auch mit Menschenblut. Dieses besitzt also auch den Rhesusstoff, kurz der Rh-Faktor genannt. Ungefähr 85 % aller Menschen haben ihn und werden deshalb Rh-positiv genannt. Nur 15 % sind Rh-negativ. Bei der weiteren Untersuchung zeigte sich nun etwas sehr Unerwartetes, nämlich eine Beziehung dieses Rh-Faktors zu einer längst bekannten, unerfreulichen Erscheinung. In manchen Ehen kamen öfters Totgeburten vor, oder die Neugeborenen starben bald unter einem charakteristischen Krankheitsbild, das in der Hauptsache mit einer Zerstörung des Blutes zusammenzuhängen schien. Die Entdeckung des Rh-Faktors brachte die Erklärung: Wenn ein Rh-positiver Mann eine Rh-negative Frau heiratet, ist das Kind heterozygot, und positiv ist dominant über negativ. Im Mutterleib treten nun aus dem Blut des Kindes in einer Anzahl von Fällen (nicht immer) die Rh-Stoffe in das negative Blut der Mutter über, und das veranlaßt das Blut der Mutter die Gegenstoffe gegen das kindliche Rh zu produzieren. Diese Gegenstoffe aber wechseln nun wieder aus dem mütterlichen Blut hinüber in das des Kindes und zerstören es durch Zusammenbacken der Blutkörperchen. Auf Grund dieser Kenntnisse ist es jetzt möglich, das Kind durch geeignete Bluteinspritzungen zu retten, wenn der Arzt rechtzeitig die Rh-Situation der beiden Eltern feststellte, was jetzt jeder gewissenhafte Geburtshelfer tut. Doch damit sei es genug von diesem praktisch so wichtigen Grenzgebiet zwischen Vererbungslehre, Serumforschung und Medizin.

XII. Ein kurzer Streifzug durch mehr spezielle Gefilde der Vererbungslehre.

Niemand wird erstaunt sein, zu hören, daß es jenseits und über den Grundtatsachen, die den Hauptinhalt dieses Büchleins ausmachen, eine höhere Vererbungslehre gibt, deren Einzelheiten nur dem ausgebildeten Gelehrten verständlich sind, etwa genau so wie der Laie den Grundaufbau des Atoms verstehen lernen kann, aber verloren ist, wenn es zu solchen Einzelheiten kommt, die nur mathematisch formuliert werden können. Trotzdem wollen wir zum Schluß versuchen, wenigstens einige der Fragestellungen verständlich zu machen, die den Vererbungsforscher heute beschäftigen und zu deren Lösung er seine Versuche anstellt.

Weiteres über Mutation.

Knüpfen wir direkt an die Erörterungen über Mutation an. Mutation ist die Grunderscheinung der Vererbungslehre aus folgendem Grund: Das Vorhandensein eines Erbfaktors (Gens) kann nur festgestellt werden, wenn er mutiert hat. Nur dann können wir ein Kreuzungsexperiment machen und aus der Mendelspaltung schließen, daß wir ein Paar von Erbfaktoren vor uns haben. Ein Faktor und seine Mutante sind ein Paar; ein Paar ist nötig für einen Erbversuch; deshalb wird der Faktor erst erkannt, wenn auch seine Mutante verfügbar ist. Daraus folgt wieder, daß die Natur eines Erbfaktors unter anderem erfordert, daß er mutieren kann oder, anders ausgedrückt, daß er plötzlich in einen andern stabilen Zustand übergehen kann. So ist es begreiflich, daß man der Erforschung der Mutation große Aufmerksamkeit zuwandte. Besonders war es die künstlich hervorgerufene Mutation, die sich als gutes Werkzeug für die Forschung erwies, weil sie es erlaubt, sowohl die Ursache wie die Wirkung genau zu messen: die Ursache z. B. als verschiedene Dosen von Röntgenstrahlen, die Wirkung als die Zahl der erzeugten Mutanten. Für das letztere lernte man sich eines geschickten Verfahrens zu bedienen, das es erlaubt, alle erzeugten Mutanten einer bestimmten Sorte zu erfassen. Wir hörten, daß zu den häufigsten Mutanten diejenigen gehören, die das Individuum lebensunfähig machen, die letalen Mutanten. Wenn solche Mutanten im Geschlechtschromosom gelegen sind, dann sterben alle Männchen

(mit nur einem X-Chromosom), die das mutierte Gen besitzen.
Man kann nun die Bestrahlungsversuche so einrichten, daß man
das Auftreten einer tödlichen Mutante im X-Chromosom sofort
daran erkennt, daß in einer bestimmten Kreuzung nach Bestrahlung von Samenzellen nur Weibchen auftreten. Dies gibt dann
ein exaktes Maß für diesen Typus von Mutanten. Auf solche
Weise konnte man die interessante direkte Abhängigkeit der
Mutation von der Bestrahlungsdosis feststellen, ferner Unterschiede im Ergebnis, je nachdem Röntgenstrahlen oder ultraviolette
Strahlen benutzt werden. Eine ganze Wissenschaft hat sich darauf
entwickelt, die Strahlengenetik, deren Ergebnisse aber nur dem
physikalisch Geschulten leicht klar gemacht werden könnten.

Chromosomale Mutation.

Bei diesen Versuchen, aber auch bei der Beobachtung natürlicher Mutation fand man eine weitere Gruppe von Tatsachen,
die ebenfalls zu einem wichtigen Forschungszweig ausgebaut
wurden. Es zeigte sich, daß viele Mutanten auf sichtbaren
Veränderungen der Chromosomenstruktur beruhten, so daß man
nun unterscheiden konnte zwischen Mutanten im engeren Sinn
oder Punktmutanten, die auch bei stärkster Vergrößerung keine
Änderung im Chromosom zeigen, und Mutanten mit sichtbarer
Chromosomenänderung. Diese besteht manchmal darin, daß ein
mehr oder minder kleines Stück aus einem Chromosom ausge-
fallen ist, oder daß ein Teil des Chromosoms sich in seiner Lage
einfach umgedreht hat oder daß Stücke zwischen verschiedenen
Chromosomen ausgetauscht werden. Die oft recht verwickelten
Folgen solcher Vorkommnisse für den Erbgang erlauben es auf
das genaueste zu erkennen, was vorgegangen ist. Als sich nun
auch zeigte, daß Bestrahlungen nicht nur Punktmutanten hervorrufen, sondern auch die jetzt beschriebenen, die ja alle ein Zer-
brechen und Wiederheilen des Chromosoms erfordern, und daß
diese Brüche auch nach bestimmten Gesetzen erzeugt werden,
eröffnete sich ein neuer Weg zur Erforschung des Erbfaktors
und seiner Mutation. Sollte vielleicht jede Mutation auf solchen
Brüchen und Verlagerungen beruhen, nur jenseits des Bereichs
mikroskopischer Sichtbarkeit? Manche Erbforscher glauben
dies, andere halten es noch nicht für erwiesen.

Feinstruktur der Chromosomen.

Die Worte „Grenzen der mikroskopischen Sichtbarkeit" führen uns nun zu einem weiteren interessanten Abschnitt der gegenwärtigen Forschung. Die Zellforscher fanden, daß in einer Gruppe von Tieren, den Fliegen, zu denen ja auch unser Lieblingsversuchstier, die Taufliege gehört, in manchen Zellen riesengroße Chromosomen vorkommen von vieltausendmal der Masse gewöhnlicher Chromosomen. Besonders die Kerne der Speicheldrüsenzellen zeigen diese Chromosomen und zwar im ruhenden Kern, ohne Teilung. Diese Riesenchromosomen zeigen nun eine verwickelte Struktur, die aber immer bis auf die kleinsten Einzelheiten bei jedem Individuum der Art die gleiche ist. Im Mikroskop erscheinen sie wie lange Würste, die in abwechselnd dunkelgefärbte und nicht gefärbte Scheiben gegliedert sind, die im Mikroskop als Querbänder erscheinen (Abb. 48). Jedes dieser Bänder, vielleicht tausend in einem Chromosom, hat seine bestimmte Lage, Struktur, Färbbarkeit und kann von dem Geübten immer wieder erkannt werden. So kann nun z. B. die Lage eines Erbfaktors im Chromosom, die wir aus dem Austauschversuch früher erschlossen hatten, mit der in einem wirklichen Riesenchromosom verglichen werden. Dabei zeigt es sich, daß die Punktmutanten selbst in dem Riesenchromosom keine sichtbare Spur hinterlassen. Aber alle Chromosomenbrüche sind deutlich sichtbar und können genau Band für Band festgelegt werden. Es gibt nun gewisse gar nicht zu verwickelte Methoden, die es erlauben, sagen wir im Fall eines Chromosomenstückausfalls, zu erkennen, daß eine bestimmte Mutante innerhalb oder außerhalb dieses Stückes gelegen war. Wir sehen nun in dem Riesenchromosom, daß in einem bestimmten solchen Fall z. B. drei bestimmte Bänder fehlen. Wir wissen ferner, aus dem Ergebnis besonderer Versuche, daß unser mutierter Erbfaktor in dem ausgefallenen Stück gelegen sein muß. Daraus folgt, daß seine Lage irgendwo in den genannten drei Bändern sein muß. Es ist einer der großen Triumphe der klassischen Vererbungslehre, daß die so sichtbar gemachte Lagebestimmung und Reihenfolge der mutierten Erbfaktoren genau mit der aus den Austauschversuchen erschlossenen übereinstimmt. Natürlich werden bei solchen Versuchen und ihrer Beziehung auf die Struktur der

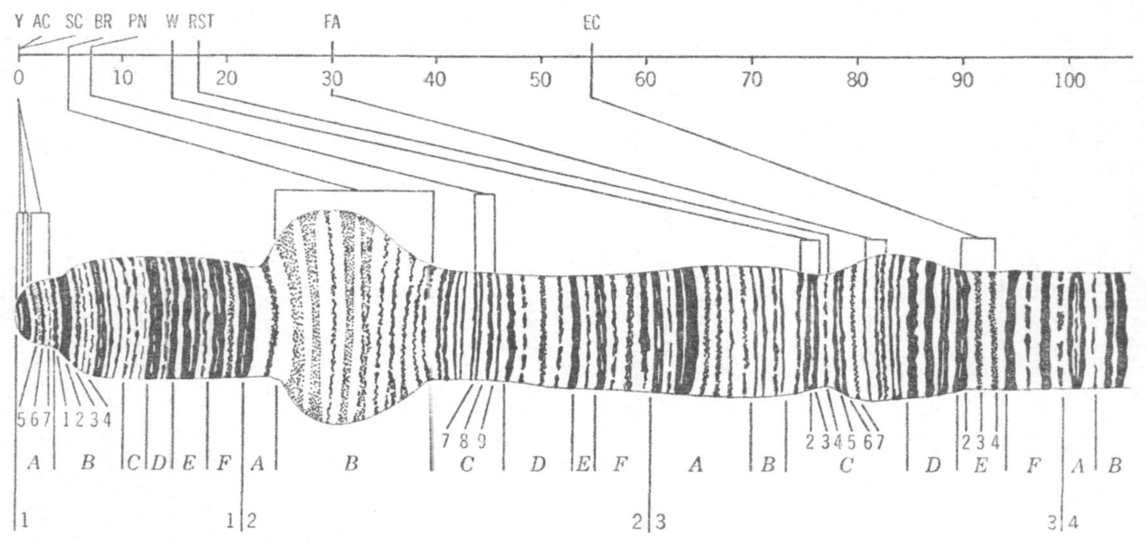

Abb. 48. Die Feinstruktur des linken Endes des ersten Chromosoms von Drosophila im Speicheldrüsenpräparat. Oben ein Stück einer 10fach vergrößerten Chromosomenkarte mit ein paar Namen von Genen in ihrer Lage, wie sie die Austauschexperimente ergeben. Die Linien von hier zum Chromosom zeigen, wo nach jetzigen Kenntnissen die betreffenden Punkte im Speicheldrüsenchromosom festgestellt wurden. Unter dem Chromosom die Methode zur Markierung der einzelnen Bänder durch drei verschiedene Skalen.

Riesenchromosomen vielerlei weitere Tatsachen gefunden, die es erlauben, Schlüsse oder vielleicht bis jetzt nur vorläufige hypothetische Schlüsse auf die Natur der Erbfaktoren zu ziehen.

Diese Riesenchromosomen erlauben noch mehr: sie können mit geistreichen optischen Methoden chemisch analysiert werden. Da es auch möglich ist, andere Chromosomen zu isolieren und chemischer Analyse zu unterwerfen, beginnt eine Chromosomenchemie sich aufzubauen! Im Vordergrund stehen bestimmte Eiweißkörper, die in besonderer Weise mit anderen Stoffen gekoppelt sind, die der Chemiker Nukleinsäuren nennt. Die chemischen Beziehungen zwischen diesen beiden Stoffen und die Anordnung ihrer Moleküle im Chromosom sind es, hinter denen sich das letzte Geheimnis der Erbfaktoren noch verbirgt. Eine große Hilfe für den Angriff auf diese letzten chemischen Fragen ist es, daß nun auch die niedersten einzelligen Tiere und Pflanzen wie auch die Bakterien dem Erbforscher zugänglich geworden sind. Da ihr Chemismus viel leichter zu erforschen ist, sind sie im Begriff, ein wichtiges Werkzeug in der Erforschung der letzten Fragen der Vererbung zu werden. Vielleicht noch mehr trifft das für die sogenannten Virusformen zu, Körper, die sich wie Organismen verhalten, ja den klassischen Vererbungsgesetzen unterworfen zu sein scheinen und trotzdem kristallisierbar sind.

Vererbung im Zelleib.

Die Mendelistische Vererbungslehre beschäftigt sich mit den Erbträgern in den Chromosomen. Aber jede Zelle hat ja auch einen protoplasmatischen Leib, in dem sich alle ihre Lebensvorgänge abspielen und in dem auch die Differenzierungen zu verschiedenen Zellarten lokalisiert sind. Die chromosomale Kontrolle der Vererbung mag also irgendwie durch Genprodukte erfolgen, die vom Kern in das Protoplasma übertreten. Die Frage erhebt sich nun: Gibt es vielleicht auch im Protoplasma selbständige Vererbungssubstanzen, die nicht unter Kernkontrolle sind? Gibt es auch eine plasmatische Vererbung? In Pflanzenzellen gibt es Einschlüsse, kleine Scheibchen, die den grünen Farbstoff, das Chlorophyll enthalten. Sie können mutieren und den neuen Charakter unabhängig vom Kern vererben; in andern Fällen aber beeinflußt eine Genmutation das Verhalten der

Plastiden, eine ziemlich verwickelte Situation. In niedersten Organismen, Infusorien, findet man sichtbare Einschlüsse im Plasma, die sich vermehren und auch besondere Eigenschaften haben, deren Ausdruck vom Kern her teilweise gelenkt wird. Besonders bei Pflanzen — auch in einigen Fällen bei Tieren — kann man nachweisen, daß bestimmte erbliche Eigenschaften unabhängig vom Kern von Eiplasma zu Eiplasma weitergegeben werden, so daß man von cytoplasmatischer Vererbung spricht. Ja, manche Forscher sprechen sogar von Plasmagenen. Trotz der ausgiebigen Erörterung dieses Problems ist es noch nicht zu einer entscheidenden Lösung gekommen. Natürlich wird das Protoplasma für die Vererbung nicht gleichgültig sein. Aber sicher ist seine Rolle nicht eine so klare und spezifische wie die der Kerngene.

Die Wirkungsweise der Erbfaktoren.

Im Vordergrund der Darstellung in diesem Büchlein stand der Vorgang der Vererbung und seine materielle Grundlage. Die Vererbungslehre hat aber noch eine andere wichtige Seite. Die materiellen Träger der Vererbung, die Erbfaktoren in ihrer Zusammenarbeit mit dem Protoplasma beeinflussen die Entwicklung eines jeden Individuums, so daß immer das typische Endresultat erzielt wird, also z. B. ein Mensch, weiterhin ein Mensch besonderer Art, sagen wir von osteuropäischem Typus, weiterhin innerhalb dieses Typus einer mit dunklen Augen und Haaren, von großer Statur, mit überzähligen Fingern und Farbenblindheit usw. Da erhebt sich die Frage: wie wirken die Erbfaktoren, um immer wieder mit völliger Sicherheit genau das gleiche Ergebnis hervorzurufen? Es besteht eine Reihe von Möglichkeiten, diese Probleme anzupacken, und tatsächlich hat sich eine ganze Wissenschaft, manchmal physiologische Vererbungslehre genannt, entwickelt, die versucht, diese Probleme zu lösen. So kann man etwa auf das genaueste die Entwicklung einer Mutante mit der der Ausgangsform vergleichen und aus der Verschiedenheit Schlüsse ziehen auf die Art, den Zeitpunkt, den Angriffspunkt der Veränderung in der Entwicklung. Man kann Mutanten wie Ausgangsformen sich unter verschiedenen Temperaturen entwickeln lassen, und wenn sich dabei bestimmte Regelmäßigkeiten in der Entwicklung zeigen, kann man versuchen, sie in

Gesetze zu fassen und Rückschlüsse auf die Genwirkung zu ziehen. Man kann auch eine bestimmte Mutante nehmen und dann in den gleichen Stamm andere Mutanten einführen, die auf die gleiche Eigenschaft wirken, und sehen, wie die ursprüngliche Wirkung abgeändert wird. Eventuelle Regelmäßigkeiten erlauben wiederum Rückschlüsse auf die Wirkung der Erbfaktoren und ihr Zusammenspiel bei der Schaffung des typischen Lebewesens. Ein anderes Vorgehen ergibt sich aus Tatsachen, die wir vorher erwähnten. Wenn ein mutierter Faktor aus einem Chromosom durch Ausfall eines Chromosomenstückchens verloren geht, können wir die Wirkung eines Einzelfaktors ohne seinen natürlichen Partner studieren. Es ist aber auch möglich, ein herausgebrochenes Chromosomenstückchen einem andern Chromosom zuzufügen. Wenn das Stückchen nun den mutierten Faktor enthält, der auch in einem Paar von Chromosomen vorhanden ist, dann haben wir nun den Faktor dreimal und, wenn wir zwei Bruchstücke einsetzen können, sogar viermal. So können wir also die Wirkung des gleichen mutierten Erbfaktors in 1, 2, 3 und 4 Dosen vergleichen. Wenn wir uns daran erinnern, daß es in der Chemie bestimmte Gesetze gibt, die die Masse der reagierenden Stoffe mit den Vorgängen bei der Reaktion in Beziehung setzen, so können wir, wenn auch nicht begreifen, so doch wenigstens ahnen, daß man aus solchen Erbversuchen Vorstellungen über die Art der chemischen Vorgänge, die die Erbfaktoren in Gang setzen, gewinnen kann.

Erbchemie.

Viele Erbfaktoren ändern, wie wir wissen, ganz bestimmte chemische Vorgänge. Wir kennen bereits die Farbstoffe der Blüten und Blätter oder die in den Haaren oder der Haut oder den Augen von Tieren. Alle diese Substanzen, deren chemische Natur oft bekannt ist, können durch mutierte Erbfaktoren zu anderen abgeändert werden. Wenn wir nun wissen, was chemisch der Unterschied zwischen einem grünen und gelben Farbstoff in einer Erbse ist, und wenn wir wissen, daß ein mutierter Erbfaktor den Unterschied bedingt, so können wir schließen, daß z. B. der mutierte Faktor es verhindert hat, daß eine bestimmte Atomgruppe dem Farbstoffmolekül eingefügt wurde, deren

Abwesenheit für die Änderung grün—gelb verantwortlich ist. Auf diese Weise konnte viel Einsicht in die Wirkung besonderer Erbfaktoren auf ganz bestimmte chemische Vorgänge gewonnen werden. Noch weiter kam man, als man eine Methode fand, bei kleinen Motten und auch Taufliegen die Augenfarbe dadurch chemisch zu verfolgen im Vergleich mit dem Erbverhalten, daß man die jungen Augen einer bestimmten Erbrasse in die Larven einer anderen Erbrasse einpflanzte und nun zusah, was für eine Farbe gebildet wurde. Wenn sich zeigte, daß ein bestimmter Stoff nötig war, um eine bestimmte Farbe hervorzurufen, konnte man ihn von Rasse zu Rasse übertragen und auch chemisch analysieren. Das erlaubte, in einer unendlichen Serie mühseliger Versuche herauszufinden, wie aus einem Ausgangsstoff durch schrittweise chemische Umwandlung die verschiedenen Augenfarbstoffe aufgebaut werden und wie die verschiedenen bekannten Erbfaktoren für Augenfarbe jeder einen Schritt in der Kette des Stoffaufbaues kontrollieren. Noch viel weiter konnte man in der chemischen Einsicht kommen, als es gelang, bei Pilzen mutierte Erbfaktoren zu finden, die den Aufbau bestimmter lebenswichtiger Vitamine verhindern. Dabei zeigte es sich, daß nicht nur der Aufbau der verschiedenen bekannten Vitamine und auch der verschiedenen Eiweißbausteine durch mutierte Erbfaktoren verhindert wurde, sondern daß sogar bestimmte Mutanten ihren hemmenden Einfluß auf die Teilschritte des chemischen Aufbaus erstreckten, also z. B. verhüteten, daß an einem bestimmten Punkt ein paar Atome dem Molekül eingefügt wurden, ohne die der weitere Aufbau des betreffenden Stoffes nicht möglich war. So ergab sich eine wichtige Beziehung zwischen mutiertem Erbfaktor und ganz spezifischen chemischen Vorgängen, und die Erfinder dieser Experimente sind so überzeugt von ihrer Bedeutung, daß sie von einem ganzen Teilgebiet der Vererbungslehre, der biochemischen Vererbungslehre sprechen.

Geschlechtsbestimmung.

In einem früheren Kapitel studierten wir Geschlechtsbestimmung durch den X-Chromosomenmechanismus, ohne weiter darauf einzugehen, was es ist in den Geschlechtschromosomen, das die beiden Geschlechter kontrolliert. Tatsächlich ist das

Problem der Geschlechtsbestimmung eines der faszinierendsten, aber auch verwickeltesten der Vererbungslehre. Was wir früher kennen lernten, war nur der Mechanismus, der dafür sorgt, daß gleiche Zahlen von Männchen und Weibchen normalerweise produziert werden. Aber wir legten uns nicht die Frage vor, wie dieser Mechanismus es genetisch fertigbringt, das eine oder andere Geschlecht zu produzieren. Sind dabei geschlechtsbestimmende Gene beteiligt? Und wenn so, in welcher Art?

Die generelle Antwort auf diese Frage konnte in Versuchen mit Schmetterlingen erhalten werden. Es zeigte sich dann, daß sie für fast alle zweigeschlechtigen Organismen zutrifft. Diese Lösung wird als Gleichgewichtstheorie der Geschlechtsbestimmung bezeichnet. Sie besagt zunächst, daß jedes Geschlecht die Erbfaktoren für die Erzeugung beider Geschlechter enthält. Diejenigen für ein Geschlecht liegen in den X-Chromosomen. Dies sind die Weiblichkeitsfaktoren bei all den Organismen, die nur ein X-Chromosom im männlichen Geschlecht besitzen, aber die Männlichkeitsfaktoren bei den Organismen, die im weiblichen Geschlecht nur ein X-Chromosom haben. Die Erbfaktoren für das andere Geschlecht, die männlichen im ersten, die weiblichen im andern Fall liegen außerhalb der X-Chromosomen, nämlich in den gewöhnlichen Chromosomen, oder den Y-Chromosomen, oder in beiden, in verschiedenen Organismen. Nehmen wir den einfachsten Fall mit Weiblichkeitsfaktoren in den X-Chromosomen und homozygoten Männlichkeitsfaktoren in den andern Chromosomen. Dann haben beide Geschlechter die gleichen Männlichkeitsfaktoren, denen aber im weiblichen Geschlecht zwei, im männlichen Geschlecht nur ein Weiblichkeitsfaktor gegenübersteht (zwei oder ein X-Chromosom). Es haben nun zwei Weiblichkeitsfaktoren das Übergewicht über die Männlichkeitsfaktoren, aber ein Weiblichkeitsfaktor wird von den Männlichkeitsfaktoren überwältigt. Dies ist die Kontrolle des Erbfaktorengleichgewichtes durch den X-Chromosomenmechanismus. Der Beweis für diese Lösung wurde erbracht, als es bei einem Schmetterling gelang, dieses Gleichgewicht zu Gunsten von Weiblichkeit oder Männlichkeit experimentell zu verschieben und dadurch alle geschlechtlichen Zwischenstufen, sogenannte Intersexe, zu erzeugen, ja ein Geschlecht in das andere umzuwandeln, ohne den Chromosomenmechanismus selbst zu ändern.

Wir kennen nun viele Varianten dieses Grundschemas, die sich bei verschiedenen Tier- und Pflanzengruppen finden. So gibt es z. B. bei Drosophila keine Geschlechtsbestimmer im Y-Chromosom, wohl aber bei Schmetterlingen, Fischen und gewissen Pflanzen. Andere Varianten finden sich bei niederen Pflanzen. Nur sehr wenige Fälle sind bekannt, in denen ein ganz anderer Erbmechanismus zu arbeiten scheint. Ein genauer Bericht über alle diese Tatsachen würde Bände füllen.

Chromosomale Besonderheiten.

Nur noch zwei augenblicklich in Blüte stehende Teilgebiete der Vererbungslehre sollen erwähnt werden. Das eine ist der weitere Ausbau der Kenntnis der Beziehungen zwischen Chromosomen und Vererbung. Diese Wissenschaft spielt eine besonders große Rolle in der pflanzlichen Erblehre und auch der praktischen Pflanzenzüchtung, weil die pflanzlichen Chromosomen allerlei Dinge tun können, die bei den Tieren nicht zu guten Resultaten führen. So kann z. B. jedes einzelne Chromosom eines Satzes sich vermehren, so daß Pflanzen entstehen, die nicht mehr der alten Regel folgen, daß jedes Chromosom zweimal vorhanden ist. Wenn etwa die Stammpflanze 14 Chromosomen hat, d. h. sieben Paare, dann mag durch „Mutation" das Chromosom Nummer eins oder das Nummer sieben oder ein anderes drei- oder viermal vorhanden sein, und diese Pflanzen sehen nun ganz anders aus. Oder es mag vorkommen, daß alle Chromosomen sich verdoppeln oder vervierfachen, so daß jetzt statt sagen wir 14 Chromosomen 28 oder 56 vorhanden sind. Ja, man kann dies durch bestimmte chemische Behandlung künstlich hervorrufen. Diese neuen Pflanzen haben auch neue Eigenschaften, manchmal solche wie Größe und Üppigkeit, die der Pflanzenzüchter wünscht. Ein anderer sehr merkwürdiger Vorfall, der in der Pflanzenzucht eine große Rolle spielt, ist der folgende: Bastarde zwischen verschiedenen Arten sind meist unfruchtbar, wie das berühmte Beispiel des Maultiers zeigt. Bei Pflanzen ist es nun möglich, daß nach einer solchen Bastardierung die Chromosomen der beiden Arten sich nicht vor der Reifeteilung paaren, wie sich das so gehörte, sondern getrennt bleiben, weil sie zu fremd sind, um sich richtig anzuziehen. Sie werden dann in der Reifeteilung ganz gewöhnlich verteilt, und die Geschlechtszellen enthalten dann zwei vollständige Chromosomensätze, von jedem der Eltern einen. Wenn zwei solche Geschlechtszellen sich bei der Befruchtung vereinigen, so entsteht ein Organismus, der nun zwei vollständige Chromosomensätze von jeder der beiden Arten enthält. Falls etwa eine Art 14 Chromosomen A und die andere 20 Chromosomen B hatte, so hatten die Geschlechtszellen 7 A und 10 B und die daraus durch Befruchtung entstandene Pflanze 2mal 7 A und 2mal 10 B. Damit ist nun das Hemmnis für normale Reifeteilungen, die mangelnde Anziehung von A- und B-Chromosomen weggefallen. Denn jetzt paaren sich sieben A mit sieben A und zehn B mit zehn B, und wir haben eine neue, sich normal fortpflanzende Art, entstanden aus zwei anderen Arten; um ein wirkliches Beispiel zu nennen: eine Verbindung von Kohl und Meerrettich. Alle diese nur zu kurz beschriebenen Dinge und andere viel verwickeltere Exerzitien der Chromosomen bilden ein großes und wichtiges Forschungsgebiet der pflanzlichen Vererbungslehre.

Evolution.

Ein letztes wichtiges Teilgebiet der Vererbungslehre soll noch kurz erwähnt werden, obwohl wir schon mehrfach seine Bedeutung andeuteten: Die Beziehung zur Abstammungslehre. Die Umwandlung der Arten im Lauf der Erdgeschichte, die von allen Naturforschern als eine unbestreitbare Tatsache betrachtet wird, erfordert eine Umwandlung der Erbmasse, also der Chromosomen mit ihren Erbfaktoren. So ist es klar, daß die Erbforschung ein wichtiges Wort mitzureden hat, wenn die Artumwandlung erklärt werden soll. Es gibt verschiedene Wege, in der die Erbforschung das jetzt versucht, abgesehen von den Elementen, die wir in den Abschnitten über Variation, Mutation, Rekombination besprachen.

Zunächst sind die in der Natur vorkommenden Art- und Rassenunterschiede im Experiment genau zu analysieren und die festgestellten Erbunterschiede in Beziehung zu setzen mit geographischer Verbreitung und Umweltsbedingungen, um Schlüsse zu versuchen auf die Art, wie der in der Natur aufgefundene Zustand erreicht worden sein mag.

Von größter Wichtigkeit ist natürlich die genaue Kenntnis der Mutationsvorgänge, ihrer Häufigkeit und des Ausmaßes der hervorgebrachten Erbänderungen. Viele Forscher sind mit einer immer genaueren Untersuchung der Grundtatsachen beschäftigt. Die nächste Frage ist das Problem der Erhaltung der gebildeten Mutanten, ihre Fähigkeit sich auszubreiten und eventuell die ursprüngliche Form zu ersetzen. Dies sind die verschiedenen Seiten des Zuchtwahl- und Anpassungsproblems. Ihre Untersuchung erfordert eine direkte Prüfung der Erbgrundlagen für Erhaltungsfähigkeit der Mutanten, ihrer Konkurrenz im Experiment und in freier Natur und der Beziehung zwischen Erfolg einer Mutante und ihrer Häufigkeit in der Bevölkerung, der Größe der Bevölkerung, der Häufigkeit der Wiederholung des gleichen Mutationsschrittes, Ausbreitungsfähigkeit oder Isolation. Alle diese Beziehungen werden experimentell und im Freien studiert und mit Hilfe eines eigens dazu konstruierten verfeinerten mathematischen Rüstzeugs analysiert. Daraus können dann Schlüsse auf Umbildungsvorgänge der Organismen auf der niedersten Stufe, die dem Experiment zugängig ist, d. h. innerhalb der Art, gezogen werden. Ob solche Schlüsse sich dann auf alle anderen Artwandlungsvorgänge anwenden lassen, ist allerdings eine noch strittige Frage.

Mit dieser filmstreifenartigen kurzen Übersicht dessen, was die Vererbungslehre erforscht, jenseits der Grundtatsachen, die den Hauptinhalt dieses Büchleins ausmachen, wollen wir schließen.